PLC 및 LabVIEW를 이용한

시퀀스제어

SEQUENCE CONTROL *using PLC and Labview*

이보희 | 공정식 | 김태준 | 김동일 지음

홍릉과학출판사

머리말

최근 기존의 산업현장에서부터 가정에 이르기까지 자동화 시스템에 대한 관심이 급격하게 증대되고 있다. 이에 따라 FA(Factory Automation), OA(Office Automaion), HA(Home Automation) 에 대한 사회적 관심이 급격하게 증대되고 있다. 이에 이러한 시스템을 구축하는데 있어 대부분의 시스템은 시퀀스 제어로 구성되어 있으며 이에 많은 현장에서 시퀀스 제어를 활용하고자 하고 있다. 이에 시퀀스 제어는 1960년대를 기점으로 이전의 릴레이 제어반을 이용한 유접점 시퀀스 제어에서 IC를 이용한 무접점 로직 시퀀스로 로직이 크기가 혁신적으로 줄어들었으며, 마이크로프로세서의 등장으로 기존의 시퀀스 제어에서 수행하던 순차제어, 논리제어, 시간제어, 카운터 기능에 연산기능까지 가능해졌고 최근에는 네트워크 기능, 모터 구동 및 특수모듈을 이용한 다양한 기능을 구사할 수 있게 되었다. 이에 본 교재에서는 이러한 산업체 현장의 요구에 맞춰 시퀀스 제어 회로에 대한 기본적인 내용을 보다 쉽게 이해할 수 있도록 하였으며, 최근 현장 실무에서도 활용할 수 있도록 하기 위해 다음과 같이 교재를 구성하였다.

먼저 시퀀스 제어가 무엇인지 시퀀스 제어를 하기 위해 어떠한 요소가 필요한지 기본적인 내용에 대해 이 책을 활용하는 분들이 쉽게 이해할 수 있도록 구성하였다. 그리고 이러한 기초적인 지식을 토대로 릴레이 시퀀스 회로에 대해 학습함으로써 기본적인 시퀀스 회로가 어떤 것이며 어떻게 동작을 수행하는 것이 시퀀스 제어인지 알 수 있도록 구성하였으며 이러한 지식을 토대로 PLC(Programmable Logic Controller) 사용하는 방법 및 PLC를 수행하는데 있어 기초적으로 갖추어야 할 지식을 습득할 수 있도록 하였다. 이렇게 시퀀스 제어와 PLC에 대한 기본적인 내용을 숙지하도록 유도한 후 실제 산업현장에서 사용하는 다양한 응용회로 예시를 제공함으로써 다양한 분야에 시퀀스 제어를 응용할 수 있는 기반을 갖출 수 있도록 구성하였다. 그리고 현재의 시점에서 볼 때 공장 주변의 기기들이 기존의 정보기술과 결합하여 다양한 부가 기능을 부여할 수 있으며 많은 부분 동작 상태를 컴퓨터에서 모니터링 하는 동작이 필수적으로 요구된다. 이에 따라 컴퓨터와 연계 되어 PLC동작이 필요하기 때문에 사무실의 PC에서 공장의 PLC의 접속 및 직접적인 PLC의 제어가 필요하다. 이에 따라 사무실에서 유용하게 쓰이는 LabVIEW와 같은 GUI가 강화된 툴과의 연계가 필요하며 본 교재에는 LabVIEW와 연계된 활용 방안을 제시하였고 다양한 예제를 제시하여 PLC의 활용을 좀 더 폭넓게 할 수 있도록 지원하였다.

이 책을 통해 시퀀스 제어를 입문함에 있어 보다 손쉽게 접근할 수 있는 기반을 마련할 수 있기를 기원하며 끝으로 이 책의 집필과 출간에 많은 편의와 도움을 주신 분들과 홍릉출판사 관계자 여러분께 감사를 드립니다.

2015년 2월　저자일동

차례

CHAPTER 01 시퀀스 제어 이론

1.1 자동 제어의 개요

산업화가 진행되면서 제품 생산성은 급격하게 증가되기 시작하였는데 이는 초기에 인간의 단순 노동에 의한 동력에 의지하여 제품을 생산하다가 자동화 시스템이 도입됨에 따라 자동화 시스템을 구동시킬 수 있는 전기, 기계적 동력 시스템이 도입되게 되었다. 이러한 전기 기계적 동력 시스템에 의해 기계적, 전기적 장치를 이용하여 제품을 개발하는 과정에서 제어의 필요성이 대두되게 되었다.

일반적으로 제어(control)는 제어하려는 대상을 사용자가 원하는 상태로 동작시킬 수 있도록 조작을 가하는 것을 말한다. 또한 어떤 물리계가 원하는 대로 제품을 동작시킬 수 있도록 전기적, 기계적, 화학적 프로세서 등의 물리적 조작을 가하는 것을 말한다. 이때 제어를 기본적인 조작의 상태에 따라 분류해보면 인간이 스위치 조작 등과 같이 직접 판단하여 손으로 조작하는 수동제어(manual control)와 기계적, 전기적 장치를 통해 사용자가 원하는 상태를 입력한 경우 설정에 따라 자동적으로 조작하는 자동제어(automatic control)로 나눌 수 있다. 그리고 제어장치(controller)란 제어대상에 조합되어 제어를 행하는 장치를 말하며, 제어대상(plant)란 제어를 수행하고자 하는 대상을 얘기하고 이러한 제어장치와 제어대상을 통합하여 제어계(control system)라 불린다.

그리고 자동제어를 세부적으로 살펴보면 사용자가 입력한 정보에 대해 출력 상태의 여부를 확인하지 않고 일정한 시간, 조건에 맞춰 입력을 가해주는 개루프 시스템(open-loop system)과 사용자의 입력에 대해 출력 상태를 확인하면서 사용자가 원하는 결과를 도출할 수 있도록 지속적으로 출력 상태를 확인하는 폐루프 시스템(closed-loop system) 또는 피드백 제어 시스템(feedback control system)으로 나눌 수 있다. 그리고 이때 개루프 시스템의 대표적인 예로는 사용자가 미리 정해놓은 순서 및 시간에 따라 순차적으로 수행하는 방식을 시퀀스 제어(sequential control)이다.

자동제어의 역사를 살펴보면 1765년 제임스 와트(James Watt)가 증기기관을 완성하여 인간의 힘에 의한 일을 기계가 하도록 하는 조속기를 발명하였으며 이때 조속기를 통해 속도 조절 제어를 시작하게 되었다. 1890년 스투루우거(Strowger)는 자동전화 교환기를 발명해서 사람의 손을 빌리지 않고 교환 일을 할수 있도록 하였다. 이것이 자동제어의 시초였다.

그 후 산업의 발달로 좋은 품질의 생산물을 보다 빨리 안전하게 만들기 위한 노력이 진행되었다. 이를 위해 기존의 기계 시스템에 발전된 전자 기술을 접목시켜 시스템을 원하는 상태로 만드는 자동화 기술은 급격하게 발전되었으며, 근대 산업에는 자동제어가 필수적으로 되었다. 오늘날 컴퓨터 기술의 급진적인 발달과 보급에 따라 계산기제어나 프로그램제어, 수치제어의 활용으로 자동제어는 더욱 획기적인 발전이 이루어지고 있다.

자동제어가 이용되는 분야를 살펴보면, 가정에서 사용되는 냉장고, 전기세탁기, 전기밥솥, 정수기 등과 같이 자동제어의 원리를 이용한 것은 매우 많다. 또한 기계, 전기, 화학, 섬유, 제철공업 등 대부분의 생산제조 공업분야에서도 공정 및 기계장치의 자동화라고 불리는 자동제어 기술이 많이 쓰이고 있다. 그리고, 전력계통의 자동제어나 화력발전소의 보일러제어 등과 같은 전력 분야, 자동열차 제어장치나 열차집중 제어장치, 자동교통신호장치와 같은 교통, 운수분야와 유·무선 통신, 원자력, 우주, 항공, 선박 및 미사일 산업분야에서도 고도의 자동제어 기술을 필요로 하고 있다.

1.2 자동 제어의 종류

(1) 시퀀스 제어(sequence control)

시퀀스 제어란, 미리 정해진 순서 또는 일정한 논리에 의하여 정해진 순서에 따라 제어의 각 단계를 해야 할 제어동작이 미리 정해져 있어 앞 단계에서의 동작 후 일정한 시간이 경과한 후에 다음 동작으로 이행하는 경우나 제어결과에 대응하여 다음에 해야 할 동작을 선정하여 다음 단계로 이행하는 제어로써 다음과 같이 분류 한다.

- 제어의 순서와 제어시간이 기억되어 정해진 제어 순서를 정해진 시간에 행하는 시한 제어
- 제어의 순서가 기억되고 순서에 맞춰 동작을 수행하는 순서 제어
- 입력 상태 및 검출결과에 따라 제어 명령이 결정되는 조건 제어

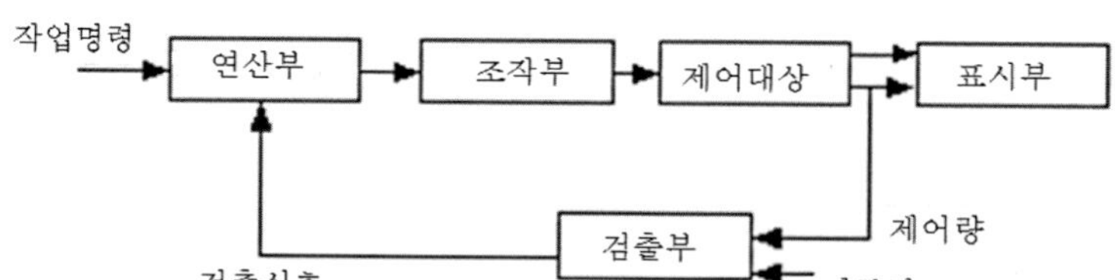

전체 구성은 다음과 같이 표현된다.

- 조작부 : 푸쉬버튼 스위치, 컨트롤 스위치를 부착하여 운전자가 조작한다.

- 제어부 : 전자계전기와 한시계전기 등으로 구성, 경우에 따라서는 PLC와 조합하는 경우도 있다.
- 제어대상 : 모터와 전자클러치 등, 제어부의 신호에 따라 실제의 일을 행하는 부분이다.
- 검출부 : 구동부가 행한 일이 정해진 조건을 만족한 경우, 그것을 검출하여 제어부에 신호를 보내는 부분, 기계적 변위와 전기적 변위 등은 검출용 스위치를 사용하여 검출한다.
- 표시부 : 표시램프와 계측기 등, 제어대상의 동작 및 진행상태를 나타내는 부분, 제어 회로에 이상이 발생하면 경보를 발하고 모든 공정의 총괄 감시 한다.

(2) 개루프 제어

미리 정해 놓은 순서에 따라 제어의 각 단계를 순차적으로 진행시키는 것을 말하며 구성에 따라 다음과 같은 형태로 구성된다.

시한 제어(time limit control)

정해진 제어의 순서와 시간의 경과에 따라 작업의 각 단계를 진행시켜 나가는 제어를 말하며 가정의 세탁기, 전기밥솥, 교통신호기, 네온사인의 점등 및 소등에 관련된 제어등이 이에 속한다.

순서 제어(sequence control)

제어의 각 단계를 순차적으로 실행하는 데 있어 각각의 동작 완료 여부를 검출기 등으로 확인한 후 다음 단계의 동작을 실행해 나가는 제어를 말하며 컨베이어 장치, 전용 공작기계, 자동 조립기계 등의 생산 공정에 적용된다.

조건 제어(condition control)

센서에 의해 검출된 입력 조건에 따라 여러 가지 제어 명령이 결정되고 실행되는 제어를 말하며 자동화 생산 라인에서의 불량품 처리 제어, 빌딩 또는 아파트의 엘리베이터 제어에 적용된다. 또한 제어를 구성할 때 제어계의 구성이 간단하며 제어장치의 설치비용이 저렴하고 제어장치의 조작과 운용에 고도의 기술이 필요하지 않다.

(3) 피드백 제어(feed back control)

출력측의 상태를 측정하여 이를 입력측에 반영하는 조작 방식으로 사용자의 입력과 출력간의 차이인 오차를 줄여 사용자의 입력에 따라 일정 상태를 유지시키는 제어 방식을 말한다. 이러한 제어는 제어계의 구성이 복잡하고 많은 요소가 사용되며 제어장치의 설치에 시간과 비용이 많이 소요되면서 제어장치의 조작과 운용에 고도의 지식과 숙련된 기술이 필요하다.

공정 제어(process control)

생산 공정 중의 온도, 압력, 유량, 수위, 습도, 농도, 밀도 등을 제어, 제철 공장의 노의 온도 제어, 정유 공장의 유량 제어 등에 적용된다.

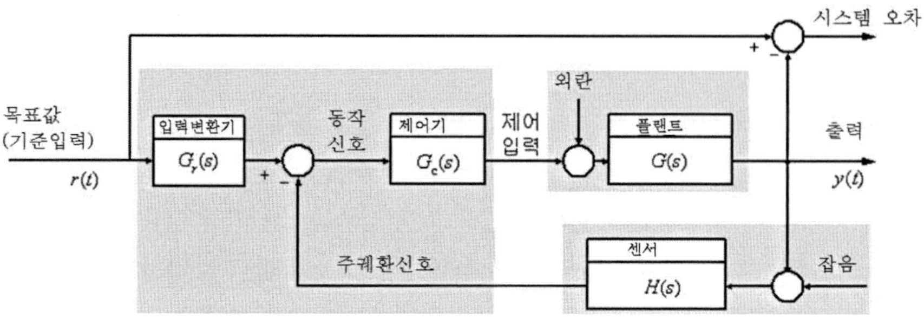

그림 1.1 피드백 제어 시스템

서보 제어(servo control)

물체의 위치, 각도, 방위 등의 기계적 변위를 제어하며 수치제어 공작기계의 위치 제어, 선박의 방향 제어, 항공기의 자세 제어 등에 적용된다.

자동조정(automatic regulation)

기기의 전압, 전류, 주파수, 회전 속도, 회전력 등이 목표값에 일치하도록 제어, 발전기의 속도제어, 컨베이어의 속도 제어 등에 적용된다.

1.3 시퀀스 제어의 개요

(1) 시퀀스 제어의 정의

시퀀스 제어(sequential control)는 여러 가지 제어방법 중에서도 가장 오래전부터 사용되어 온 방법으로 오늘날에도 많은 산업계에서 널리 이용되고 있는 제어 기법이다. 여기서 시퀀스라 함은 영어 사전에서는 '순서'의 의미를 지니고 있으며 제어 관점에서는 "사용자의 지령이나 작업에 대해 순서적으로 수행하는 것"을 의미한다.

이에 시퀀스 제어라 함은 "미리 정하여 놓은 순서 또는 일정한 논리에 의하여 정해진 순서에 따라서 제어의 각 단계를 순차적으로 진행시켜 나가는 제어"를 의미한다.

(2) 시퀀스 제어의 종류 및 특징

시퀀스 제어에는 기계적 접점을 지닌 전자 릴레이를 주체로 한 릴레이 시퀀스, 반도체를 이용한 무접점 시퀀스 및 논리소자에 의해 구성된 로직 시퀀스로 세 가지로 구분한다.

① 릴레이 시퀀스

릴레이 시퀀스(relay sequence)란 제어계에 사용되는 논리소자로서 기계적 접점을 지닌 유접점 계전기, 즉 전자계전기에 의해서 구성되는 시퀀스 제어 회로를 말한다. 여기서 전자계전기라는 것은 전자코일을 여자하면 접점이 개(OFF) 또는 폐(ON)되고, 무여자로 하면 반대의 동작을 하는 계전기를 말한다.

표 1.1 릴레이 시퀀스의 장·단점

장점	단점
개폐부하용량이 큼	유지 보수에 노력이 필요
과부하에 견디는 힘이 큼	소비전력이 비교적 큼
전기적 노이즈에 대하여 안정적	접점이 소모에 따른 수명 한계
온도특성 양호	동작속도가 늦음
입·출력이 분리 가능	기계적 진동, 충격 등에 취약
다수의 출력 회로를 동시에 사용	소형화 한계
동작 상태의 확인이 용이함	수정이 힘듦

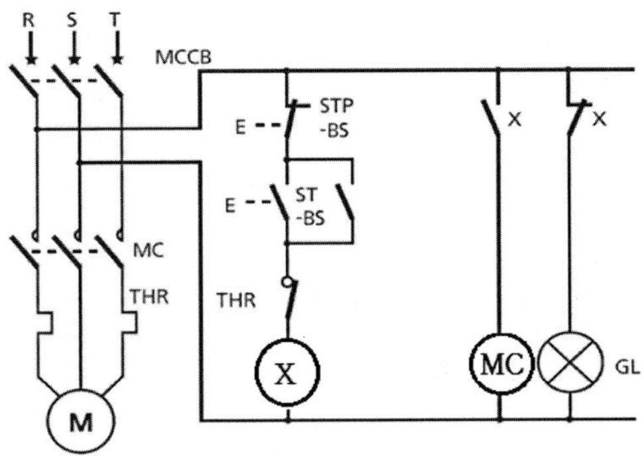

그림 1.2 릴레이 시퀀스 및 전자계전기

② 무접점 시퀀스

무접점 시퀀스란 제어계에 사용되는 논리소자로서, 반도체를 이용한 무접점 계전기에 의해 구성되는 시퀀스제어를 말한다. 여기서 무접점 계전기란 기계적인 가동접점부분이 없는 계전기를 말하는 것으로 동작은 유접점 계전기와 다름이 없으나, 동작을 수행하는데 있어 다이오드, 트랜지스터, IC(집점회로) 등의 반도체 스위치소자를 사용한 계전기를 말한다.

표 1.2 무접점 시퀀스의 장·단점

장점	단점
동작속도가 빠름	전기적 노이즈, 서지(surge)에 약점
고빈도 사용에 적합, 수명이 김	온도변화에 약함
고 정밀도, 고 감도	신뢰성이 떨어짐
진동, 충격에 대해 강인	전원을 따로 필요로 함
장치의 축소화가 가능	대용량 전력 구동에 어려움

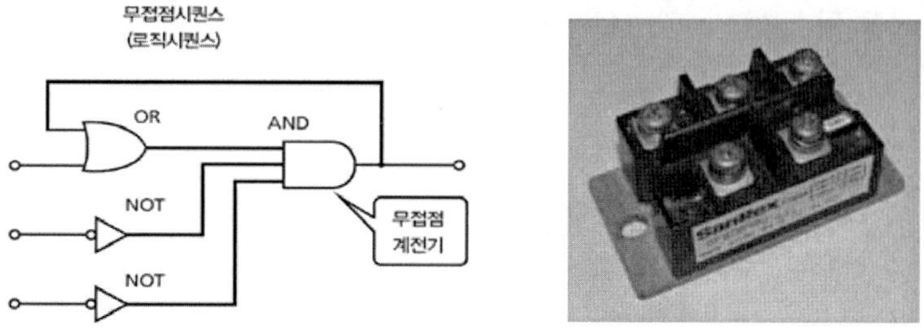

그림 1.3 무접점 계전기 도면 및 무접점 시퀀스 소자

③ 로직 시퀀스

로직(Logic)이란 “논리”, 즉 “사리에 맞는 사고방식”이란 뜻으로 “논리회로”에 의해서 구성된 시퀀스제어 회로를 로직 시퀀스라 한다. 논리회로란 구성되어 있는 회로를 논리적으로 분해 가능한 기본회로를 말한다. 로직 시퀀스에서는 상반되는 상태를 “0”과 “1”에 대응시켜서 표현하고, 릴레이 시퀀스에서는 접점의 개·폐, 무접점 시퀀스에서는 전압 레벨의 “고”, “저” 신호의 “유”, “무”가 이에 해당한다. 무접점 시퀀스는 논리기호를 이용한 로직 시퀀스로 표현되는 경우가 많고, 릴레이 시퀀스는 일반적으로 코일과 접점으로 표현한다.

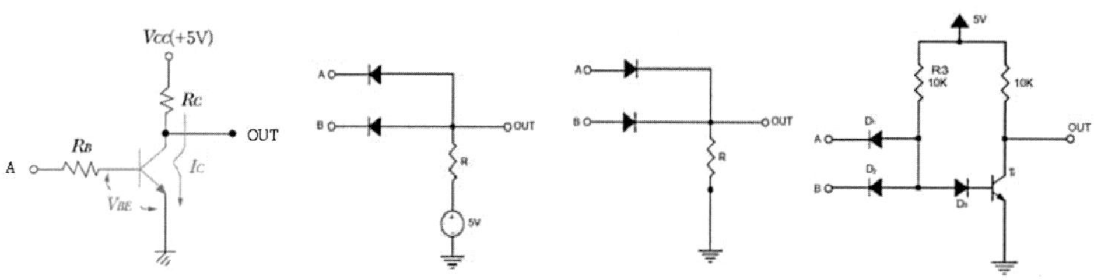

그림 1.4 무접점 로직 회로(NOT, AND, OR, NAND)

④ 릴레이 시퀀스와 무접점 시퀀스의 비교

시퀀스에는 릴레이와 같이 접점을 가진 유접점 시퀀스와 다이오드, 트랜지스터, 집적 회로 등을 이용한 무접점 시퀀스가 있다. 다 같이 작동하는 상태는 같으나 각자의 특성이 다르다.

표 1.2 릴레이 시퀀스와 무접점 시퀀스의 비교

항목	릴레이 시퀀스	무접점시퀀스
동작의 빈번도	적은 경우에 사용	많은 경우에 사용
수명	수명이 짧음	반영구적임
작동속도	늦음, 한계가 있음(ms)	빠름(μs)
주위온도	온도 특성이 양호	열에 약함, 보호대책 필요
환경조건	진동이나 충격에 약함	나쁜 환경에 잘 견딤
서지	전기적 노이즈 안정적	약하며, 보호대책이 필요함
소비전력	다소 많음	적음

작동확인상태	용이함	테스터에 의한 점검
제어장치 외형	일반적으로 큼	작아짐(무접점의 장점)
입·출력수	독립된 다수의 출력	다수 입력, 소수 출력
가격	소규모에서 염가	대규모에서 염가
전원	별도 전원 필요 없음	별도 전원이 필요함(직류)

(3) 시퀀스 제어의 필요성

현재 시퀀스 제어는 대단위 공장 시스템에서의 제어를 수행하는데 있어 반드시 필요한 제어 시스템으로 자리매김하고 있다. 또한 시퀀스 제어는 과거 담당하는 기계 시스템의 차원을 지나 통신 시스템을 통한 각 공정별 유기적인 제어가 가능해지고 있다. 이를 위해 기존의 릴레이 시퀀스 제어와 무접점 제어에서 PLC(Programmable Logic Controller)기반의 제어 시스템이 도입되었으며 이를 통해 기존에 비해 적은 인력으로 작업이 가능하게 되어 작업 능률이 향상되었고, 근로자의 작업 환경도 많이 개선되어 경제성이 향상되었다.

이러한 시퀀스 제어로 인한 얻어지는 효과는 다음과 같이 다양하다.

- 제품의 품질이 균일화되고 향상되어 불량품이 감소된다.
- 생산속도를 증가시킨다.
- 생산 능률이 향상된다.
- 작업의 확실성이 보장된다.
- 생산설비의 수명이 연장된다.
- 작업원이 감소되어 인건비가 절감되고, 경제성이 향상된다.
- 노동조건이 향상된다.
- 작업자의 위험방지 및 작업 환경이 개선된다.

(4) 시퀀스 제어의 적용분야

시퀀스 제어는 반도체 기술의 발달에 따라 시퀀스 제어가 수행할 수 있는 제어 응용 범위도 다양해졌다. 최근 많은 기계, 공정 시스템에 시퀀스 제어기가 적용되었으며 실제 다양한 분야에 시퀀스제어가 수행되고 있다. 또한 PLC의 출현은 시퀀스 제어를 보다 손쉽게 적용할 수 있게 되었으며 PLC를 통한 공장자동화 시스템은 이제 없어서는 안될 공정 제어 기술로 여겨지고 있다.

기존의 시퀀스 제어 장치는 릴레이 시퀀스나 무접점 시퀀스에서 사용하는 방식으로 계전기, 타이머, 무접점 계전기 등을 이용하여, 배선하여 구성되었지만 최근 PLC는 컴퓨터처럼 기억 능력을 가지고 있어 시퀀스 회로의 내용을 사용 프로그램화하여 기억 저장 할 수 있으며, 또한 시퀀스 내용의 변경을 간단히 할 수 있는 기능이 있다. 오늘날 시퀀스 제어가 광범위하게 응용되어 사용되며 크게 나누어 보면 표 1.3과 같다.

표 1.3 시퀀스 제어 사용 예

분야	제어대상
식료산업	컨베이어 총괄제어, 생산라인 자동제어
제철, 제강산업	작업장 하역제어, 원료 수송 제어, 압연라인 제어, 하역운반 제어
섬유, 화학공업	원료 수입 출하제어, 직조염색라인 제어
자동차산업	전송라인 제어, 자동 조립라인 제어, 도장라인 제어
기계산업	산업용 로봇 제어, 공작기계 제어
상하수도	정수장 제어, 하수처리 제어, 송배수 펌프제어
물류설비	자동창고 제어, 하역설비 제어, 반송라인 제어
공장설비	압축기 제어
공해방지 산업	쓰레기 소각로 자동제어, 공해 방지기 제어

CHAPTER 02 시퀀스 제어 요소

2.1 스위치

(1) 조작용 스위치

인간이 손으로 조작하여 작업 명령을 내리거나 명령처리의 방법을 변경하며, 수동·자동의 변환할 수 있도록 조작하는 스위치를 말하며, 조작 후 조작단(操作端) 복귀, 유지(維持)의 성질에 따라 분류하면 다음과 같다

① 복귀형 수동 스위치

사람이 수동으로 누르고 있을 동안만 회로가 열리거나 닫히는 스위치를 말한다. 대표적인 스위치로는 푸쉬버튼 스위치(Push Button Switch : PBS, PB, PS)와 회전형 스위치가 있다.

그림 2.1 푸쉬버튼 스위치

② 위치 유지형 수동 스위치

사람이 수동 조작하면 반대로 조작할 때까지 접점의 개폐상태가 유지되는 스위치를 말하면 대표적인 스위치는 토글 스위치(toggle switch), 선택 스위치(select switch), 회전 스위치(rotary switch)등이 있다. 토글 스위치는 상하 또는 자우로 움직여 스위치를 켜거나 끄도록 되어 있는 스위치이며, 선택 스위치는 손잡이를 좌우로 회전하여 접점을 전환하며 주로 2단, 3단 등의 저단 동작에 사용된다. 회전 스위치는 손잡이를 회전하여 접점을 접속하는 것으로 기본적으로 선택 스위치와 유사하나 3단에서 10단까지 고단 접점에서 사용되고 있다.

그림 2.2 유지형 수동 스위치(토글, 캠, 파형, 슬라이드)

(2) 검출용 스위치

제어대상의 상태나 변화를 검출하기 위한 스위치로서 예정된 동작조건에 이르렀을 때 동작하는 제어용 스위치를 말하며 접촉, 액면, 빛 온도, 압력, 위치 그밖의 여러 제어량을 검출하는데 사용된다. 검출 스위치의 종류로는 리밋 스위치(limit switch), 근접 스위치(proximity switch), 광전 스위치(photo electric switch), 플로우트(액면) 스위치(float switch), 압력 스위치(pressure switch), 온도 스위치(temperature switch) 등이 있다.

① 리밋 스위치

기계적 접점으로 시퀀스 제어에서 촉각 작용을 하는 스위치이다. 기계적으로 제어하고자 하는 대상의 위치를 검출하거나, 기계의 움직임을 파악하여 기계가 필요 이상으로 움직이지 않도록 구동 거리를 제한하거나 공정의 변환을 수행하도록 기계적으로 접촉되어 동작하는 스위치이다.

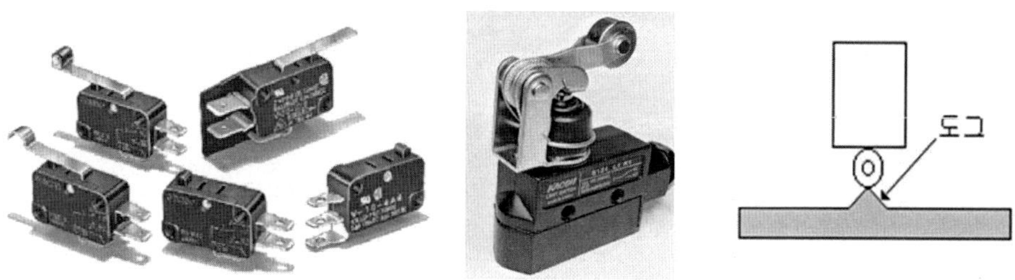

그림 2.3 리밋 스위치

② 근접 스위치

리밋 스위치처럼 기계적인 접촉이 일어나야 동작하는 스위치를 사용할 경우 제품의 흠집 및 파손에 대한 염려가 있으며, 스위치가 지속적으로 접촉하므로 스위치 고장이 잦을 수 있다. 이러한 상황을 극복하기 위한 방법으로써 접촉하지 않고 물체의 여부, 물체와 센서와의 거리등을 측정할 수 있는 센서가 개발되었다. 대표적인 근접 스위치로는 고주파 발진형 근접 스위치와 정전용량형 근접 스위치가 있다.

고주파 발진형 근접 스위치의 경우 검출면 내부에 발진용 검출 코일을 이용하여 코일 가까이 금속체가 존재하거나 근접하면 전자유도작용으로 금속체 내 유도 전류를 흘러 출력 신호가 발생되는 것을 인식하여 물체의 여부를 판단하는 스위치이며, 고주파 발진형 근접 스위치의 경우 스위치 특성상 금속체만 검출할 수 있다.

그림 2.4 고주파 발진형 근접 스위치

정전용량형 근접 스위치는 대부분의 물체가 가지고 있는 물체의 정전용량의 변화를 이용하는 것으로써 대상물과 스위치간의 정전용량이 거리에 반비례 하는 성질을 이용한 스위치이다. 정전용량형 근접 스위치를 이용할 경우 금속체를 포함하여 나무, 종이, 플라스틱, 물 등의 거의 모든 물체의 검출이 가능하다.

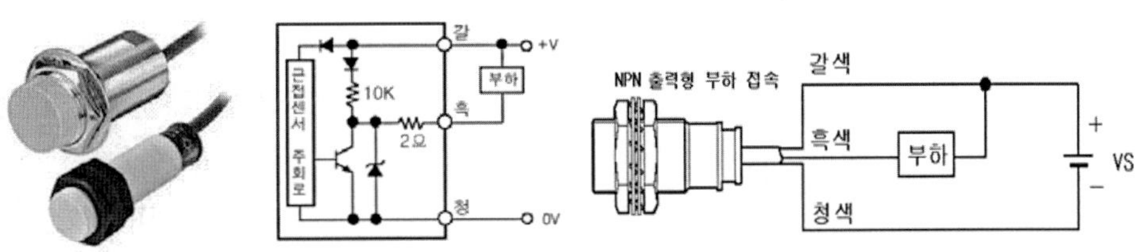

그림 2.5 정전용량형 근접 스위치

③ **광전 스위치**

빛을 내는 투광부와 그 빛이 대상물에 의해 반사, 투과 흡수, 차광 드의 변화를 받는 수광부에서 수광하여 스위치를 켜고 끄는 전기적인 신호를 보내는 스위치를 말한다.

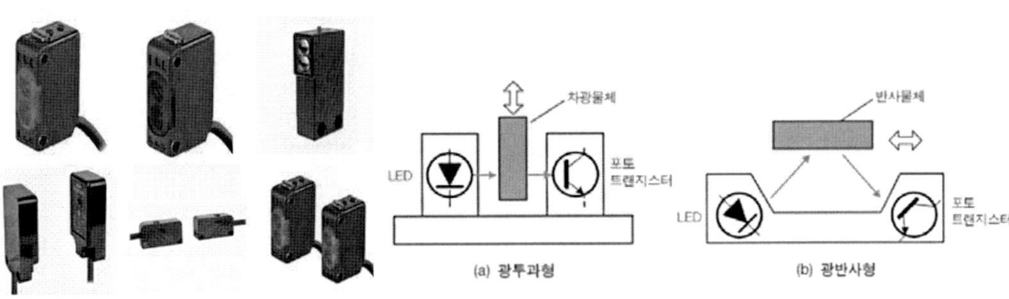

그림 2.6 광전 스위치

④ **플로우트(액면) 스위치**

플로우트 스위치는 레벨 스위치라고도 하여 액면이 올라가거나 내려가면 액면에 떠 있는 플로우트가 스위치를 밀러올리거나 내려 접접을 개폐하는 것으로 액면의 높이를 검출하는 스위치를 말한다.

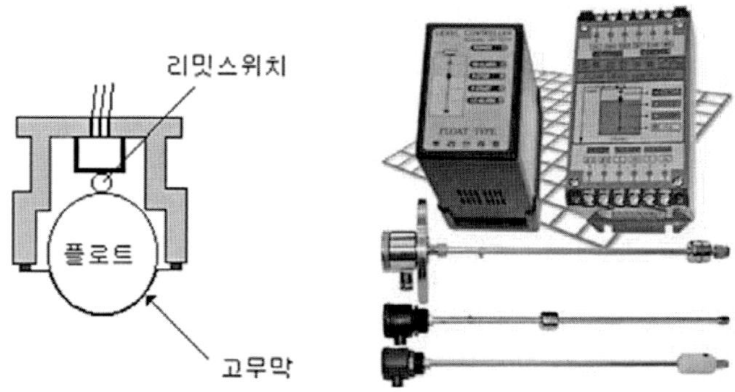

그림 2.7 플로우트 스위치

⑤ **온도 스위치**

온도 스위치는 온도가 예정값에 도달했을 때 동작하는 검출 스위치로써 열전대, 서미스터, 바이메탈등의 스위치가 있다. 열전대는 서로 다른 두 종류의 금속 접합부에서 나타나는 제백 효과를 이용한 온도 센서로써, 두 종류의 금속선의 접합점 양단의 온도차에 의해 발생하는 열기전력을 측정하여 현재 온도 상태를 측정하는 스위치를 말한다. 서미스터는 재질이 온도에 따라 저항치가 변하는 특성을 이용한 것으로 NTC(Negative Temperature Coefficient) 서미스터와 PTC(Positive Temperature Coefficient) 서미스터로 나뉜다. NTC 서미스터의 경우 온도 감지, 온도 보상, 액위/풍속, 진공 검출, 돌입전류 방지 지연 소자등으로 사용되며 PTC 서미스터는 모터의 기종, 자기소거, 정온 발열, 과전류 보호용으로 사용한다. 바이메탈은 열팽창계수가 큰 금속과 작은 금속을 판으로 접합시키고 온도 변화에 따라 열팽창의 변화에 따라 접점을 개폐시킬 수 있도록 구성된 스위치를 말한다.

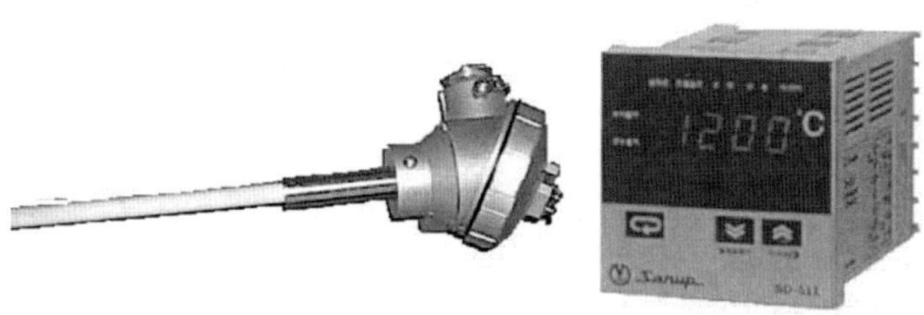

(a) 온도센서　　　　(b) 온도계

그림 2.8 온도 스위치

(3) 스위치의 동작에 따른 분류

각종 조작 스위치는 시퀀스 제어의 명령과 순서를 결정하는데 중요한 역할을 하며, 조작하는 사람의 의사에 따라 결정된 정보 내용을 신호의 형태로 전달시키기 위한 기기이다.

① **접점의 종류와 역할**

- a접점(arbeit contact) : a접점이란 스위치를 조작하기 전에는 열려 있다가 스위치를 조작하면 닫히는 접점으로서「일하는 접점」이라는 뜻으로 메이크 접점(make contact), 또는 상시 개접점(normally open contact)이라 하여 NO접점이라고 한다. 일반적으로 영어의 머리글자를 따서 "a"로 표시한다.

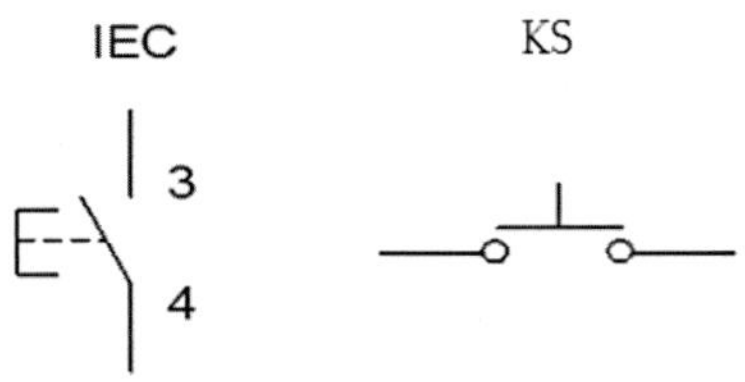

그림 2.9 IEC 규약 a접점의 기호

- b접점(break contact) : b접점이란 스위치를 조작하기 전에는 닫혀 있다가 스위치를 조작하면 [열리는 접점]을 말하며, 브레이크접점 또는 상시 폐접점(normally closed contact)이라 하여 이를 NC 접점이라고도 한다. 일반적으로 영어의 머리글자를 따서 "b"로 표시한다.

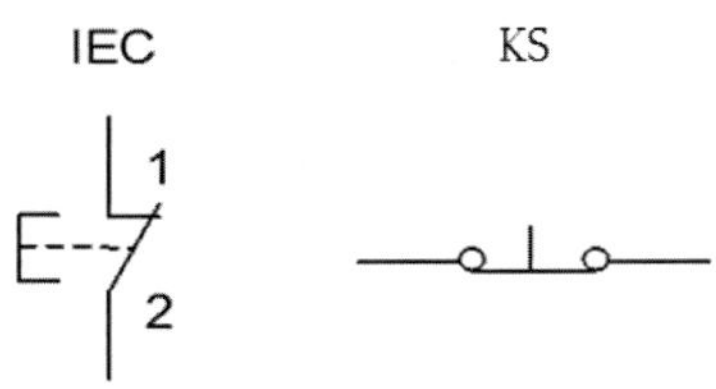

그림 2.10 b접점의 기호

- c접점(change-over contact) : 절환(전환)접점이라는 뜻으로 a접점과 b접점을 공유하고 있으며 조작 전 b접점에 가동부가 접촉되어 있다가 누르면 a접점으로 이동하는 접점을 말하며 트랜스퍼접점(transfer contact)이라고도 한다. 일반적으로 영어의 머리글자를 따서 "c"로 표시한다.

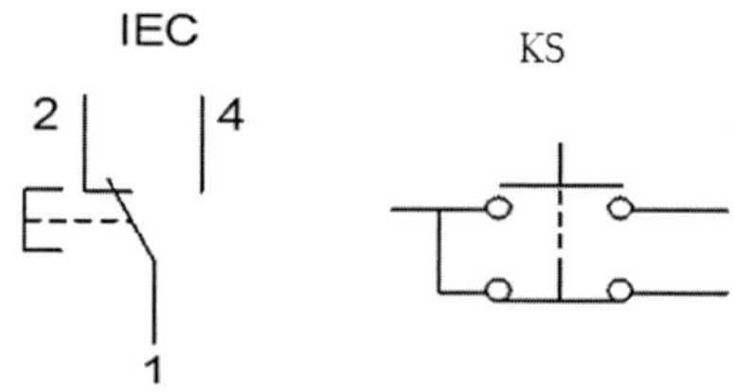

그림 2.11 c접점의 기호

2.2 표시장치(Display Device)

기기의 운전상태 및 전동 밸브의 개폐상태, 탱크의 내의 액위 상태 등을 나타내기 위해 사용하는 표시등 등을 말한다. 즉 표시장치는 데이터를 시각적으로 표현하는 것으로써 공장등에서는 표시장치로 램프(Lamp)나 FND(Flexible Numeric Display)등을 사용한다. 램프의 경우 이전에는 전구형태의 램프가 주류를 이루었지만 최근 LED(Light-Emitting Diode)의 등장으로 저 전력으로 구동되는 램프가 대세를 이루고 있다.

그림 2.12 FND 및 램프

2.3 전기식 구동장치(릴레이)

릴레이란 전자계전기라 불리며 전자코일에 전원을 주어 형성된 자력을 이용하여 가동철편을 움직이며, 가동철편과 연동되는 기구에 의하여 접점을 개폐시키는 것으로 즉, 전자력에 의하여 개폐하는 기능을 갖는 시퀀스 제어 요소를 말한다. 대부분 여러 개의 접점을 단속할 수 있게 구성되어 있다.

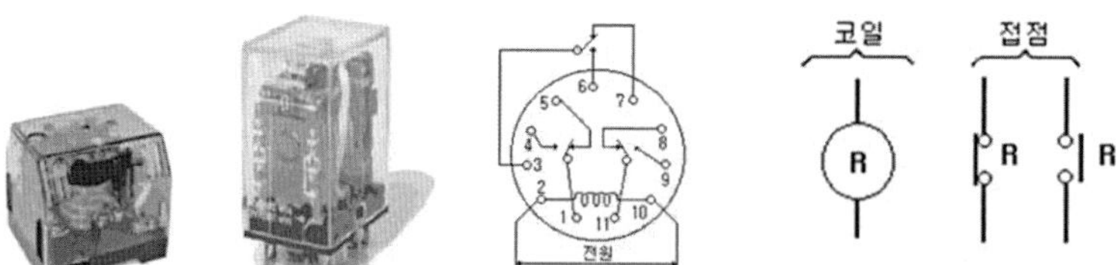

그림 2.13 전자계전기

(1) 릴레이의 구조 및 내부 결선도

릴레이는 그림 2.14와 같이 구성되어 있으며 다수의 접점이 배치되어 있다.

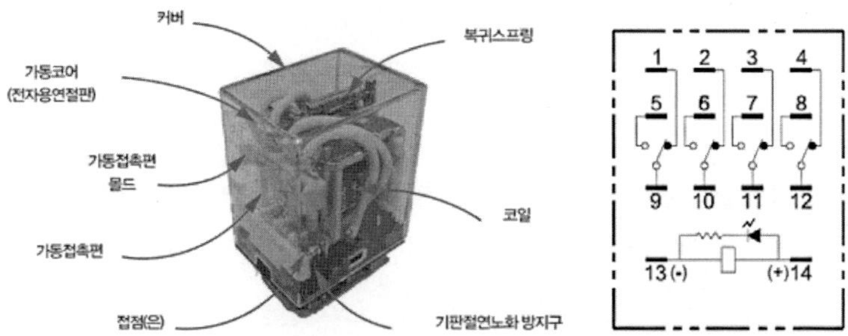

그림 2.14 릴레이 구조

그림 2.14와 같은 릴레이 구조를 토대로 릴레이의 구동을 보다 자세히 살펴보면, 릴레이를 그림 2.15와 같이 철편에 가동접점을 장치하고 고정접점과 조합하여 접점을 구성하는 동시에 귀환용 스프링을 장치한다. 이 귀환용 스프링은 전자석의 코일에 전류가 흐르지 않게 되어 철편이 흡인되지 않게 되었을 때 이 스프링의 힘으로 철편을 원위치로 되돌리고, 가동접점을 고정접점에서 끌어 떼어내는 작동을 한다. 이에 전자석 코일에 전원을 넣고 빼는 과정을 통해 전기가 통하게 또는 통하지 않게 할 수 있다. 이제부터 릴레이 동작에 대해 보다 세부적으로 살펴보자.

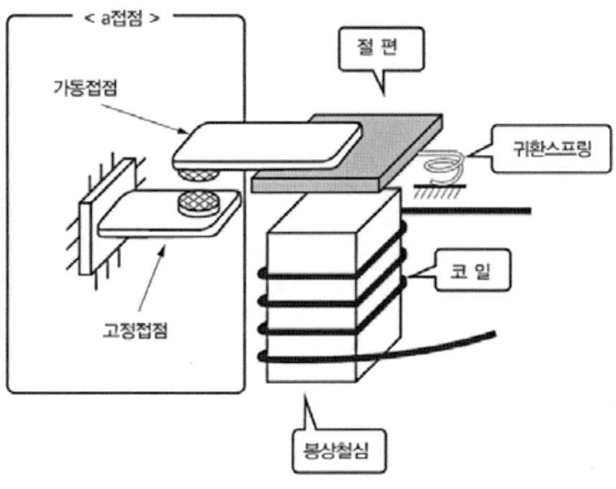

그림 2.15 전자계전기의 원리 기구도

(2) 릴레이의 동작 원리

릴레이에 그림 2.16과 같이 스위치와 전지를 연결해서 릴레이가 어떻게 동작하는가를 알아보도록 하자.

▍스위치를 닫았을 경우 : 그림 2.16

순서[1] : 스위치를 넣어서 닫는다.

순서[2] : 수위치를 넣으면 회로가 되어 코일에 전류가 흐른다.

순서[3] : 코일에 전류가 흐르면 철심은 전자석이 된다.

순서[4] : 철심이 전자석으로 되면 철편을 흡인하므로 철편은 아래쪽으로 이동한다.

순서[5] : 철편이 아래쪽으로 힘을 받으면 가동접점도 함께 아래로 움직여서 가동접점은 고정접점과 접촉되어 닫힌다.

이와 같이 릴레이의 코일에 전류가 흘러서 접점이 닫히는(a접점인 경우)것을 릴레이가 「동작한다」고 말한다.

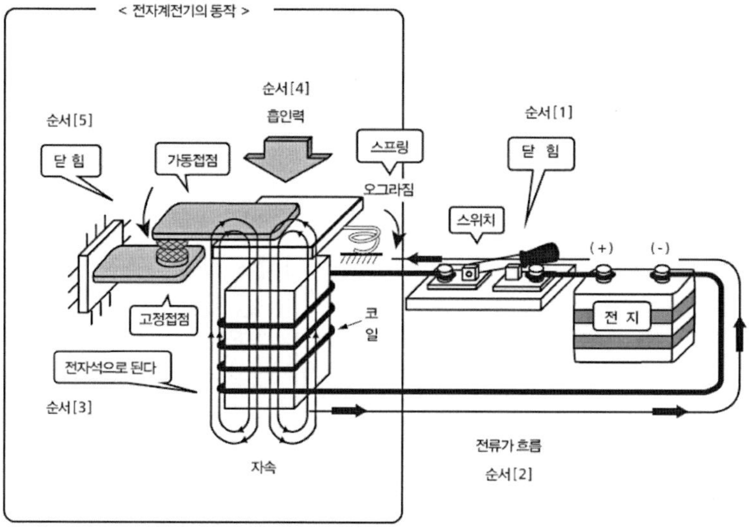

그림 2.16 전자 계전기의 원리기구도 (동작된 경우)

▌스위치를 열었을 경우 : 그림 2.17

순서[1] : 스위치를 끊어서 연다.

순서[2] : 스위치를 끊으면 회로가 끊어지므로 코일에 전류가 흐르지 않게 된다.

순서[3] : 코일에 전류가 흐르지 않으면 봉상철심은 흡인력이 없게 된다.

순서[4] : 봉상철심이 흡인력이 없게 되면 철편은 흡인되지 않으므로 귀환스프링의 힘으로 위쪽으로 움직인다.

순서[5] : 철편이 위쪽으로 힘을 받으면 가동접점도 함께 위로 움직여서 가동접점은 고정접점과 떨어져서 열린다.

이와 같이 릴레이의 코일에 전류가 흐르지 않게 되어 접점이 열리는 (a접점인 경우)것을 릴레이가 「복귀한다」고 말한다.

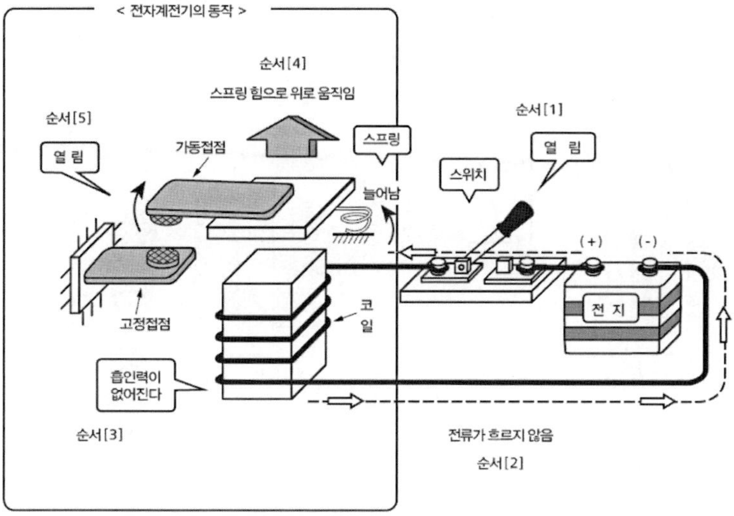

그림 2.17 전자 계전기의 원리기구도 (복귀했을 경우)

(3) 릴레이 접점의 종류와 역할

① ON, OFF 신호를 만드는 개폐접점

시퀀스제어는 순서, 시간, 조건에 맞춰 동작을 수행(「ON」, 닫힘)하거나 동작을 종료(「OFF」, 열림)하게 된다. 이에 기본적으로 시퀀스 동작을 수행함에 있어 「ON」동작과 「OFF」동작으로 제어가 이루어지게 된다. 이에 이러한 시퀀스 제어는 「ON」(닫혀있다)이나 「OFF」(열려있다)의 두 개 신호로써 제어가 진행된다. 시퀀스 제어를 수행하는데 있어 버튼 스위치나 릴레이 등이 사용되며 이러한 장치를 통해 신호를 ON과 OFF로 입력하거나 상황에 맞춰 출력이 된다. 이때 이러한 ON/OFF 신호를 만들어내는 개폐접점이 있는 장치를 제어기기라고 한다. 푸쉬버튼 스위치는 인력(손가락으로 누르는 것)에 의하여 동작되고, 릴레이는 코일에 전류가 흐름에 따라 발생하는 전자력에 의해서 동작하는데 이것들의 힘이 작용했을 때 접점의 개폐상태에 따라 a접점, b접점, c접점의 세 가지 종류로 나눌 수 있다.

② 릴레이의 a접점동작

릴레이의 a접점은 그림 2.18(a)와 같이 릴레이의 코일에 전류가 흐르지 않은 복귀상태에서는 가동접점과 고정접점이 떨어져서 열려 있는 상태에 있지만 코일에 전류가 흐르게 되어 동작상태가 되면 그림 2.18(b)와 같이 가동접점이 고정접점에 접촉되어 닫혀있는 접점을 말한다. 즉 릴레이가 복귀하고 있을 때 [열려있는 접점]을 [a접점]이라 말한다.

그러면 a접점이 있는 릴레이의 개폐동작이 어떻게 이루어지고 있는가를 설명하겠다.

그림 2.19와 같이 a접점을 가진 릴레이의 코일①의 단자 A에서 B로 전류를 흘리면 철심②와 계철③ 및 가동철편④등으로 자기회로를 형성해서 자속이 통하여 전자석이 된다. 따라서 ②와 ④와의 N극과 S극 사이에 힘이 작동해서 ④는 ②로 흡인된다.

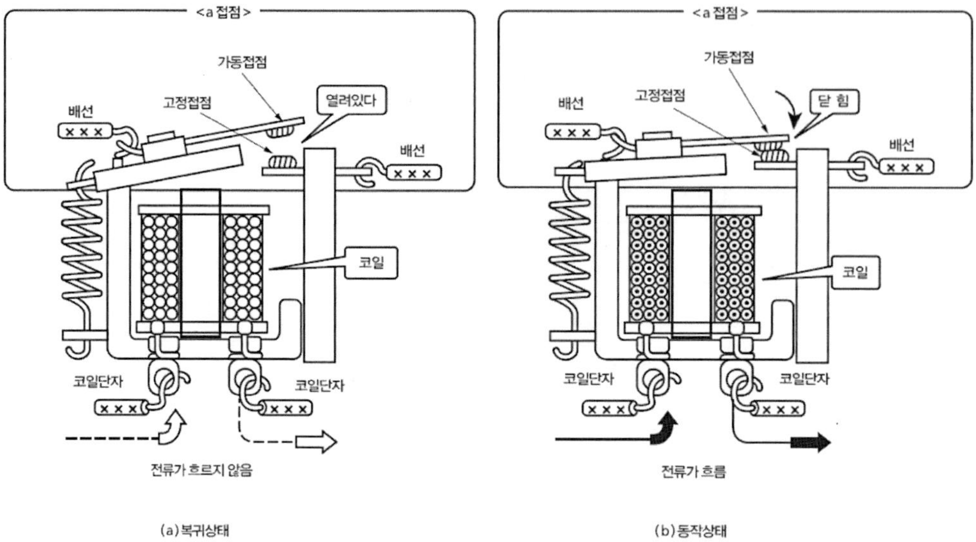

그림 2.18 전자 계전기의 a접점 복귀상태와 동작상태

이 때 ④가 이 흡인력에 의해서 아래쪽으로 힘을 받으면 이것과 일체가 되어 있는 가동접점⑤도 아래쪽으로 힘이 작동해서 고정접점⑥과 접촉한다. 또 ④는 힌지⑦을 지점으로, 흡인력을 받으므로 복귀스프링⑧은 그 힘에 의하여 위쪽으로 늘어나 흡인력이 없어졌을 때 ⑤를 본래로 되돌리는 힘을 비축한다. 즉 릴레이가 여자하여 동작하게 되면 단자 C와 단자 D의 접점회로가 닫히게(ON) 된다.

이제 그림 2.19의 전자 계전기를 여자했을 때의 동작 상황을 토대로 릴레이 a접점에 대해 시퀀스 회로를 그림 2.20과 같이 구성한 후 동작 상황을 구성해 보았다.

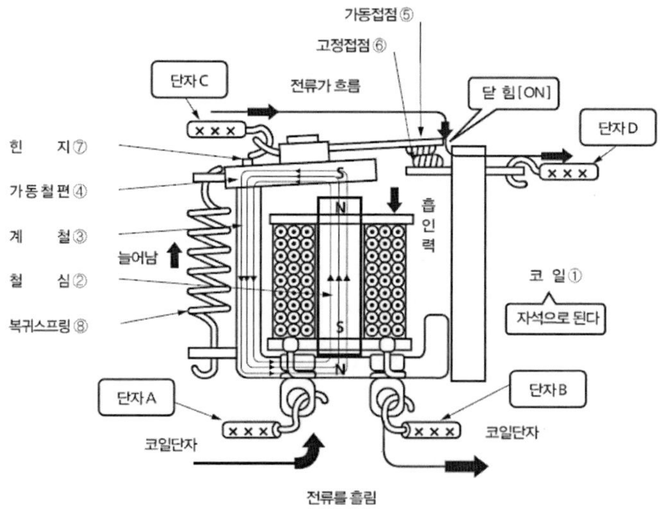

그림 2.19 전자 계전기를 여자했을 때의 동작방식(a접점인 경우)

▌OFF ➜ ON 동작 수행 : 그림 2.20

순서[1] : 푸쉬버튼 스위치 PBS을 누르면 a접점이 닫힌다.

순서[2] : PBS의 a접점이 닫히면 전자코일 회로에 전류가 흐른다.

순서[3] : 전자코일 회로에 전류가 흐르면 릴레이가 동작한다.

순서[4] : 릴레이가 동작하면 그 a접점 R1-a가 닫힌다.

순서[5] : R1-a가 닫히면 a접점회로에 전류가 흐른다.

순서[6] : a접점회로에 전류가 흐르면 램프L이 점등한다.

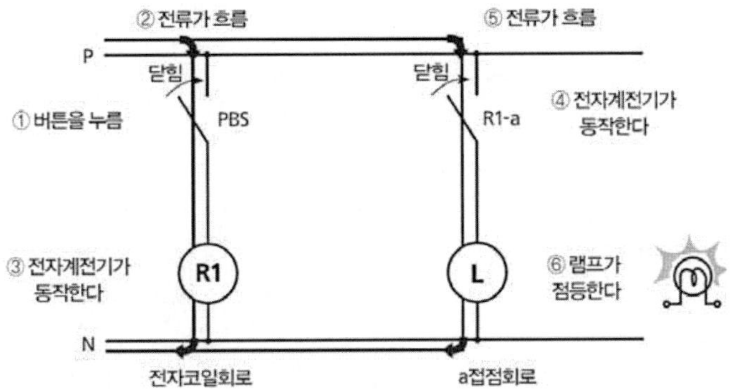

그림 2.20 전자 계전기의 a접점 동작 시퀀스

▌ON ➜ OFF 동작 수행 : 그림 2.21

순서[1] : 푸쉬버튼 스위치 PBS을 누른 손을 떼면 그 a접점이 열린다.

순서[2] : PBS의 a접점이 열리면 전자코일 회로에 전류가 흐르지 않게 된다.

순서[3] : 전자코일 회로에 전류가 흐르지 않으면 릴레이가 복귀한다.

순서[4] : 릴레이가 복귀하면 그 a접점 R1-a가 열린다.

순서[5] : R1-a가 열리면 a접점회로에 전류가 흐르지 않게 된다.

순서[6] : a접점 회로에 전류가 흐르지 않으면 램프L이 소등한다.

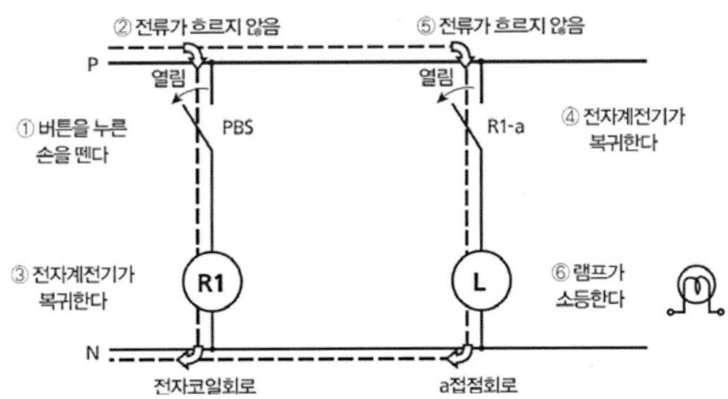

그림 2.21 전자 계전기의 a접점 복귀 동작 시퀀스

③ 릴레이의 b접점 동작

릴레이의 b접점은 그림 2.22(a)와 같이 릴레이의 코일에 전류가 흐르지 않는 복귀상태에서는 가동접점과 접촉되어 있어서 닫혀있는 상태이지만 코일에 전류가 흐르게 되어 동작상태가 되면 그림 2.22(b)와 같이 가동접점이 고정접점에 떨어져서 열려있는 상태가 되는 접점을 말한다. 즉 릴레이가 복귀상태에서 [닫혀있는 접점]을 [b접점]이라 말할 수 있다.

그러면 b접점이 있는 릴레이의 개폐동작이 어떻게 이루어지고 있는가를 알아보자.

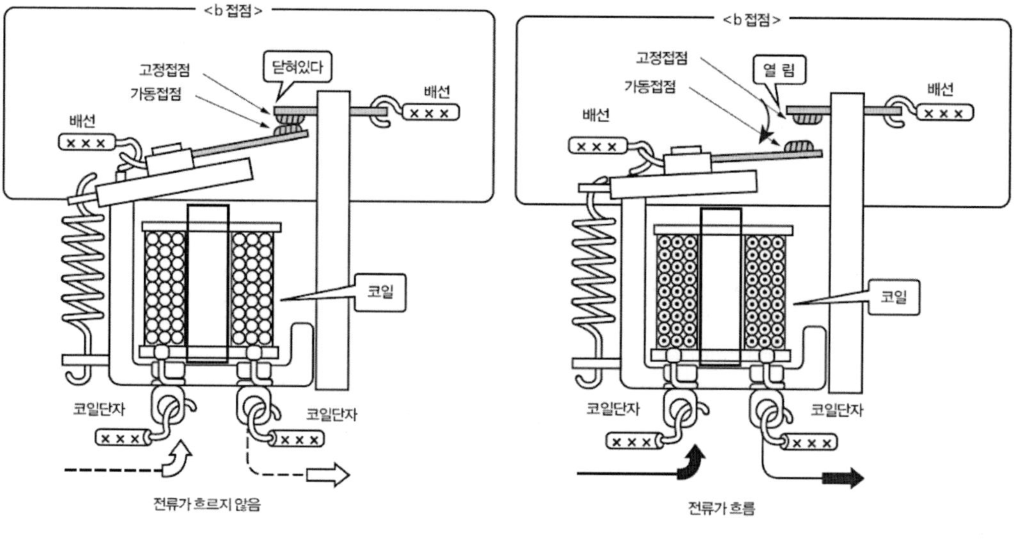

(a) 복귀상태 (b) 동작상태

그림 2.22 전자 계전기의 b접점 복귀상태와 동작상태

그림 2.23과 같이 b접점이 있는 릴레이의 코일①의 단자 A에서 단자 B로 전류를 흘리면 철심②와 계철③및 가동철편④등으로 자기회로를 형성해서 자속이 통하여 전자석이 된다. 따라서 ②와 ④와의 N극과 S극 사이에 힘이 작동해서 ④는 ②로 흡인된다. ④가 이 흡인력에 의해서 아래쪽으로 힘을 받으면 이것과 일체로 되어 있는 가동접점⑤도 아래쪽으로 움직여서 고정접점⑥과 떨어진다. 즉 릴레이가 여자하여 동작하면 단자 C와 단자 D의 접점회로가 열린다(OFF).

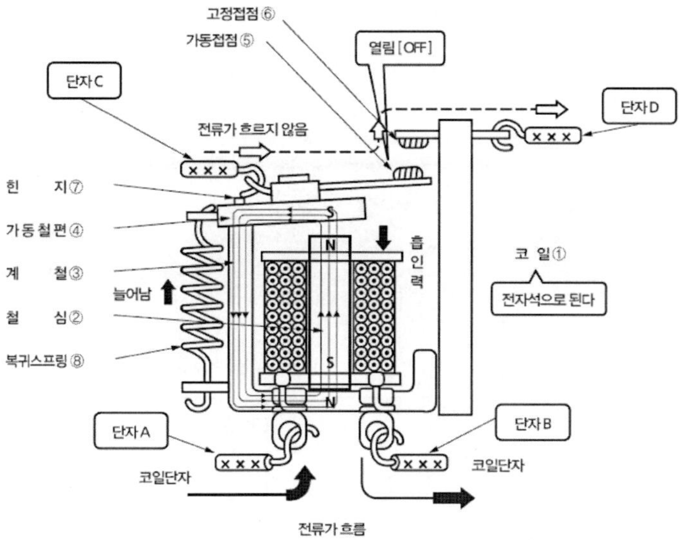

그림 2.23 전자 계전기를 여자했을 때의 동작방식(b접점인 경우)

이제 그림 2.23의 전자 계전기를 여자했을 때의 동작 상황을 토대로 릴레이 b접점에 대해 시퀀스 회로를 그림 2.24와 같이 구성한 후 동작 상황을 구성해 보았다.

▌OFF → ON 동작 수행 : 그림 2.24

순서[1] : 푸쉬버튼 스위치 PBS을 누르면 그 a접점이 닫힌다.

순서[2] : PBS의 a접점이 닫히면 전자코일 회로에 전류가 흐른다.

순서[3] : 전자코일 회로에 전류가 흐르면 릴레이가 동작한다.

순서[4] : 릴레이가 동작하면 그 b접점 R-b가 열린다.

순서[5] : R-b가 열리면 b접점회로에 전류가 흐르지 않게 된다.

순서[6] : b접점 회로에 전류가 흐르지 않으면 램프L이 소등한다.

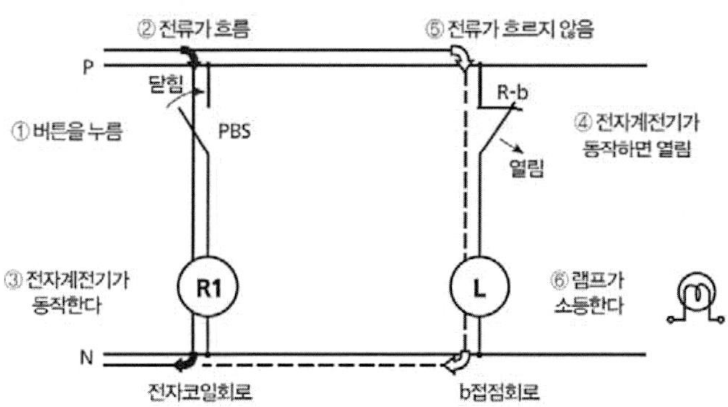

그림 2.24 전자 계전기의 b접점 동작 시퀀스

▌ON ➜ OFF 동작 수행 : 그림 2.25

순서[1] : 푸쉬버튼 스위치 PBS을 누른 손을 떼면 그 a접점이 열린다.

순서[2] : PBS의 a접점이 열리면 전자코일 회로에 전류가 흐르지 않게 된다.

순서[3] : 전자코일 회로에 전류가 흐르지 않으면 릴레이가 복귀한다.

순서[4] : 릴레이가 복귀하면 그 b접점 R-b가 닫힌다.

순서[5] : R-b가 닫히면 b접점회로에 전류가 흐른다.

순서[6] : b접점 회로에 전류가 흐르면 램프L이 점등한다.

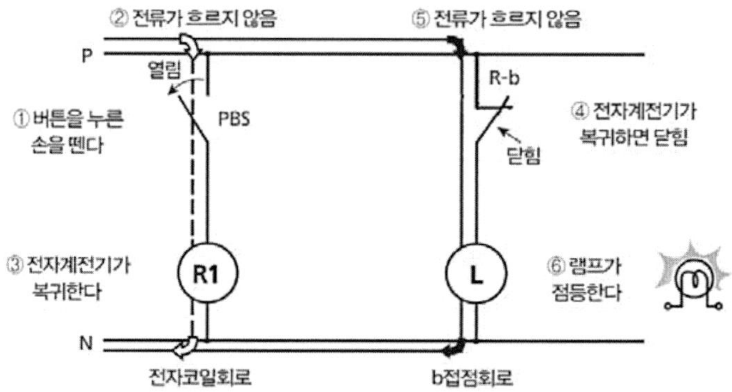

그림 2.25 전자 계전기의 b접점 복귀 시퀀스

④ 릴레이의 c접점 동작

릴레이의 c접점이란 그림 2.26(a)와 같이 a접점과 b접점을 한 개의 가동접점으로 공유해서 조합된 구조의 접점을 말한다. 따라서 c접점이 있는 릴레이의 전자코일에 전류가 흐르지 않는

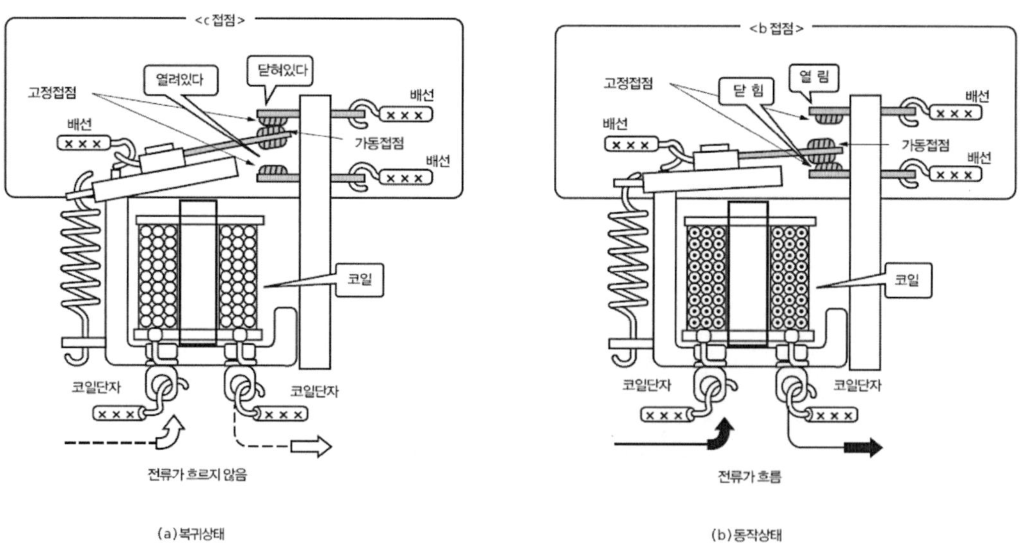

그림 2.26 전자 계전기의 c접점 복귀상태와 동작 상태

복귀상태에서는 a접점은 열려있고, b접점은 닫혀있으나 전자코일에 전류가 흘러 동작상태가 되면 그림 2.26(b)와 같이 상호공통인 가동접점이 아래쪽으로 이동하기 때문에 a접점은 닫히게 되고 b접점은 열리게 된다. 이와 같이 릴레이의 c접점은 a접점 회로와 b회로 접점을 모두 적용하여 사용할 수 있게 된다.

2.4 타이머(Timer)

타이머란 입력신호를 받은 후 이미 정해진 시간이 경과한 후 회로를 개폐하는 계전기나 개폐기류를 말한다. 릴레이는 입력신호가 들어오면 순간적으로 동작하고 신호가 끊어지면 순간적으로 복귀하는데 비해 타이머는 종류에 따라 두 가지가 있다. 첫째로는 먼저 입력신호가 들어왔을 때 처음부터 정해진 시간을 경과한 후에 동작하여 신호가 끊겨지도록 동작하는 타이머가 있으며 이를 한시동작 또는 순시복귀 접점이라 한다.

한시동작 접점과는 달리 입력신호가 들어오면 끊겨 있다가 정해진 시간이 지난 후 늦게 동작하는 타이머가 있으며 이를 순시동작 또는 한시복귀 접점이라 한다. 이때 [처음부터 정해진 시간]이란 보통 설정시간(設定時間)이라고 하는데 사용자가 자유롭게 설정할 수 있는 구조로 되어 있다. 타이머는 대부분 동작이 시작되고 나서, 또는 끝나고 나서 설정시간만큼 별도의 동작을 개시 또는 종료시키는 데 사용된다.

표 2.1 타이머 및 타임차트

		심벌	타임차트
전자코일	코일	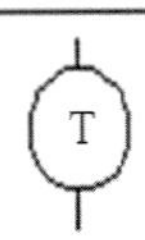	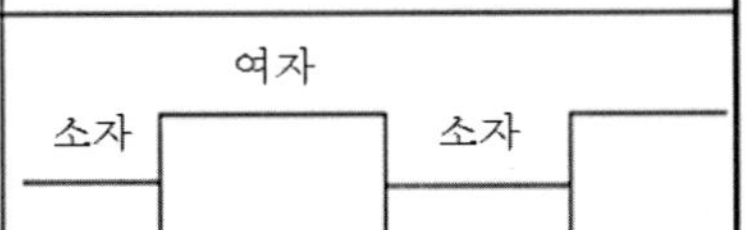
한시동작	a 접점	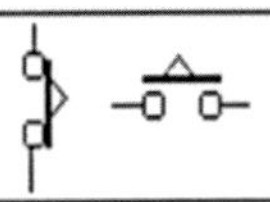	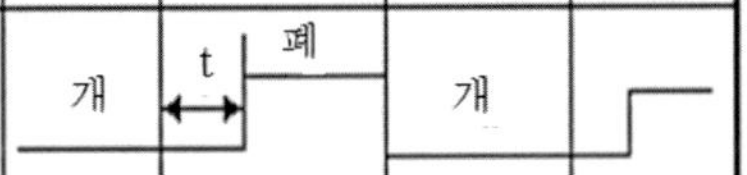
	b 접점	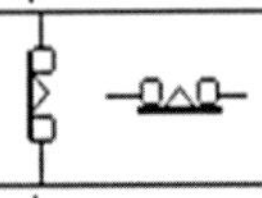	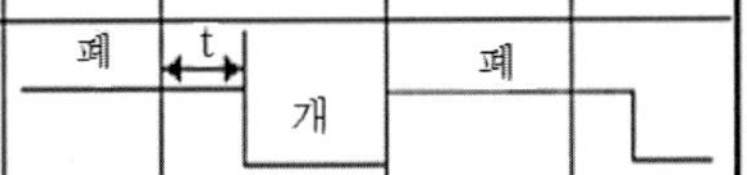
한시복귀	a 접점	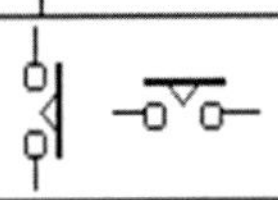	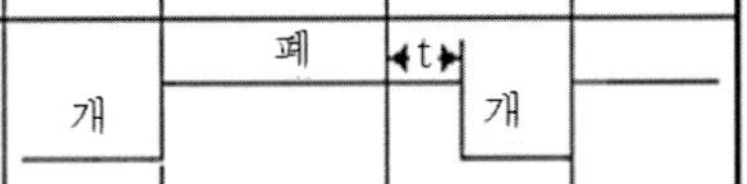
	b 접점	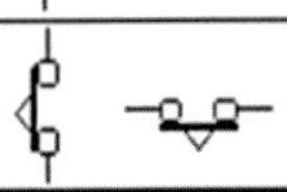	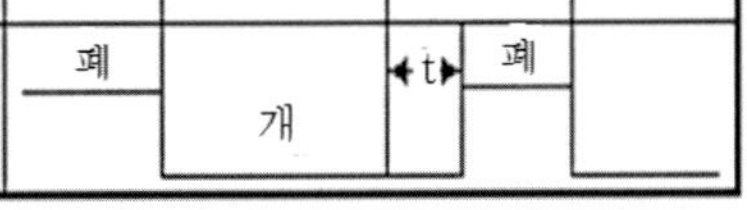

그림 2.27 타이머 외관

2.5 카운터(Counter)

시퀀스 제어 회로에는 동작 횟수 등을 세는데 있어 계수기(카운터)가 사용되며, 입력이 되는 펄스신호 등을 세어서 출력으로서 수치를 표시한다. 카운터의 경우 구조에 따라 카운터를 나누면 크게 기계식, 전자식(電磁式), 전자식(電子式)으로 나눌 수 있다. 또한 계수방식으로는 수를 적산하여 그 결과를 표시하는 적산 카운터와 처음부터 설정한 수와 입력신호를 계수한 수가 같을 때 제어용 출력신호를 내는 프리셋카운터 등이 있다.

(1) 전자식(電磁式)카운터

입력 펄스신호에 의해 전자마그넷을 동작시켜 1펄스마다 1숫자씩 가산하거나 감산하는 카운터이다. 여기에 프리셋 기구를 부착하여 프리셋 카운터로 한 것도 있다. 또 일반적으로 전자 카운터에서는 계수 결과를 보고 읽어내는 것 외에 리드아웃접점이 설계되어 있어서, 계수 결과를 외부에 전기신호로서 꺼내는 일도 가능하게 되어 있다. 따라서 표시기로서의 기능뿐만 아니라 외부에 인자기 등을 접속함으로써 기록기로도 이용할 수 있다. 외부에 대한 출력은 10진수로 출력하는 것 등이 있다.

(2) 전자식(電子式)카운터

전자 회로의 계수장치에 의해 입력펄스를 계수하여 표시하는 릴레이로서 일렉트로닉스 카운터라고도 한다. 전자(電磁)카운터와 마찬가지로 적산카운터와 프리셋카운터가 있다. 회로의 IC화 등에 따라 매우 소형이며 전자(電磁)카운터보다 비싸지만, 표시를 읽기 쉽다는 점 등에서 사용이 많아지고 있다. 외부에 대한 출력은 2진화 10진수 출력으로 되는 것이 대부분이다.

그림 2.28 카운터 및 심벌

2.6 열동형 계전기(THermal Relay)

주 회로에 삽입된 히터에 과전류(모터등의 과부하 전류)가 흐르면 바이메탈이 열을 받아 굽어져 접점이 작용하는 구조를 가진 계전기 일종이다. 이 접점은 대부분 페로를 형성 한 후 동작이 되면 개로가 되는 구조를 사용하고 있다.

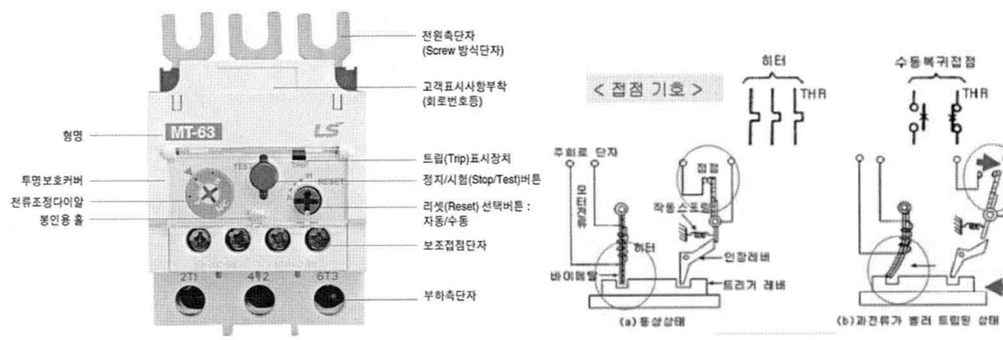

그림 2.29 열동 계전기 외관 및 동작

2.7 전자 접촉기(Magnetic Contactor)

전자 계전기와 마찬가지로 전자력을 이용하여 주회로 접점의 개폐 기능을 가지도록 구성한 일종의 스위칭소자로서 전자 계전기와는 달리 접점 용량 및 내압 등을 특별히 고려하여 만든 것으로 전동기나 전열기 등과 같은 대 용량의 전력회로를 개폐하는데 사용된다. 동작방법은 전자 접촉기의 전기코일에(MC) 전류가 흐르면 고정철심이 전자석이 되어 가동철심을 흡인하여 가동 철심에 부착된 주 접점과 보조접점을 페로 하며 전자코일에 전류가 흐르지 않으면 개로 하게 되는 기능을 가지고 있다.

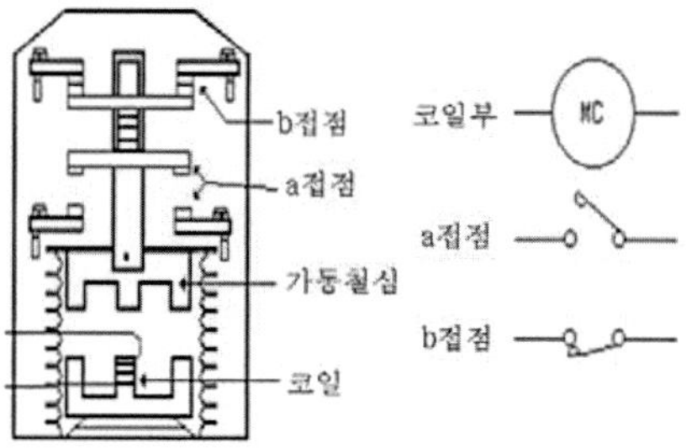

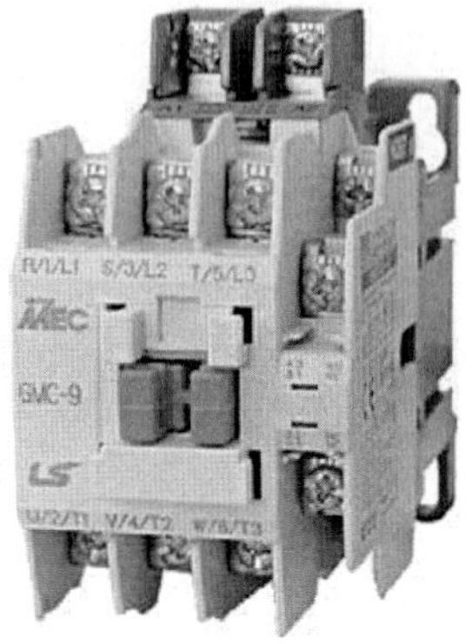

그림 2.30 전자 접촉기 외관 및 심벌

2.8 전자 개폐기(Magnetic Switch)

전자 접촉기와 열동형 과부하 계전기의 기능을 함께 사용하거나 동일한 상자 내에 모두 함께 내장시켜 사용하는 전자 계전기의 일종이다. 전자 접촉기는 보호 기능이 없으므로 열동형 과부하 계전기를 일체화 시켜서 부하에 일정한 전류이상의 과전류가 흐르면 이를 감지하여 전자 접촉기의 조작 전원을 브레이크 시킬 수 있는 구조를 가지고 있다.

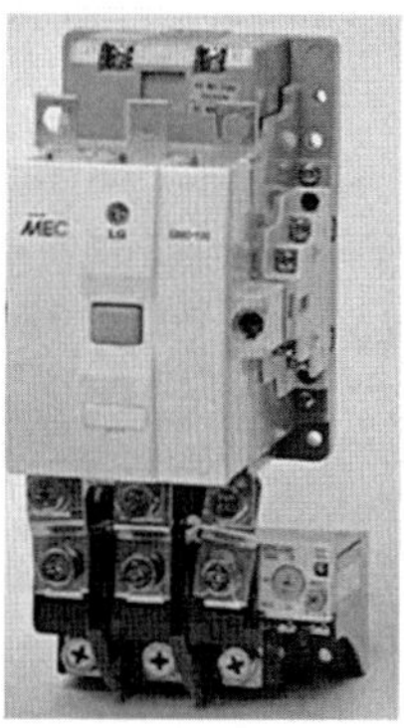

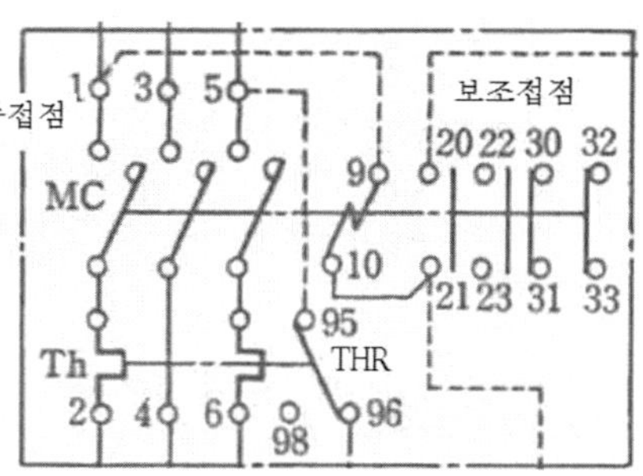

그림 2.31 전자 개폐기 외관 및 심벌

2.9 배선용 차단기(Molded Case Circuit Breaker)

배선용 차단기는 교류 600V이하 직류 250V이하의 저압 옥내 선로에 사용되는 차단기를 말하는 것으로 일반적으로 퓨즈가 없는 차단기 의미로 NFB(No Fuse Breaker)라고도 부른다. 배선용 차단기는 개폐기구, 트립 장치 등을 절연물 용기 내에 일체로 조립한 것으로 통전 상태의 전로를 수동 또는 전기 조작에 의해 개폐할 수 있으며, 과부하 및 단로 등의 상태나 누전이 발생할 때 자동적으로 전류를 차단하는 기구를 통칭한다. 전체 구조와 각부의 명칭은 다음 그림 2.32와 같다.

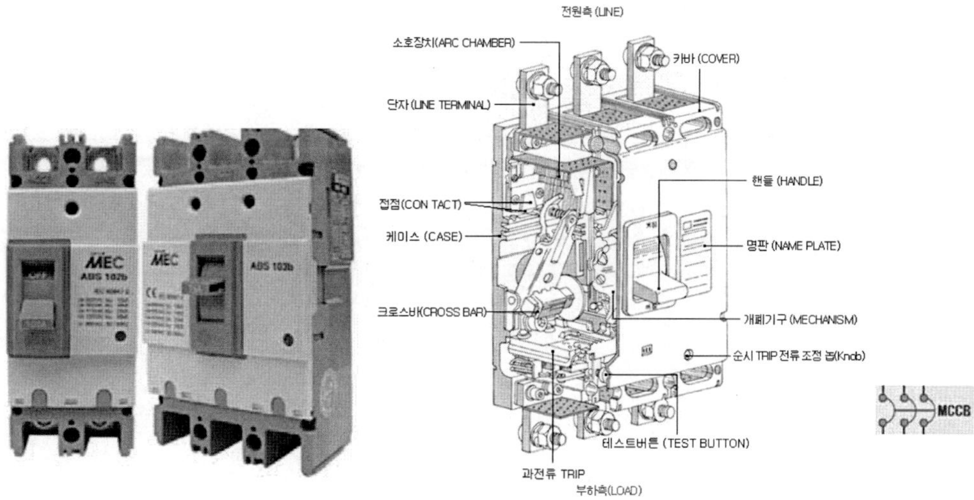

그림 2.32 배선용 차단기 외관 및 심벌

전기 기호

퀀스 회로에 사용되는 소자는 회로에서 사용시 주로 심벌을 이용하여 표현하며 정해진 규격을 가지고 지지상태 및 부속품의 내용을 도면에 표현할 수 있게 만들어져 있다.

도면에 표시할 때에는 도형 심벌만 표시 하지 않고 동작 상태를 나타내는 문자 기로도 함께 표시 할 수 있으며 다음 그림 2.33과 같이 만들어져 있다. 이는 주로 IEC(International Electrotechnical Comission)에서 불리는 기구에서 만들어져 규정되어 있으며 우리나라에는 KS규격으로 만들어져 제시 되고 있다.

그리고 시퀀스 소자를 이용하여 회로를 구성할 때 접속 관계를 구정하는 방법은 각각 표현하는 방법에 따라 단선 접속도, 복선 접속도 및 전개 접속도 형태로 제시되며 구체적인 형태는 그림 2.33과 같다.

1) 단선 접속도(single-line diagram)

단선 접속도란 전기기기의 계통과 전기적인 접속관계를 단선으로 표시한 접속도로서 변전소 플랜트 등 전기 설비 관계의 계통구성을 나타내기 위해 전반적인 접속 및 계기 및 계전기의 접속을 표시하기 위해 주로 사용된다.

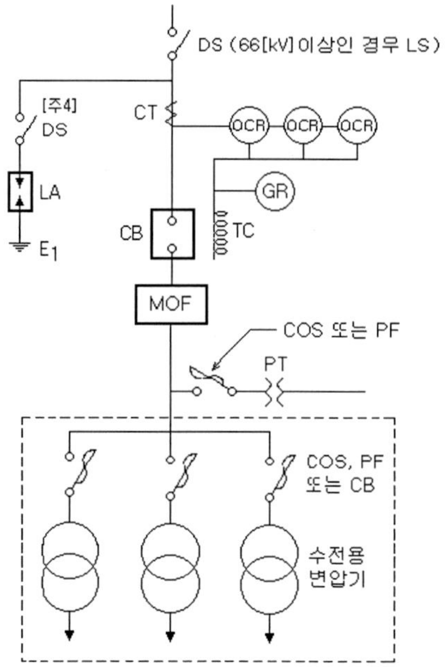

그림 2.33 단선 접속도의 예 (수전설비)

2) 복선 접속도(double-line diagram)

복선 접속도란 CT나 PT등의 접속 접지 상태를 실체의 상태로 표시하여 계기 및 계전기의 접속상태를 선의 수대로 표시하고 주회로와 기기와의 모든 접속을 전부다 그려서 회로의 이해가 쉽게 만드는 그림이다. 하지만 복잡해 지는 결점이 있다.

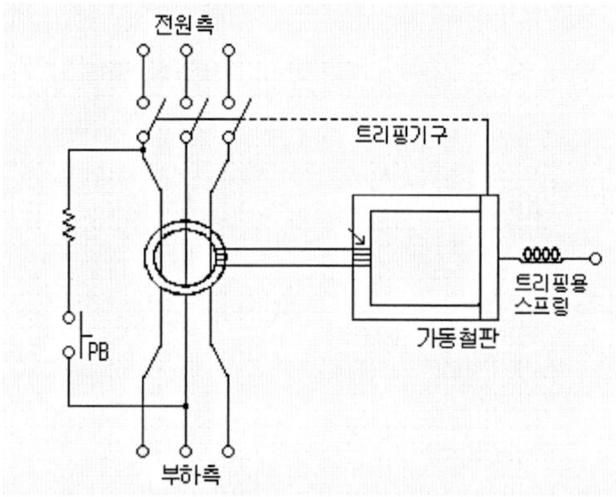

그림 2.34 복선접속도의 예(누전차단기)

3) 전개 접속도(elementary wiring diagram)

전기 기기의 동작 순서를 따라 나열한 그림이며 자동제어장치의 동작이나 운전을 이해할 수 있도록 한 도면이며 시퀀스 회로 구성 시 자주 표현하는 기법이다.

2.10 전기 및 공압 및 유압 구동기

2.10.1 전기 구동 장치

시퀀스에서 응용될 수 있는 장치의 대표적인 형태가 전동기로서 전자작용, 전자유도 현상에 의하여 토오크를 생성하여 회전하는 기계로 전기에너지를 기계적인 에너지로 바꾸는 장치이며 직류 및 교류 전동기가 있다.

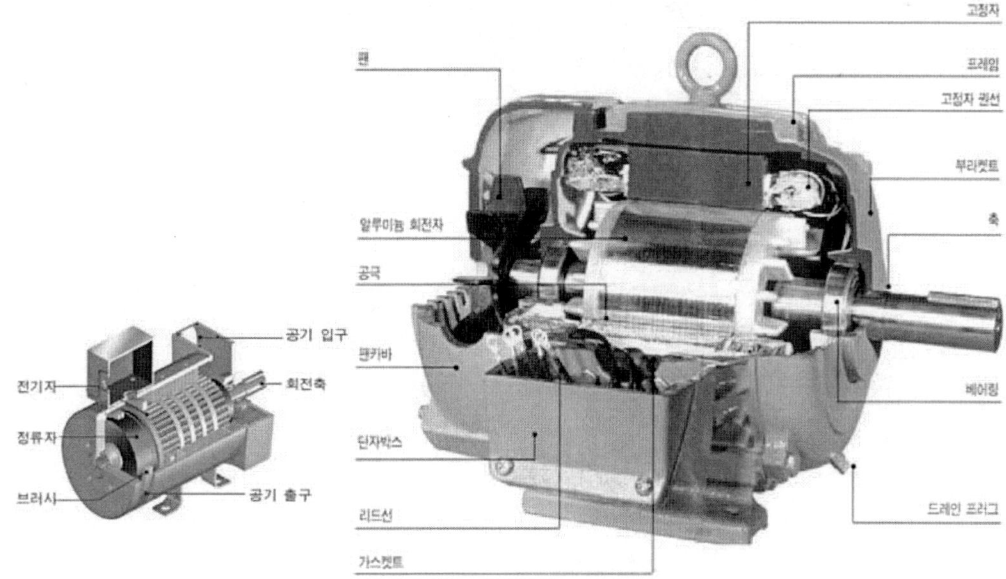

그림 2.35 직류 및 교류 전동기

직류 전동기

자계 내에 있는 도체에 전류를 흐르면 도체는 플래밍의 왼손 법칙에 따르는 방향의 힘을 받는다. 이 원리에 따라 도체를 코일로 하고 전류를 흐르게 하면 도체 양쪽에 전류 방향이 역으로 되기 때문에 회전력이 작용하여 회전운동을 일으키며 회전력은 자계의 세기와 도체에 흐르는 전류에 비례한다.

교류 전동기

대체로 유도 전동기이며 1차 권선과 그 권선이 만든 자계의 유도를 받아 회전하는 2차 권선으로 이루어져 있으며 2차 권선이 권선 형식의 권선형 유도전동기, 철심으로 만들어진 바구니 형태의 농형 유도 전동기가 있다. 이러한 형태의 전동기를 구동하기 위해서는 권선형인 경우 2차 권선을 슬립링, 브러쉬를 거쳐 금속 저항 또는 수옴의 저항을 접속하고 이 저항치를 전동기의 가속과 더불어 작게하여 기동 토크를 조정하는 방식을 사용한다. 하지만 농형 전동기의 경우는 직입기동, 와이 결선으로 하여 인가 전압을 $1/\sqrt{3}$으로 감압하여 구동하고 기동후 델타로 바꾸는 기동 방식 혹은 리액터, 기동 보상기를 사용하는 방법이 있다.

전자 클러치

클러치는 동심축상에 있는 구동축으로부터 피동축의 기계적인 접속에 의해 동력전달과 차단하는 기능을 가진 요소이며 브레이크는 운동체를 감속하거나 정지 또는 정지 상태를 유지하는 요소이다.

그림 2.36 전자 클러치

2.10.2 공압 장치

공압 장치는 압축 공기의 압력 에너지를 기계적인 에너지로 변환하여 직선운동, 회전운동 등의 기계적인 일을 하는 기기로서 구동 기기이며 자동화, 성력화에 폭넓게 사용되어 왔다. 이중 공압 실린더는 공압 압축 공기의 압력 에너지를 기계적인 에너지로 변환하여 피스톤 로드를 직선 운동하는 장치로서 자동화, 성력화에 폭넓게 사용한다.

그림 2.37 공압 실린더

사용하는 방법에 따라 공압을 한쪽에만 공급 할 수 있는 실린더로서 전원 공급을 끊으면 스프링 힘으로 복귀하는 단동 실린더, 공압을 피스톤 양쪽에 공급 할 수 있는 형태인 복동 실린더로 구분 된다. 또한 피스톤 양쪽에 피스톤 로드가 있는 실린더인 양로드 실린더가 있으며 긴 행정을 지탱 할 수 있는 다단 튜브형 로드를 갖춘 텔레스코프형 실린더도 있다. 특수한 경우로는 피스톤 로드가 없는 형식으로 테이블을 직선 운동시키는 형태의 로드리스 실린더도 있다.

그리고 회전 운동 기구로서는 공압 모터는 압축 공기 에너지를 기계적 회전 에너지로 변환하는 액추에이터를 말하며 정회전, 정지, 역회전 등은 방향제어 밸브에 의해 제어된다. 공압 모터는 오래 전부터 광산, 화학 공장, 선박등 폭발성 가스가 존재하는 곳에 전동기 대신 사용되어 왔으며, 특히 최근에는 저속 고토크 모터, 가변 속도 모터 등의 출현으로 방폭이 요구되는 장소 이외에 호이스트, 컨베이어, 교반기 등 일반 산업 기계에도 널리 사용된다.

공압 모터는 구조원리에 따라 베인식, 피스톤식, 기어식, 터빈식 등의 공압 모터가 있으나 산업용에는 베인식 모터가 주로 사용되고 터빈식은 치과용 의료기기에 많이 쓰인다.

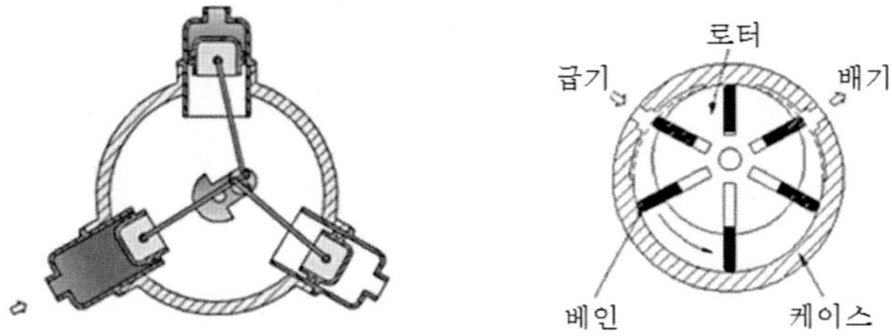

그림 2.38 피스톤식 및 베인식 공압 모터

공기 압축기에서 압축된 압축 공기는 배관을 통해 공압 액추에이터에 전달되어 소정의 목적이나 조건에 맞는 기계적 운동을 한다. 이 때 액추에이터가 목적이나 조건에 맞는 일을 하기 위해서는 압축 공기의 압력을 제어하고 유량을 제어하며, 흐름의 방향을 변환시키는 등의 조작이 필요하다. 이러한 목적을 위해 사용되는 기기가 밸브이다. 밸브는 여러 가지 특성과 조합되어 다양한 기능을 만들어 내며 그 종류도 매우 많다.

압력제어 밸브

압력을 일정하게 유지하는 것이다. 공급 압력이 변동되더라도 실린더나 모터 등의 작업 요소에 공급되는 압력이 일정해야만 작업의 항상성을 유지할 수 있다.

릴리프 밸브

회로 내의 공기 압력이 설정치를 초과할 때 여분의 공기를 배기시켜 회로내의 공기 압력을 설정치 내로 일정하게 유지시키는 역할을 한다.

감압 밸브

공압 동력원에서 오는 압축 공기를 감압하여 2차측 공기 압력을 일정한 공기 압력으로 설정, 조절함과 동시에 1차측 공기 압력이 변화하거나 2차측의 공기 유량 등의 사용 조건이 변동되어도 설정 공기 압력의 변동을 가장 낮게 줄여 안정된 공기 압력을 공급한다.

시퀀스 밸브

두 개 이상의 분기 회로를 가진 회로 내에서 그 작동순서를 회로의 압력에 의해 제어하는 밸브를 말한다.

압력 스위치

유체의 압력이 규정치에 도달할 때 전기 접점을 개폐하는 기기를 말한다. 종류로는 다이어프램형, 벨로즈형, 부르돈관형 및 피스톤형이 있다.

안전 밸브

회로 내의 기기나 관등의 파괴를 방지하기 위해 회로의 최고 압력을 한정하는 밸브. 공기 탱크 등에는 안전밸브의 설치가 의무화되어 있다.

유량제어 밸브

유량의 흐름을 제어하는 밸브로서 방향제어 밸브, 압력제어 밸브 등과 함께 매우 중요한 역할을 한다. 밸브의 호칭은 포트수와 조작 및 복귀 방법에 따라 세분화 된다.

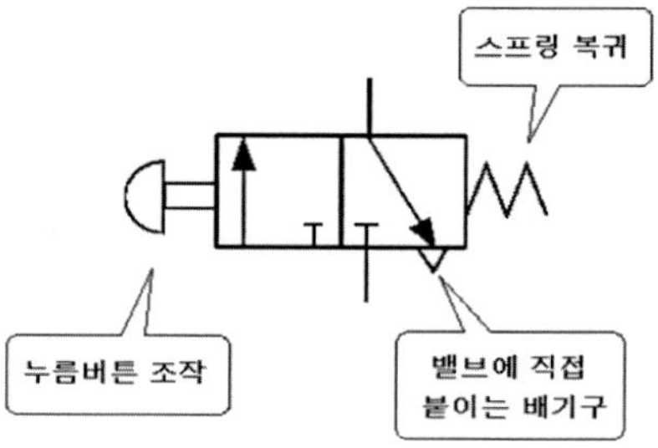

그림 2.39 공압 장치 심벌

2.10.3 유압 장치

유압 시스템의 구성은 유체 에너지의 발생장치인 유압 펌프에서 송출된 고압의 작동유를 유압 제어 밸브에서 압력, 유량, 방향을 제어하여 유압 액추에이터로 보낸다. 여기서 유체 에너지는 기계적 에너지로 변환되어 부하를 움직여서 일을 하게 된다.

그림 2.40 유압 펌프 및 유압 모터

유압 액추에이터에 공급된 작동유는 다시 제어밸브를 거쳐 오일탱크에 되돌아가 한 사이클을 종료한다. 기본적인 구성은 다음과 같다.

유압 펌프

전동기나 엔진등의 원동기에서 기계적 에너지를 공급받아 유압 엑추에이터(유압실린더, 유압모터등)를 작동시키는 데 필요한 압력에너지로 변환시키는 것이다. 유압 장치의 심장부다.

유압 제어 밸브

유압실린더나 유압모터에 공급되는 작동유의 압력, 유량, 방향을 바꾸어 힘의 크기, 속도, 방향을 목적에 따라 자유롭게 제어한다.

유압 엑추에이터

유압 펌프에서 송출된 압력에너지를 기계적 에너지로 변환하는 밸브를 말한다. 연속 회전운동하는 장치는 유압 모터(기어모터, 베인 모터, 피스톤 모터(일정한 각도범위 내)를 사용할 수 있다.

CHAPTER 03 릴레이 시퀀스 회로

3.1 시퀀스 제어도

(1) 시퀀스도

① 시퀀스도란?

시퀀스제어는 순서, 조건, 시간 제어에 의해 사용자의 구동하고자 하는 방향에 맞춰 제어하는 방식으로 이를 다른 말로 순서 제어라고도 한다. 이러한 시퀀스 제어는 미리 정해진 동작에 맞춰 순서대로 제어하는 방법이므로 이러한 제어 동작 표현을 하는데 있어 전개접속도를 적용하는 것이 가장 적당하다. 일반적으로 전개접속도를 시퀀스도라고 말한다.

시퀀스도의 의미

시퀀스도란, 배전반 및 배전반에 관련되는 전기기기의 동작을 그 동작순서에 따라서 표현하는 방식으로 각 기기의 상호관련이 용이하게 파악될 수 있도록 표현된 도면을 말한다.

시퀀스도는 제어기기를 그 기구적 관련을 생략하여 접점, 코일 등으로 표현하고, 각 접속선으로 분리하여 나타내는 동시에 제어전원 모선을 하나하나 상세하게 나타내지 않고 전원도선으로써 그림의 상하에 횡선으로 가리키는 등 그 표현방법이 통상 접속도와는 크게 다르다.

② 시퀀스도의 작도법

시퀀스도 작도법에 대해서 알아보기로 하자. 시퀀스 작도법은 아래와 같이 나타낼 수 있다.

- 제어 전원 모선은 전원도선으로서 도면 상하에 가로선으로 표시하든지 도면 좌우에 세로선으로 표시하며, 상세하게 표시하지 않는다.
- 제어기기를 연결하는 접속선은 상하제어 전원 모선사이에 수직선으로 표시하든지 또는

좌우 제어 전원 모선 사이에 수평선으로 표시한다.

• 접속선은 작동순서에 따라서 좌에서 우로 또는 위에서 아래로 그린다.
• 제어기기는 비 작동 상태로 하며, 모든 전원을 모두 차단한 상태로 표시한다.
• 개폐접점을 가진 제어기기는 그 기구부분이나 지지 보호부분등 기계적 관련 상태를 생략하고 접점 코일 등으로 표시하며, 접속선에 분리해서 표시한다. (접속선을 차단 후 차단부에 그린다.)
• 제어기기가 분산된 각 부분에는 그 제어기기명을 표시한 문자기호를 첨가하여 기기의 관련 상태를 표시한다.

③ 직류제어 전원 모선의 표현방식

시퀀스도에서 전지 또는 정류기 등에 의한 직류전원은 하나하나 그 전원의 그림기호를 이용해서 표현하지 않고 적당한 간격을 가진 상하의 횡선으로 나타내는 전원모선으로 표현한다.

그림 3.1 직류제어 전원 모선의 표시방향

일반적으로 직류전원 모선으로 나타내는 전원 모선은 그림 3.1과 같이 상측에 양(+)극 모선을 그리고 P(양극 : positive)의 기호를 붙이며 또 하측에 음(-)극 모선을 그리고 N(음극 : negative)의 기호를 붙인다. 이 상하직류제어 전원 모선 사이에 각종의 제어기기를 연결한 접속선을 종선으로써 표현한다. 예를 들면 그림 3.2와 같이 상측의 양모선과 하측의 음모선

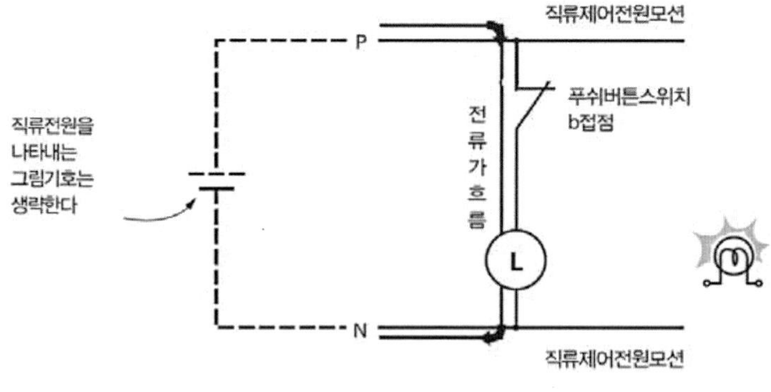

그림 3.2 직류제어 전원모선 예시

사이에 b접점이 있는 푸쉬버튼 스위치와 램프를 접속선으로 연결하면 생략되어 있는 직류 전원의 양(P)극과 음(N)극이 이 접속선에서 폐로 되므로 램프에 전류가 흘러 점등하게 된다.

④ 교류제어 전원모선의 표현방식

시퀀스도에서 교류전원 또한 직류전원의 경우와 마찬가지로 그림 3.3과 같이 적당한 간격을 가진 상하의 횡선으로 나타내는 전원도선으로 표현한다.

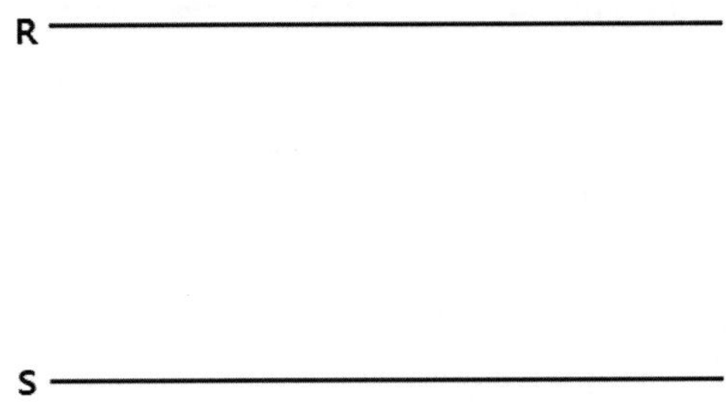

그림 3.3 교류제어 전원 모선의 표시방향

일반적으로 전원도선에는 교류전원의 상(相)을 표시하는 R, S 또는 T의 기호를 첨가해서 교류제어 전원모선인 것을 표현한다. 이 상하의 교류제어 전원모선 사이에 각종 제어기기를 연결한 접속선을 종선으로 표현한다. 예를 들면 그림 3.4와 같이 상측의 R상모선과 하측의 S상모선 사이에 b접점이 있는 푸쉬버튼 스위치와 벨을 접속선으로 연결하면 생략되어 있는 교류전원의 R상과 S상의 선간전압(線間電壓)이 접속선으로 폐로 되기 때문에 벨에 전류가 흘러 울리게 된다.

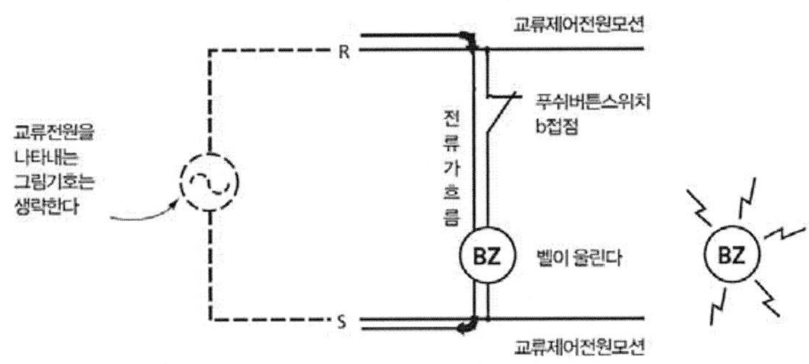

그림 3.4 교류제어 전원모선 예시

⑤ 접속선내의 기기배치 방식

시퀀스도에서 접속선은 그림 3.5(a)와 같이 제어전원 모선의 사이를 직선으로 상하로 왕복하지 않도록 한다. 제어기기의 기계적 사항을 고려한 나머지 그림 3.5(b)와 같이 릴레이의 코일Ⓡ과 R을 같은 단(段)에 그릴 필요는 없다.

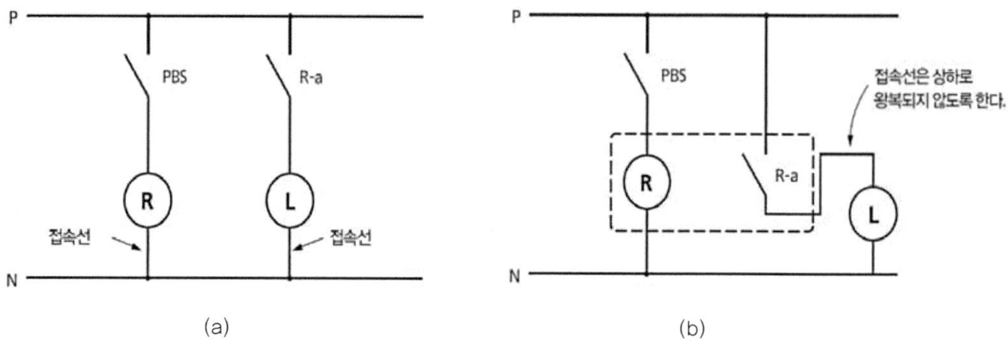

그림 3.5 접속선 내 기기배치 방식

또 접속선내의 기기 배열로써는 그림 3.6과 같이 상측제어 전원모선에는 전환개폐기, 조작개폐기, 릴레이 등의 접점을 순차접속하고 릴레이, 전자접촉기 등의 전자코일은 하측 제어전원모선에 직접 연결하도록 한다. 이와 같이 하면 도면도 보기에 쉽고 유지 점검할 때에 전자코일 단자를 떼어낼 때에도 편리하며 배선, 연락선도 적게 끝낼 수 있다.

그림 3.6에서 푸쉬버튼 스위치와 같이 수동으로 조작함에 따라 개폐하는 것, 릴레이, 전자접촉기와 같이 전자력으로 개폐하는 것 등 개폐접점이 있는 기기는 조작 또는 전원과의 접

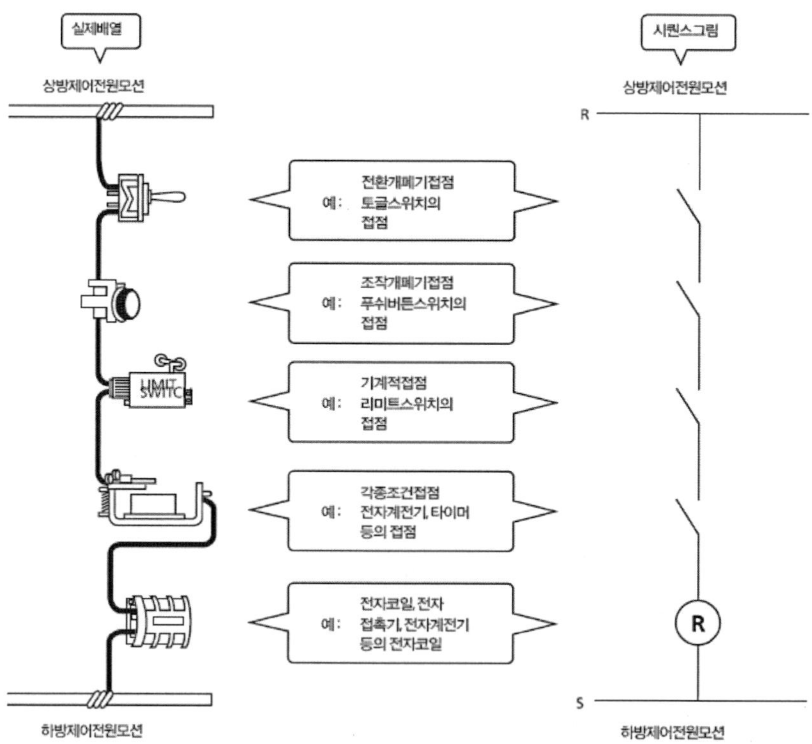

그림 3.6 접속선내의 기기배열 예시

속유무에 따라 접점의 개폐상태가 바뀌지게 된다. 따라서 시퀀스도에서 이것들 개폐접점이 있는 기기의 그림기호를 표시함에 있어서 그 접점 가동부의 위치가 기기의 어떤 상태인 때를 나타낼 것인가 그 원칙을 명확히 인식해 두지 않으면 착오가 생길 우려가 있다.

⑥ 시퀀스도에서의 버튼 스위치 그림기호

푸쉬버튼 스위치와 같이 접점부를 수동으로 조작하는 것을 시퀀스도로 표시함에 있어서 그 그림기호는 버튼에 손을 대지 않은 상태를 기준으로 표현한다. 따라서 그림3.7과 같이 a접점이 있는 푸쉬버튼 스위치의 그림기호는 접점이 열려있도록 나타내고 b접점이 있는 푸쉬버튼 스위치의 그림기호는 접점이 닫혀있도록 나타낸다.

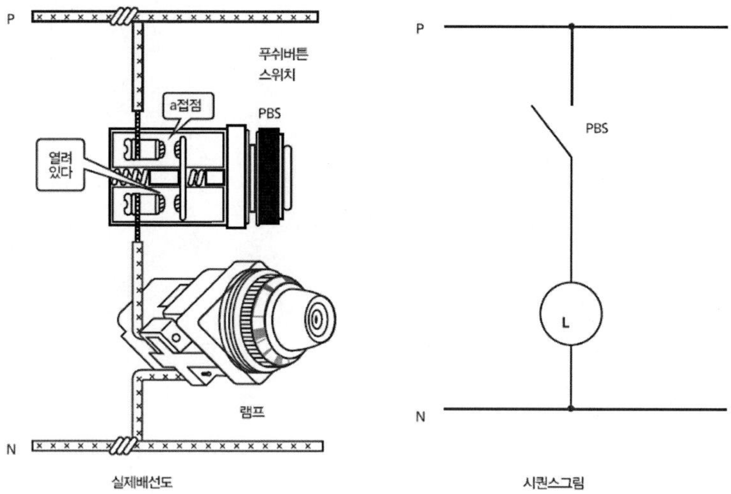

(a) a접점의 그림기호 표현방식

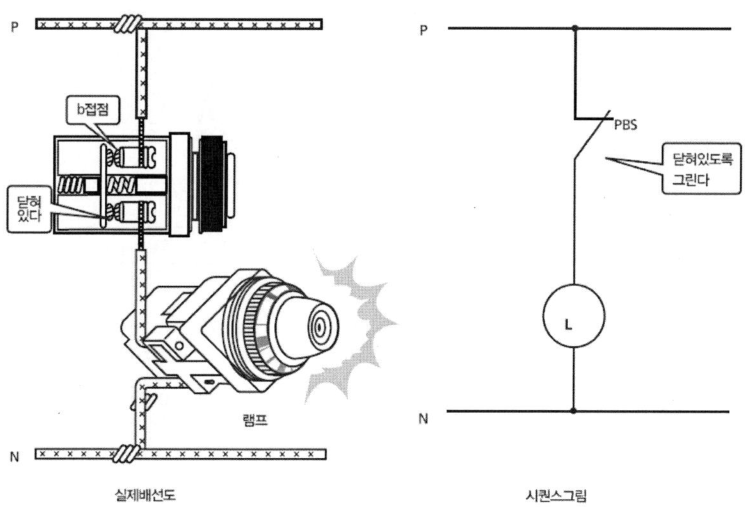

(b) b접점의 그림기호 표현방식

그림 3.7 시퀀스도에서의 푸쉬버튼 스위치 그림기호 표현방식

⑦ 시퀀스도에서의 릴레이 그림기호

릴레이, 전자접촉기 등과 같이 접점부가 전기에 의해서 구동되는 것을 시퀀스도로 표시함에 있어서 그 그림기호는 전자코일 입력부에 전압이 인가되지 않은 상태를 기분으로 한다. 따라서 그림 3.8과 같이 릴레이의 a접점의 그림기호는 열려있도록, 또 b접점은 닫혀있도록 나타낸다. 또한 동작과정을 설명하는 시퀀스도는 릴레이, 전자접촉기 등의 개폐접점, 그림기호는 그 기기가 어떠한 상태를 가리키는가를 도면에 명기한다.

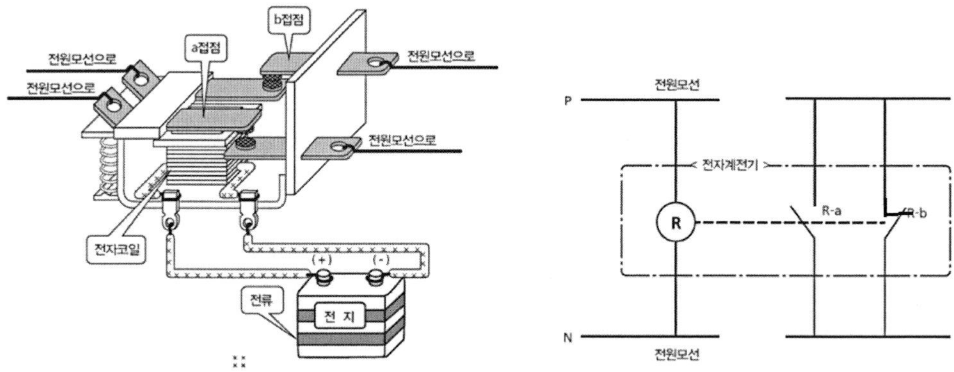

(a) 실제 배선도 (b) 시퀀스도

그림 3.8 시퀀스도 전자계전기의 그림기호 표현방식

⑧ 시퀀스도를 그리는 순서

그림 3.9는 푸쉬버튼 스위치 PBS를 누르면 릴레이R이 동작하여 부저 BZ가 울리도록 된 부저명동 회로의 실제배선도의 한 예를 나타낸 것이다. 이제 그림 3.9에 대해 시퀀스도를 그려보도록 하자. 시퀀스도를 그리는 순서는 다음과 같다.

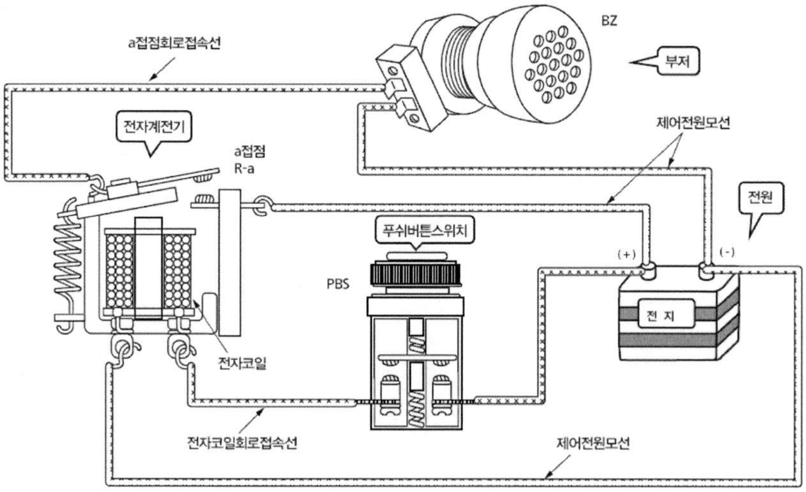

그림 3.9 전자계전기에 의한 부저 명동 회로의 실제배선도(예)

▌그리는 방식의 순서

순서[1] : 제어전원모선을 그린다.

- 제어전원모선으로써 상하의 횡선을 그린다.
- 이 회로는 전지를 전원으로 하고 있으므로 상측 모선에 P를, 하측 모선에 N의 기호를 붙인다.

순서[2] : 전자코일 회로의 접속선을 그린다.

- 상측모선에 푸쉬버튼 스위치의 그림기호를, 하측모선에 전자코일의 그림기호를 그려서 직렬로 연결하고 세로의 똑바른 접속선으로 한다.
- 푸쉬버튼 스위치에 PBS(push button switch)의 문자기호를 첨가한다.
- 전자코일에는 릴레이에 소속되어 있다는 것을 가리키는 R(relay)의 문자기호를 원 속에 써 넣는다.

순서[3] : a 접점회로의 접속선을 그린다.

- 상측 모선에 릴레이의 a접점 그림기호를 하측 모선에 부저의 그림 기호를 그려서 직렬로 연결, 세로의 똑바른 접속선으로 한다. 릴레이의 a접점은 전자코일에 전류가 흐른 다음 닫히므로 이 접속선은 전자코일 회로 접속선의 우측에 그린다.
- a접점에는 릴레이R에 소속되어 있다는 것을 나타내는 R-a의 문자 기호를 첨가 한다.
- 부저에 BZ(buzzer)의 문자 기호를 첨가한다.

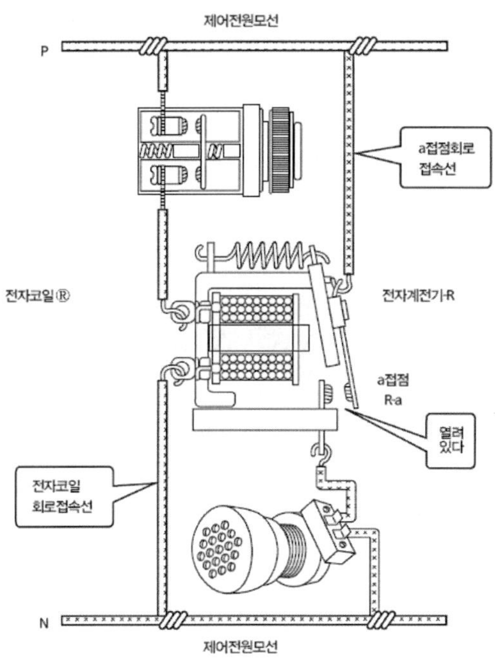

그림 3.10 실제 배선도

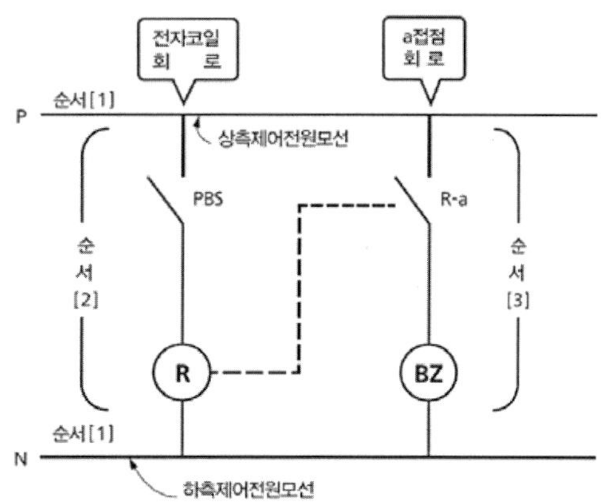

그림 3.11 시퀀스도

(2) 플로우차트와 타임차트(flow chart and time chart)

① 플로우차트

시퀀스 제어에서는 각종의 기기가 결합되어서 복잡한 회로가 구성되므로 각 구성기기간의 작동순서를 상세하게 그리면 복잡하여 오히려 전체를 이해하기 어려울 수가 있다. 이때에 기호와 화살표로 간단하게 표시한 것 즉, 작동순서를 나타낸 것이다.

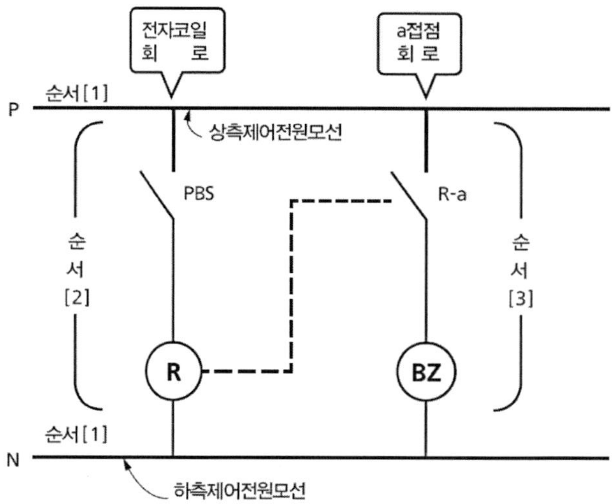

그림 3.12 시퀀스도

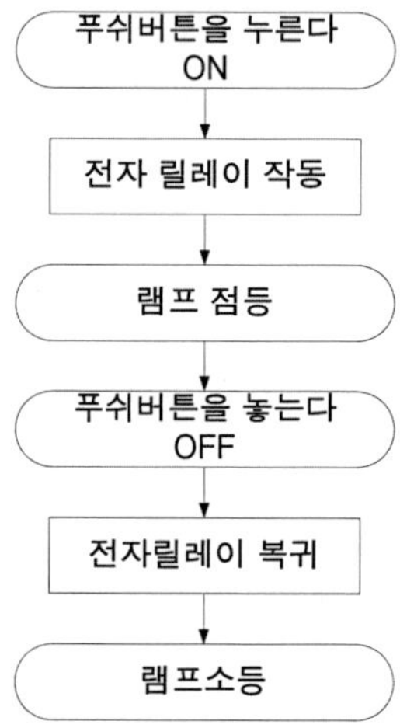

그림 3.13 플로우차트

▎작동설명

- 먼저 PBS를 누르면 Ⓡ이 작동한다.
- Ⓡ이 작동하면 R-a 접점이 연동된다.
- R-a 접점이 닫히면 램프가 점등한다.

표 3.1 플로우차트에 쓰이는 기호

기호	명칭	설명
────	흐름선(flow line)	기호끼리의 연결을 나타내며, 교차와 결합의 두 가지 상태가 있다.
════	병행처리(parallel mode)	둘 이상의 동시 조작 개시 또는 종료를 나타낸다.
○	결합자(connector)	플로우차트 다른 부분으로부터의 입구 또는 다른 부분의 출구를 나타낸다.
⬭	단자(term. interrupt)	플로우차트의 단자를 표시하며, 개시, 종료, 정지, 중단 등을 나타낸다.
□	처리(process)	모드종류의 작동 조작 등 처리기능을 나타낸다.

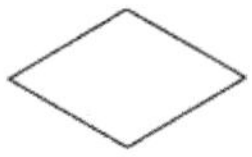	판단(preparation)	몇 개의 경로에서 선택에 대한 판단 또는 YES, NO 중의 선택 등을 나타냄.
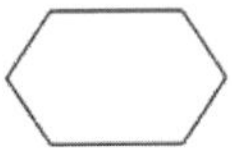	준비(preparation)	프로그램 자체를 바꾸는 등의 명령 또는 변경을 나타낸다.
	병합(merge)	두 개 이상의 집합을 하나의 집합으로 결합하는 것을 나타낸다.
	추출(extract)	하나의 집합중에서 한 개 이상의 특정 집합을 빼내는 것을 나타낸다.
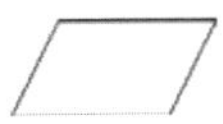	입 · 출력(input/output)	입·출력 기능이 0이냐 1이냐를 나타낸다. 즉, 정보의 처리를 가능하게 한다.
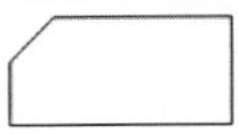	카드(punhed card)	펀친 카드를 매개체로 하는 입·출력 기능을 나타낸다.

② 타임차트

타임차트는 시스템 동작을 시간의 변화에 따라 표현한 방식이며 시퀀스 제어에 있어서 그 작동순서의 시간적 변화를 알기 쉽게 나타낸 그림이다. 타임차트를 도식하는 방법은 세로선에 제어 기기들을 명시해 놓고, 가로축에는 이들의 시간적 변화를 선으로 표시한다. 타임 차트는 어느 제어기기의 동작이 다른 어느 기기의 작동과 어떤 관계가 있는가를 점선으로 나타낼 수도 있으며 기동, 정지, 누르다, 떼다, 전원입(ON) · 절(OFF)등의 작동 구분을 타임 차트선을 위 또는 아래로 그림으로써 표현할 수 있다.

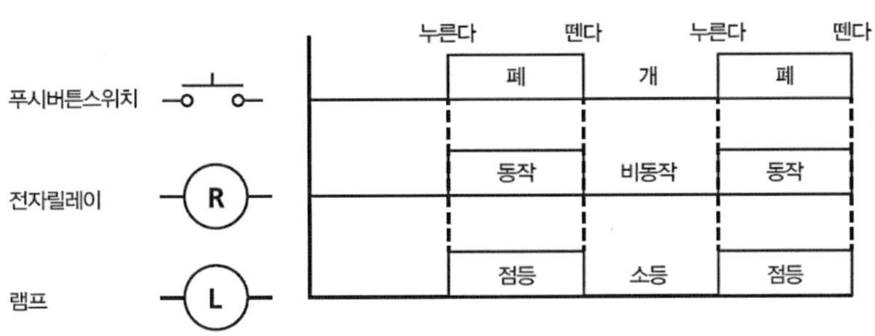

그림 3.14 램프 점등 회로의 타임차트

▍타임차트 이해하기

램프 점멸 회로에서 버튼을 누르고 있는 손을 떼어서 릴레이가 복귀한 다음 램프가 소등할 때까지의 동작순서를 그림 3.15와 같이 시퀀스도로 나타내었다. 이에 대한 타임차트를 그려내보도록 한다.

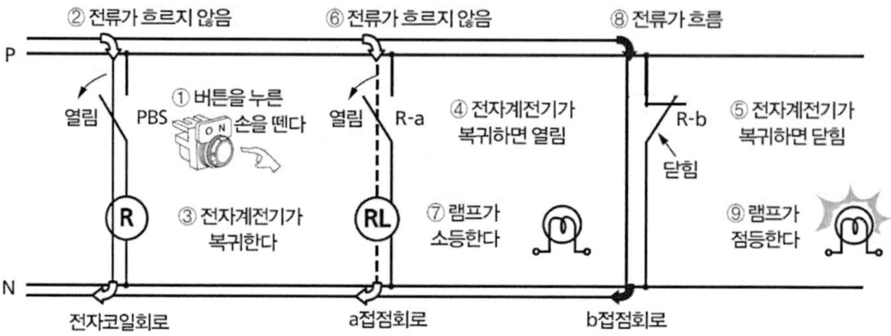

그림 3.15 전자계전기 c접점의 복귀 순서

▌동작순서

순서[1] : 푸쉬버튼 스위치 PBS입을 누른 손을 떼면 a접점이 열린다.

순서[2] : PBS입의 a접점이 열리면 전자코일 회로에 전류가 흐리지 않게 된다.

순서[3] : 전자코일 회로에 전류가 흐르지 않으면 릴레이가 복귀한다.

순서[4] : 릴레이가 복귀하면 그 a접점 R-a가 열린다.

순서[5] : 릴레이가 복귀하면 그 b접점 R-b가 닫힌다.

순서[6] : R-a가 열리면 a접점 회로에 전류가 흐르지 않게 된다.

순서[7] : a접점회로에 전류가 흐르지 않으면 적색램프 RL이 소등한다.

순서[8] : R-a가 닫히면 b접점 회로에 전류가 흐른다.

순서[9] : b접점회로에 전류가 흐르면 녹색램프 GL이 점등한다.

주 : 순서[4]와 [5]는 동시에 동작한다. 순서[6]과[7] 및 [8]과 [9]는 동시에 동작한다.

③ 플로우차트와 타임차트 그리기

먼저 버튼을 누른 손을 떼어서 릴레이가 복귀하여 적색램프가 소등하고 녹색램프가 점등하는 시퀀스동작의 순서를 플로우차트로 나타낸 것이 그림 3.16이다. 또 릴레이의 「동작」 및 「복귀」 의 시간적 변화를 타임차트로 표현한 것이 그림 3.17이다.

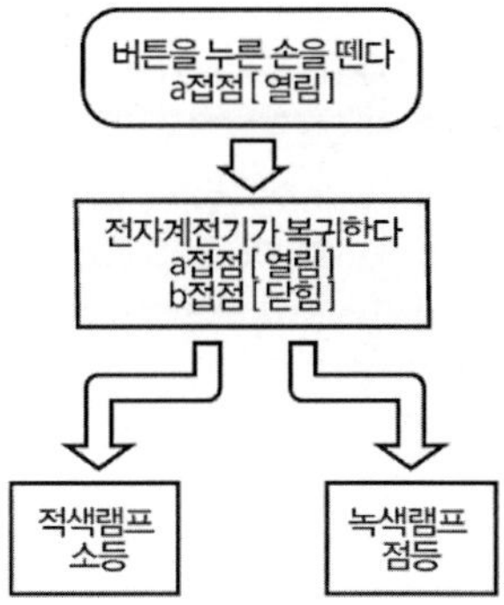

그림 3.16 램프동작 플로우차트

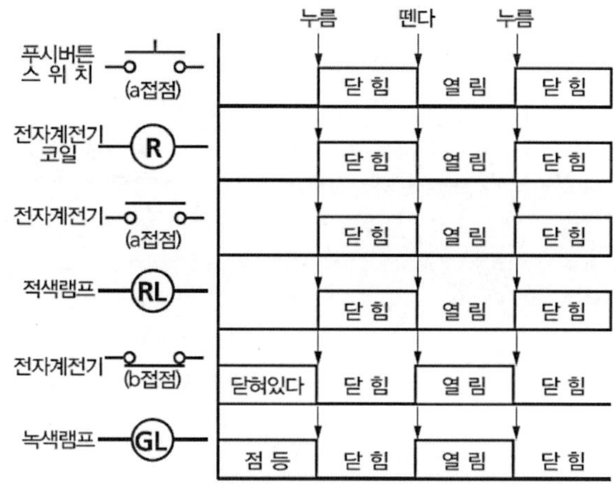

그림 3.17 램프동작 타임차트

3.2 릴레이 시퀀스 기본 회로

(1) 케이블 작업 수행하기

사용자가 원하는 동작에 대해 시퀀스도, 플로우차트, 타임 차드와 같이 동작사항을 꾸민 후 본격적으로 회로를 꾸미기 위해서 배선 작업을 수행해야 하며 이러한 일의 첫 번째 단계는 케이블 작업을 수행하는 것이다. 이에 압착단자를 이용한 케이블 만드는 방법에 대해 이해하도록 하자. 먼저 압착접속이란 전동기 주회로 및 기기배전에 많이 사용되며, 전선의 끝에 압착공구를 이용하여 압착단자를 눌러 붙여서 압착단자와 전선을 접속하는 것이다. 압착 접촉에 사용되는 공구로는 크게 와이어 스트리퍼와 압착공구가 있다. 와이어 스트리퍼는 선의 피복을 벗기는데 사용되는 도구로 구멍에 맞는 치수의 선을 넣고 와이어 스트리퍼를 누르면 선이 벗겨져 심선이 상하지 않고 피복할 때 사용하는 공구이다. 그리고 압착공구는 선과 압착단자의 접속에 쓰이며, 한 번 압착을 시작하면 압착이 끝날 때까지 열리지 않는 구조로 래칫(ratchet)이 달려있다.

이제 전선의 압착 순서를 파악해보자. 전선의 압착 순서는 아래와 같다.

- 와이어 스트리퍼를 이용하여 심선의 돌출길이를 압착단자 링부분보다 약 0.8~1mm 길게 피복을 벗긴다.
- 전선의 굵기에 알맞은 압착단자(예 1.2ϕ의 전선일 때는 1.2ϕ압착단자 사용)를 고른다.
- 규정의 길이로 피복을 벗긴 전선을 압착단자의 링 부분에 끼운다.(이때 피복은 삽입하지 않고 심선만 삽입하여야 한다.)
- 압착공구를 무릎이나 작업대 위에 놓고 핸들이 열릴 때까지 압착한다.
- 압착상태를 확인한다.

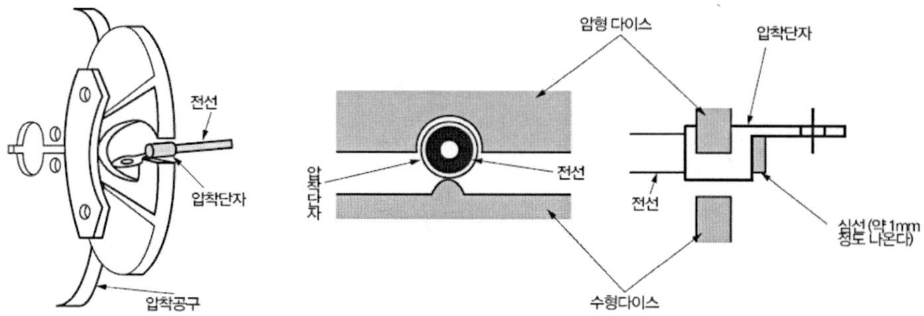

그림 3.18 전선의 압착 방법

표 3.1 AWG(American Wire Gauge) 규격표

AWG번호	직경(Inch)	직경(mm)	단면적(mm²)	저항(Ω/m)	허용전류(A)
4/0=0000	0.46	11.7	107(100)	0.000161	280~298
3/0=000	0.41	10.4	85	0.000203	240~257
2/0=00	0.365	9.26	67.4(60.0)	0.000256	223
1/0=0	0.325	8.25	53.5	0.000323	175~190
1	0.289	7.35	42.4(38.0)	0.000407	165
2	0.258	6.54	33.6	0.000513	130~139
3	0.229	5.83	26.7(22.0)	0.000647	125
4	0.204	5.19	21.1	0.000815	98~107
5	0.182	4.62	16.8(14.0)	0.00103	94
6	0.162	4.11	13.3	0.0013	72~81
7	0.144	3.66	10.5	0.00163	70
8	0.128	3.26	8.36(8.0)	0.00206	55~62
9	0.114	2.91	6.63	0.0026	55
10	0.102	2.59	5.26(5.5)	0.00328	40~48
11	0.0907	2.3	4.17	0.00413	38
12	0.0808	2.05	3.31(3.5)	0.00521	28~35
13	0.072	1.83	2.62	0.00657	28
14	0.0641	1.63	2.08(2.0)	0.00829	18~27
15	0.0571	1.45	1.65	0.0104	19
16	0.0508	1.29	1.31	0.0132	12~19
17	0.0453	1.15	1.04	0.0166	16
18	0.0403	1.02	0.823	0.021	7~16
19	0.0359	0.912	0.653	0.0264	5.5
20	0.032	0.812	0.518	0.0333	4.5
21	0.0285	0.723	0.41	0.042	3.8
22	0.0253	0.644	0.326	0.053	3.0
23	0.0226	0.573	0.258	0.0668	2.2
24	0.0201	0.511	0.205	0.0842	0.588
25	0.0179	0.455	0.162	0.106	0.477

(2) 릴레이 시퀀스 기본 회로

이제 시퀀스 회로를 꾸미기 위한 기본 준비는 갖춰졌다. 이제 시퀀스 회로를 본격적으로 꾸며보기로 하자. 먼저 시퀀스제어계에서의 복잡한 제어 회로도를 분석해보면 몇 가지의 기본적인 회로가 조합되어 구성되고 있음을 알 수 있다. 이에 이 절에서는 그 중에서도 가장 기본이 되는 AND 회로, OR 회로에 관하여 읽는 법을 설명하겠다. 이것들은 대단히 어려운 명칭이 붙은 회로지만 시퀀스 제어를 이해하기 위해서는 꼭 익혀두어야 할 중요한 회로라 할 수 있다.

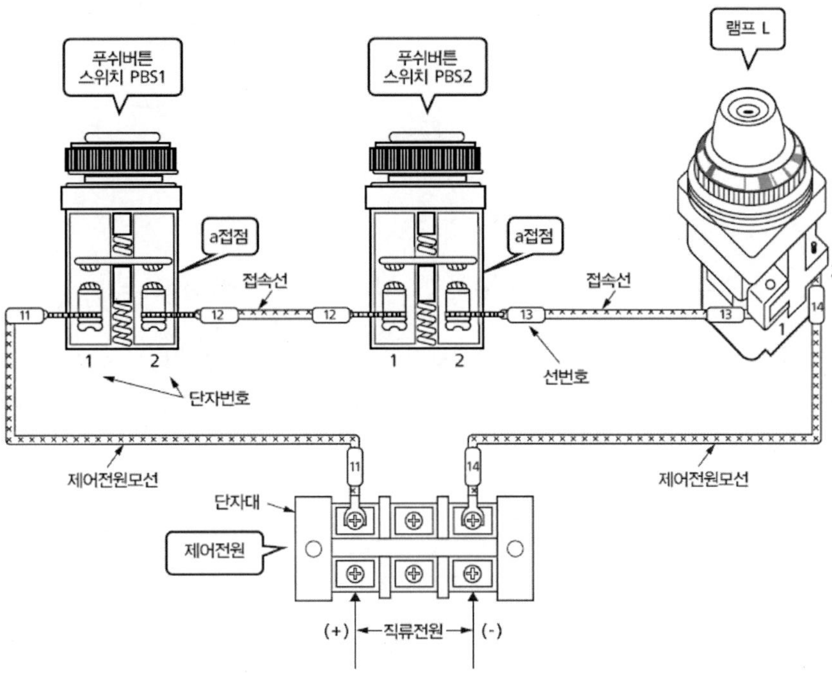

그림 3.19 푸쉬버튼 스위치에 의한 AND 회로의 실제배선도(예)

2-1) AND 회로

푸쉬버튼 AND 회로

AND 회로란 개폐접점의 a접점만을 직렬로 접속시킨 회로를 말한다. 그림 3.20(a)은 두 개의 a접점 푸쉬버튼 스위치 PBS1과 PBS2를 직렬로 해서 램프L에 연결하고 제어전원에 접속시킨 푸쉬버튼 스위치에 의한 AND회로의 실제배선도 예를 나타낸 것이다. 또한 이 푸쉬버튼 스위치에 의한 AND 회로의 실제배선도를 상하의 제어전원모선에 의한 시퀀스도 방식의 실체배선도 및 시퀀스도로 바꾸고 대비시켜 나타낸 것이 그림 3.20(b)이다.

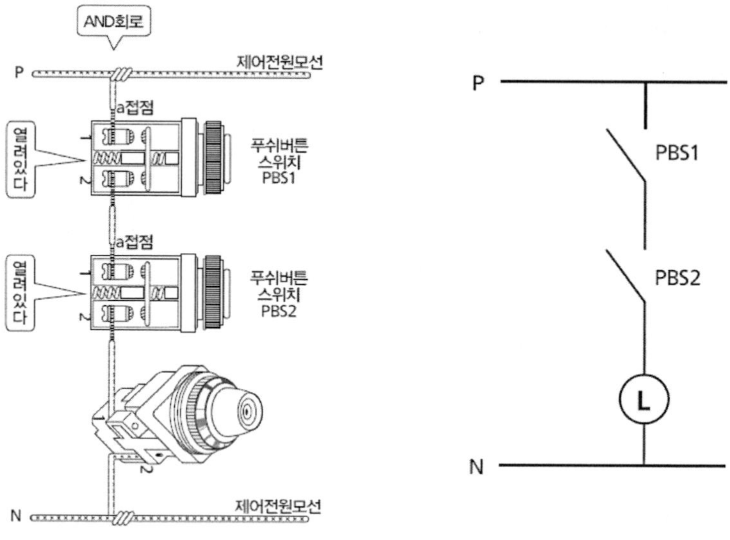

(a) 실제배선도 (b) 시퀀스그림

그림 3.20 푸쉬버튼 스위치에 의한 AND 회로의 실체배선도와 시퀀스도(예)

이제 AND 회로에 대한 동작 사항을 파악해보기고 하자. 먼저 푸쉬버튼 스위치 PBS1과 PBS2를 양쪽 모두 누르지 않았을 때의 동작을 파악해보자. 제어전원모선에 전압이 인가되어 있는 상태에서 그림 3.21(a)와 같이 푸쉬버튼 스위치 PBS1, PBS2를 양쪽 모두 누르지 않을 때는 각각의 a접점은 열려 있으므로 램프L은 소등한 그대로가 된다. 만약 푸쉬버튼 스위치 PBS1만 눌렀을 때는 어떻게 동작될지 파악해보자. 푸쉬버튼 스위치 PBS1만 눌렸을 경우 그림 3.21(b)와 같이 PBS1의 a접점이 닫히더라도 PBS2의 a접점이 열려 있으므로 램프L에는 전류가 흐르지 않아 소등된 그대로의 상태가 된다. 다음엔 그림 3.21(c)와 같이 푸쉬버튼 스위치 PBS2만을 눌러보자. 이 경우에도 PBS2의 a접점이 닫히더라도 PBS1의 a접점이 열려 있으므로 램프L에는 전류가 흐르지 않아 소등된 그대로 이다. 마지막으로 푸쉬버튼 스위치 PBS1과 PBS2를 양쪽 모두 눌렀을 때의 동작상황을 확인해 보도록 하자. 이제 두 스위치를 모두 눌렀을 때 비로소 PBS1의 a접점도 닫히고 PBS2의 a접점도 닫히기 때문에 램프L에는 전류가 흘러 점등한다.

이와 같이 회로에서는 접점 PBS1및 PBS2가 양쪽 모두 닫혔을 때 즉 입력신호가 동시에 전부 부여되었을 때에 비로소 출력신호를 얻을 수 있다. 이 접점 PBS1및 접점 PBS2가 닫히는 조건으로 램프L이 점등하는 점에서 이 회로를 AND 회로라 한다. AND는 우리말로 「~및~」이라든가 「~과~」가 된다. AND 회로는 이를 표현한 것이다. 이 예에서는 푸쉬버튼 스위치가 두 개인 경우를 나타낸 것인데 일반적으로 몇 개인가의 개폐접점의 a접점을 직렬로 접속하고 모든 접점이 닫혔을 때에 출력신호를 내는 회로를 AND 회로라 한다. 이 AND 회로를 논리적 회로라고도 한다.

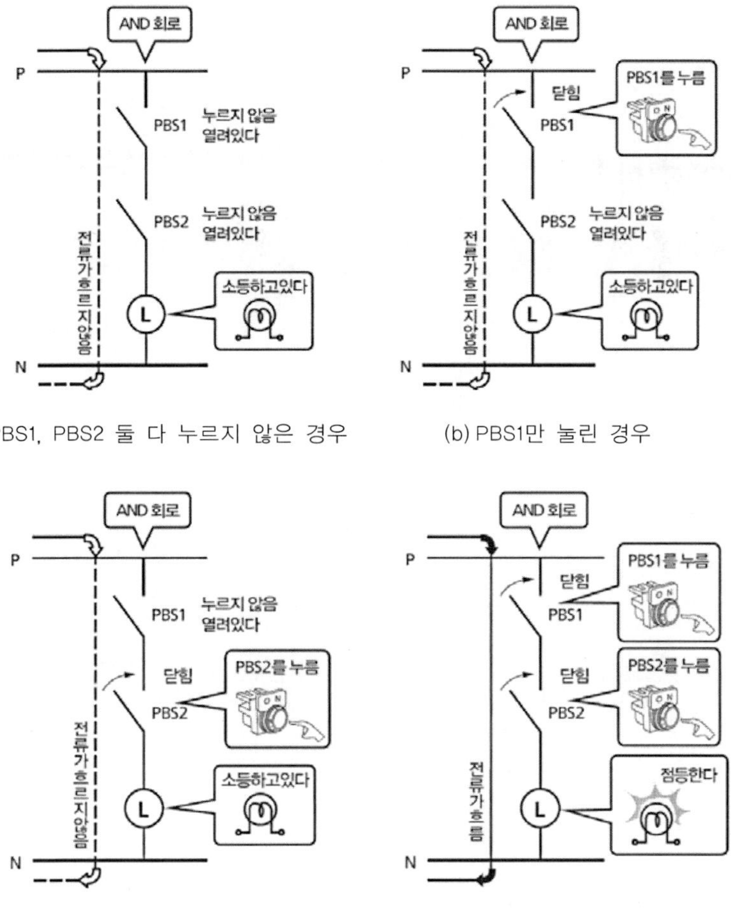

(a) PBS1, PBS2 둘 다 누르지 않은 경우 (b) PBS1만 눌린 경우

(c) PBS2만 눌린 경우 (d) PBS1, PSB2 둘 다 눌린 경우

그림 3.21 AND 회로 동작상태

릴레이에 의한 AND 회로

그림 3.22는 릴레이X의 a접점 X-a와 릴레이 Y의 a접점 Y-a를 2개 직렬로 하여 램프L에 연결해서 제어전원에 접속시킨 릴레이에 의한 AND 회로의 실제배선도를 나타낸 예이다. 그림 3.23은 이 릴레이에 의한 AND 회로의 실제배선도를 상하의 제어전원모선에 의한 시퀀스 도방식의 실체배선도 및 시퀀스 그림으로 바꿔 그려서 대비시킨 것이다.

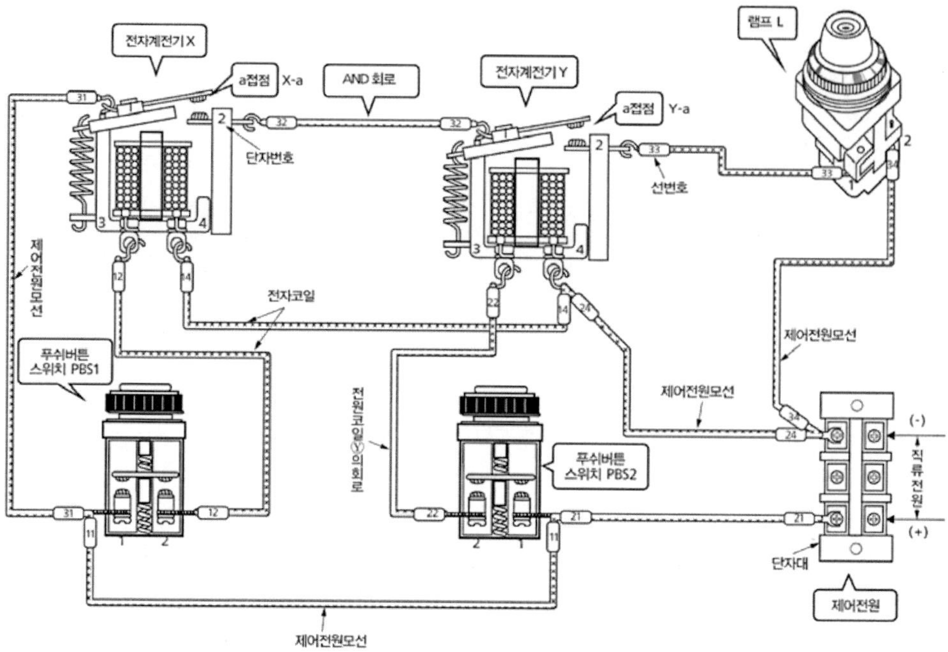

그림 3.22 릴레이에 의한 **AND** 회로 실제배선도(예)

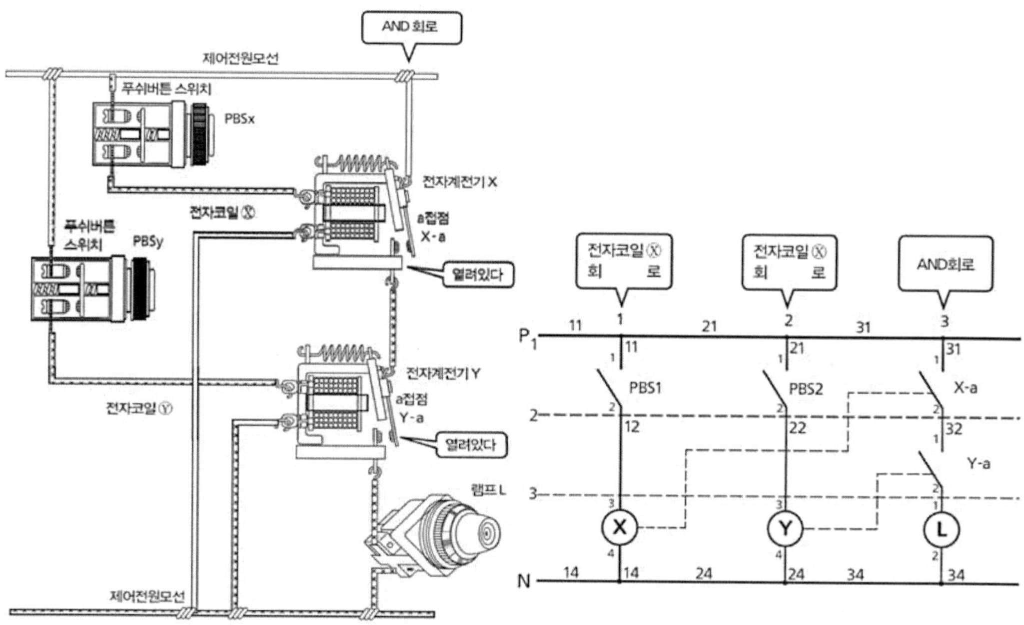

(a) 실체배선도

(b) 시퀀스도

그림 3.23 전자계전기 접점에 의한 AND 회로의 실체배선도 시퀀스도(예)

그러면 이 회로가 어떻게 동작하는가를 설명하겠다. 먼저 릴레이 X와 릴레이Y가 양쪽 모두 꺼져있는 상태를 하고 있을 때의 동작에 대해서 파악해보자. 제어전원모선에 전압이 인가되어 있는 상태에서 그림3.24와 같이 푸쉬버튼 스위치 PBS1, PBS2를 모두 누르지 않을 때는 릴레이 X및 Y의 전자코일Ⓧ와 전자코일Ⓨ에 전류가 흐르지 않기 때문에 꺼져있는 상태이다. 그러므로 릴레이 X및 Y가 꺼져 있을 때는 각 릴레이의 a접점임 X-a와 Y-a는 모두 열려있으므로 램프L은 꺼져있는 상태 그대로이다. 나머지 동작에 대해서도 앞의 푸쉬버튼 스위치를 통한 AND 회로와 동일한 동작을 나타내므로 나머지 동작상황에 대한 설명은 생략한다.

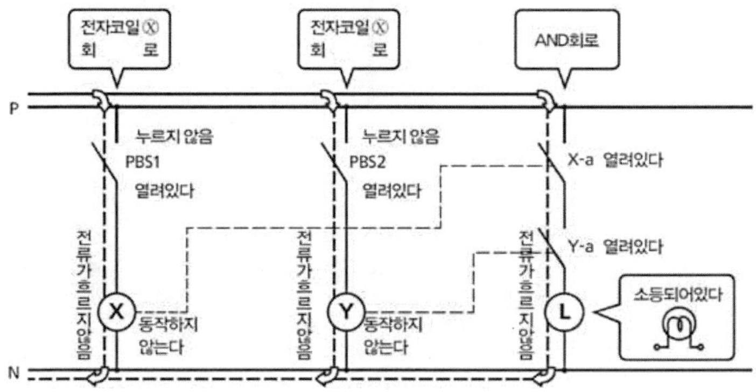

그림 3.24 전자계전기 X와 Y가 양쪽 모두 소자되어 있을 때 동작

❸ AND 회로의 타임차트

푸쉬버튼 스위치의 a 접점에 의한 AND 회로를 예로써 그 타임차트를 그림 3.25와 같이 나타내었다. 그림 3.25에서와 같이 푸쉬버튼 스위치 PBS1과 PBS2가 모두 열려 있을 때에만 램프L이 점등됨을 타임차트를 통해 알 수 있다.

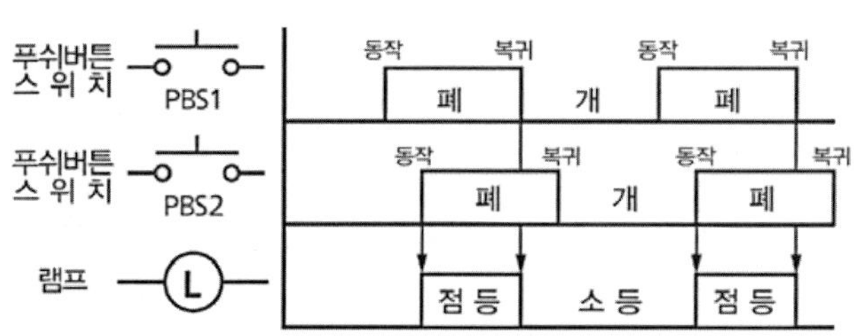

그림 3.25 AND 회로의 타임차트

2-2) OR 회로

❸ 푸쉬버튼 스위치 회로

OR 회로란 개폐접점의 a접점을 병렬로 접속한 회로를 말한다. 그림 3.26은 a접점이 있는

두 개의 푸쉬버튼 스위치 PBS1과 PBS2를 병렬로 한 것을 램프L에 직렬로 연결해서 제어전원에 접속한 푸쉬버튼 스위치에 의한 OR 회로의 실제배선도의 예를 나타낸 것이다. 그림 3.27은 이 푸쉬버튼 스위치에 의한 OR 회로의 실체배선도 및 시퀀스도로 바꾸고 대비시켜 나타낸 것이다. 그러면 이 회로가 어떻게 동작하는지를 설명하겠다.

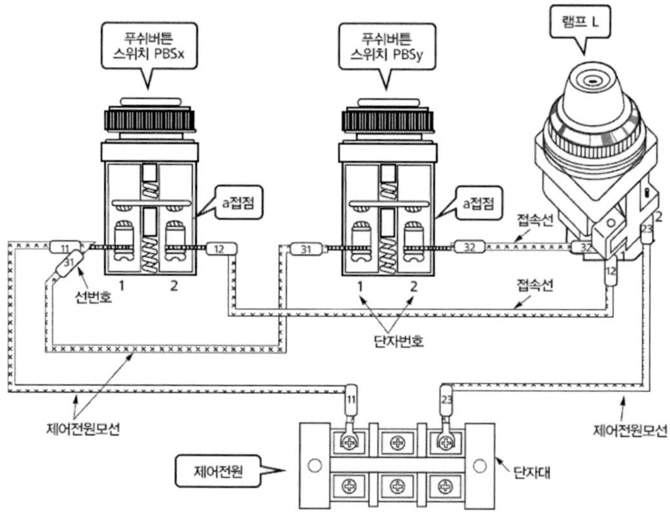

그림 3.26 푸쉬버튼 스위치에 의한 OR 회로의 실제배선도(예)

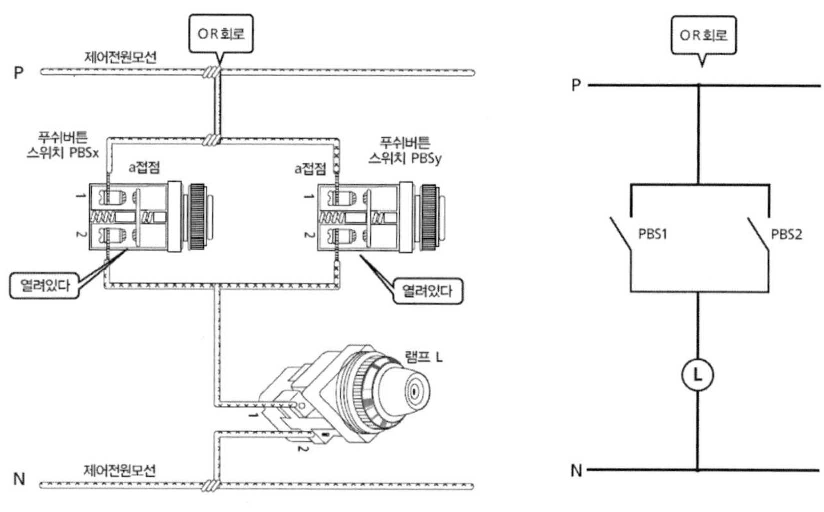

(a) 실전배선도 (b) 시퀀스그림

그림 3.27 푸쉬버튼 스위치에 의한 OR 회로의 실체배선도와 시퀀스도(예)

먼저 푸쉬버튼 스위치 PBS1과 PBS2를 양쪽 모두 누르지 않을 때의 동작에 대해 파악해 보자. 이 경우 제어전원모선에 전압에 인가되어 있는 상태에서 그림 3.28과 같이 푸쉬버튼 스위치 PBS1과 PBS2를 모두 누르지 않을 때는 각각의 a접점은 열려있기 때문에 램프L은 꺼져있는 그대로이다. 만약 이 상태에서 푸쉬버튼 스위치 PBS1만을 눌러보자. 그러면 이 회로에서는 PBS1의 a접점이 닫히게 되면 PBS2의 a접점이 열려있더라도 PBS1의 a접점 회로를 통해서 램프L에 전류가 흘러 점등한다(그림 3.29참조).

다음에 그림 3.30과 같이 푸쉬버튼 스위치 PBS2만을 눌러보자. 이 회로에서는 PBS2의 a접점이 닫히면 PBS1의 a접점이 열려있더라도 PBS2의 a접점 회로를 통해서 램프 L에 전류가 흘러 점등한다.

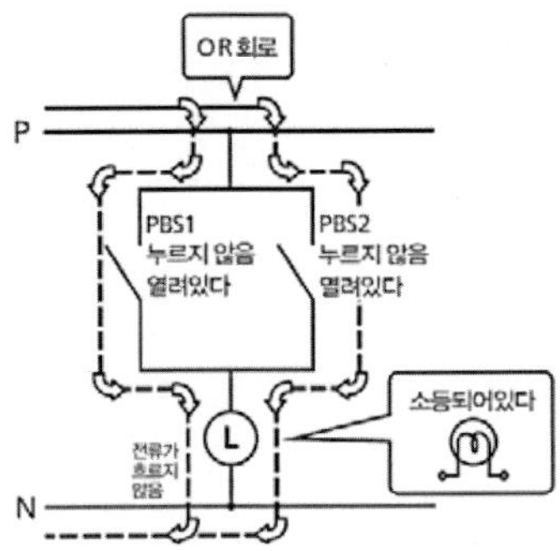

그림 3.28 OR 회로에서 두 버튼이 동시에 눌리지 않은 경우

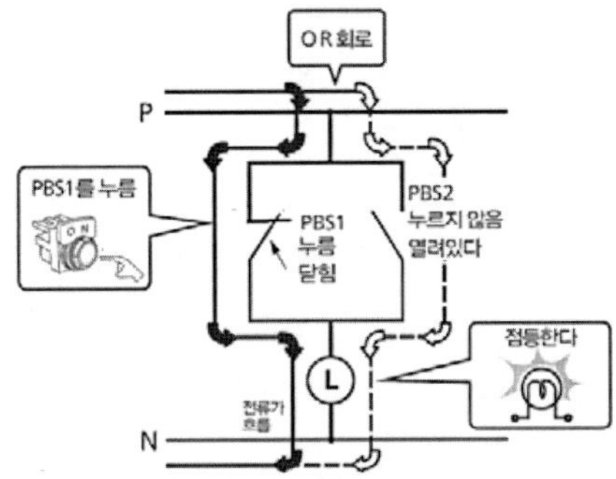

그림 3.29 OR 회로에서 PBS1버튼이 눌린 경우

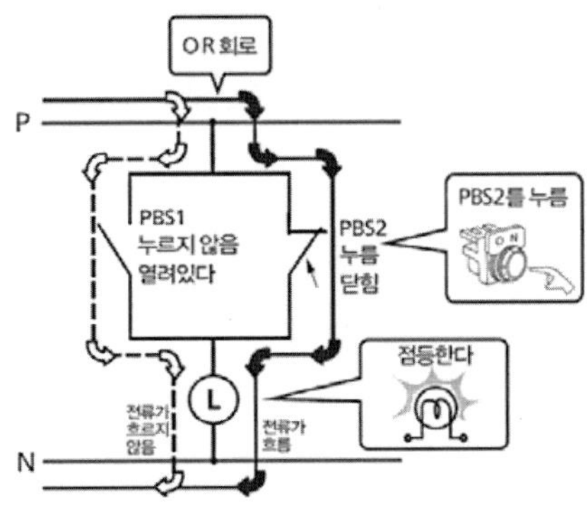

그림 3.30 OR 회로에서 PBS2 버튼만 눌린 경우

이와 같이 이 회로에서는 접점 PBS1 또는 PBS2의 어느 쪽이든 하나가 닫히면 램프 L이 점등하고 출력신호를 얻을 수 있다는 것을 알 수 있다. 이 접점 PBS1 또는 PBS2의 어느 쪽인가의 닫히는 조건에서 램프L이 점등하고 출력을 얻을 수 있기 때문에 OR 회로라 말한다. OR는 우리말로 「~또는~」 이므로 OR 회로는 이것을 표현하는 것이다. 이 예에서는 푸쉬버튼 스위치가 두 개인 경우를 나타낸 것인데 일반적으로 OR 회로에 연결된 푸쉬버튼은 여러 개 장착될 수 있다. 이제 릴레이를 통해 회로를 구성해보기로 한다. 릴레이에 의한 OR 회로 실제 배선도는 그림 3.31과 같다.

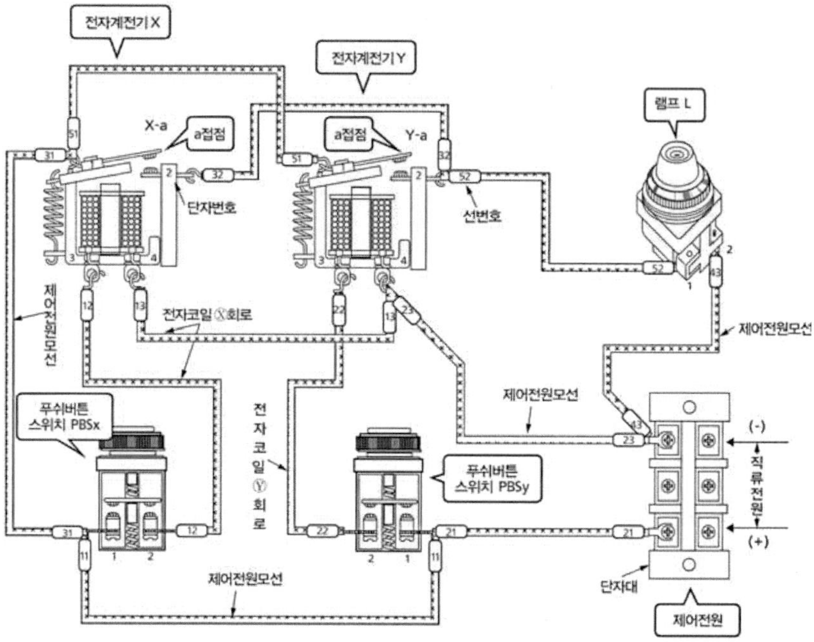

그림 3.31 전자계전기 접점에 의한 OR 회로의 실제배선도(예)

릴레이에 의한 AND 회로와 마찬가지로 OR 회로 또한 릴레이 X의 a접점 X-a와 릴레이 Y의 a접점 Y-a를 병렬로 램프 L에 연결하여 제어 전원에 접속시킨 릴레이에 의한 OR 회로를 구성하였으며 동작 또한 푸쉬버튼 스위치에 의해 구성되어진 동작과 동일하게 동작한다.

2-3) 자기유지 회로

자기유지 회로란?

자기유지 회로란 예를 들면 푸쉬버튼 스위치를 이용해서 릴레이의 코일에 전류를 흘러 동작시켰을 때 버튼스위치를 누른 손을 때면 릴레이는 복귀해 버리기 때문에 릴레이 자신의 a 접점으로 따로 여자 회로를 만들어서 연속적으로 동작이 계속되도록 한 회로를 말한다.

자기유지 회로의 구조

그림 3.32와 같이 릴레이 X를 동작시키는데 a접점이 있는 푸쉬버튼 스위치 PBS입을 릴레이의 전자코일 Ⓧ의 회로에 연결하고 그림 3.32와 같이 PBS입을 누르게 되면 전자코일 Ⓧ에 전류가 흘러서 릴레이 X는 동작한다. 그러나 버튼스위치를 누른 손을 떼면 a접점 PBS입은 자동적으로 복귀하여 열리기 때문에 전자코일Ⓧ에 전류가 흐르지 않게 되어 릴레이 X는 복귀한다. 이 회로는 릴레이 X를 연속적으로 장시간 동작시켜 두려면 버튼을 계속 누르고 있어야 하므로 대단히 불편하다. 이에 자기 유지회로를 구성하여 버튼이 한 번 눌리면 계속적으로 버튼이 눌릴 수 있도록 회로를 구성한다. 자기유지 회로는 그림 3.33과 같다. 그림

3.33에서 푸쉬버튼 스위치 PBS입과 릴레이 X자신의 a접점 X-a를 병렬로 접속해서 「OR 회로」로 구성해본다.

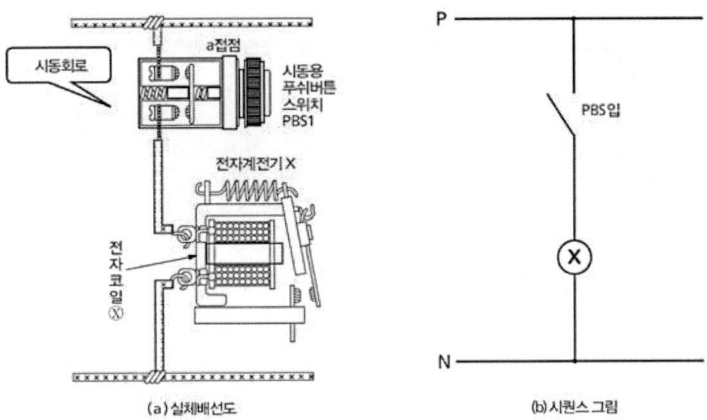

그림 3.32 전자계전기 접점에 의한 OR 회로의 실제배선도(예)

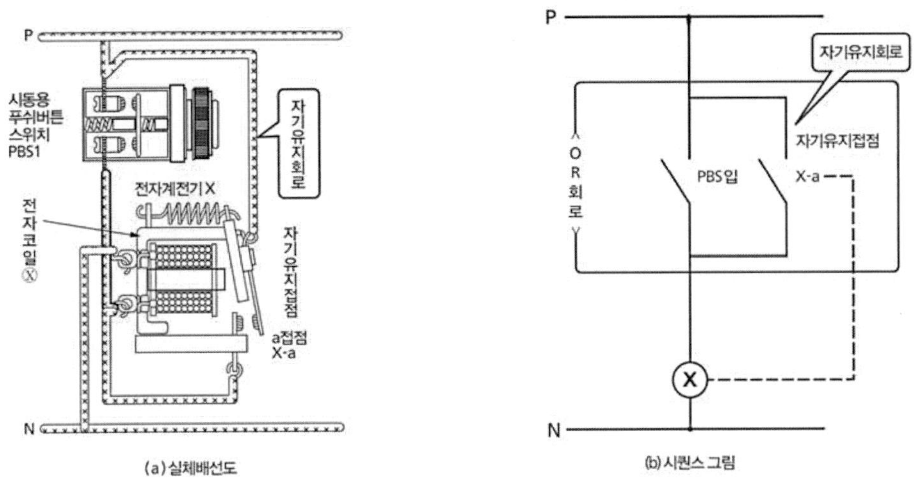

그림 3.33 릴레이 접점에 의한 유지 회로의 실체배선도와 시퀀스도(예)

이 회로에서는 그림 3.34와 같이 PBS입을 눌러서 전자코일Ⓧ에 전류를 흘려 릴레이 X를 동작시키면[그림(a)], 그 a접점 X-a가 닫히기 때문에 버튼에서 손을 떼더라도 [그림(b)], 전자코일Ⓧ에는 릴레이 X자신의 a접점 X-a를 통해서 전류가 흘러 릴레이 X는 연속적으로 동작하게 된다. 이러한 목적으로 이용되는 릴레이 X의 a접점 X-a를 자기유지접점이라 하며 또 PBS입은 릴레이 X를 최초로 동작시키는 작동을 하기 때문에 시동용 푸쉬버튼 스위치라고 한다.

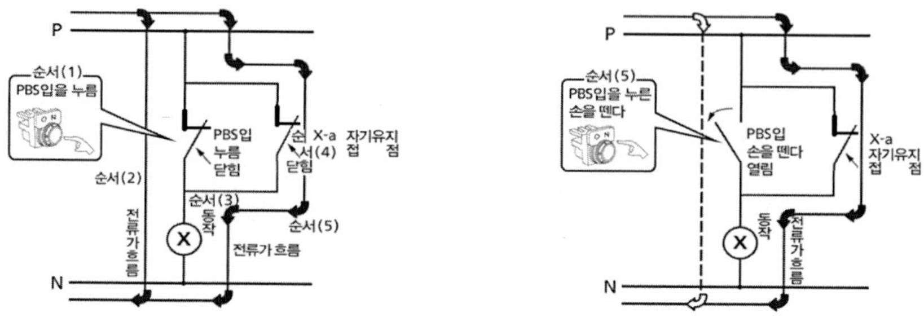

(a) 시동용 푸쉬버튼스위치를 눌렀을 경우 (b) 시동용 푸쉬버튼스위치를 누른 손을 떼었을 경우

그림 3.34 전자계전기 접점에 의한 유지 회로의 동작

릴레이의 정지 회로

그림 3.33의 회로에서는 릴레이가 연속적으로 동작하지만 복귀시킬 수가 없다. 그래서 그림 3.35와 같이 b접점이 있는 정지용 푸쉬버튼 스위치 PBS절을 「AND회로」로 하여 접속하고 이 PBS절의 조작에 의해서 릴레이 X를 복귀시키도록 한다. 이와 같이 자기유지 회로에서는 시동용 푸쉬버튼 스위치 PBS입과 정지용 푸쉬버튼 스위치 PBS절을 입력접점으로써 "동작명령"과 "복귀명령"을 개개로 부여하게 된다.

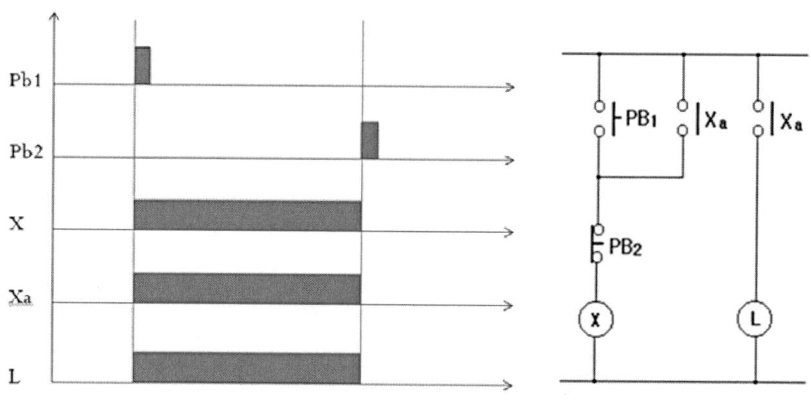

그림 3.35 릴레이 구동 및 정지 회로 타임차트

그림 3.36은 b 접점이 있는 정지용 푸쉬버튼 스위치 PBS절과 a접점이 있는 시동용 푸쉬버튼 스위치 PBS입을 직렬로 접속해서 「AND회로」로 하여 릴레이 X의 전자코일ⓧ에 접속하고 PBS입과 병렬로 릴레이X자신의 a 접점 X-a를 「OR회로」로 하여 연결한 복귀우선의 자기유지 회로의 실제배선도를 예로 나타낸 것이다. 이 실제배선도를 상하의 제어전원 모선에 의한 시퀀스도방식의 실체배선도 및 시퀀스도로 바꾸고 대비시켜 나타낸 것이 그림 3.37 이다.

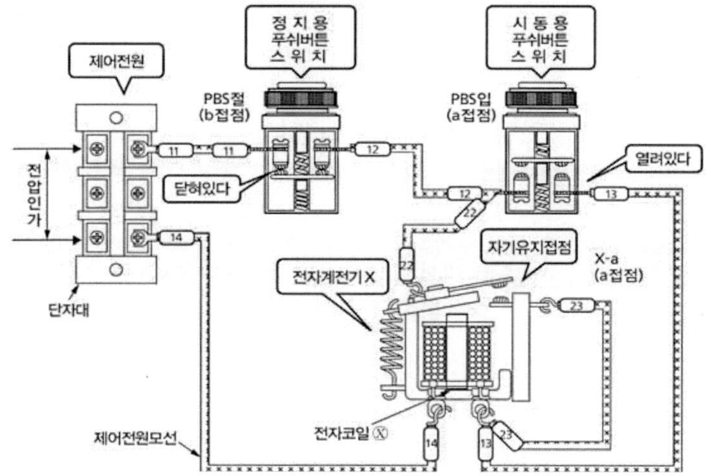

그림 3.36 복귀우선 자기유지 회로의 실제배선도(예)

이 회로는 릴레이 자신의 a접점에 의해서 동작하고 계속되는 유지를 하기 때문에 「자기유지 회로」라 하는 것으로 릴레이, 전자접촉기 등의 조작 회로에는 반드시라고 할 정도로 이용되고 있는 가장 기본적인 회로이다.

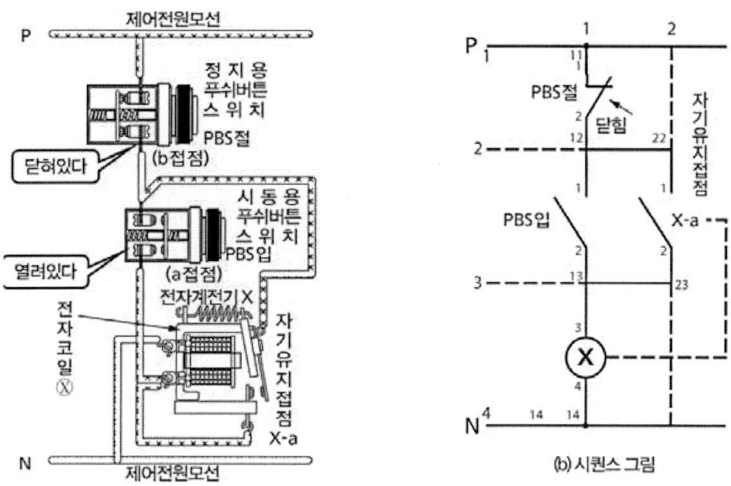

그림 3.37 복귀우선 자기유지 회로의 실체배선도와 시퀀스도(예)

자기유지의 동작방식

자기유지 회로에서의 자기유지 시퀀스동작을 나타낸 것이 그림 3.38이다. 이 동작순서를 설명하겠다.

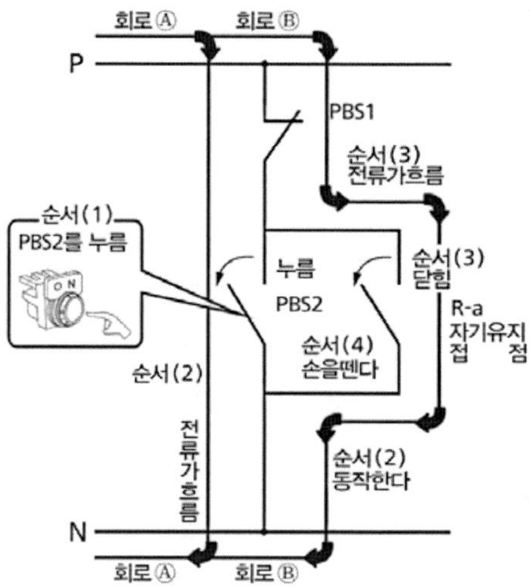

그림 3.38 복귀우선 자기유지 회로의 자기 유지 동작

▌시퀀스 동작순서

순서[1] : 회로Ⓐ의 시동용 푸쉬버튼 스위치 PBS입을 누른다.

순서[2] : PBS입을 누르면 그 a접점이 닫히고 회로Ⓐ의 전자코일Ⓧ에 전류가 흘러 릴레이 X는 동작한다.

순서[3] : 릴레이 X가 동작하면 자기유지접점 X-a가 닫히고 회로Ⓑ를 통해서 전자코일Ⓧ에 전류가 흐른다.

순서[4] : PBS입을 누른 손을 떼면 그 a접점이 복귀하여 열린다.

순서[5] : PBS입이 열리더라도 회로Ⓑ의 자기유지접점 X-a를 통해서 전자코일Ⓧ에는 전류가 흐르므로 릴레이 X는 동작되어 계속한다. 이 상태를 릴레이 X가 「자기유지 했다」 라고 말한다.

자기유지를 해제하는 동작방식

자기유지하고 있는 상태(그림 3.38)에서의 정지용 푸쉬버튼 스위치 PBS절을 눌러서 자기유지를 해제하는 동작을 나타낸 것이 그림 3.39이다.

▌시퀀스 동작순서

순서[1] : 회로Ⓑ의 정지용 푸쉬버튼 스위치 PBS절을 누른다.

순서[2] : PBS절을 누르면 그 b접점이 열려 회로Ⓑ의 전자코일Ⓧ에 전류가 흐르지 않게 되고 릴레이 X는 복귀한다.

순서[3] : 릴레이 X가 복귀하면 회로Ⓑ의 자기유지접점 X-a가 열린다.

순서[4] : PBS절을 누른 손을 떼면 그 b접점이 복귀하여 닫힌다.

순서[5] : PBS절이 닫히더라도 자기유지접점 X-a와 PBS입이 동시에 열려있으므로 전자코일Ⓧ에는 전류가 흐르지 않아 복귀한 그대로 된다. 이 상태를 릴레이 X의「자기유지 해제」라고 한다.

이와 같이 이 회로는 푸쉬버튼 스위치를 조작해서 만들어지는 펄스상(狀)의 시동, 정지의 신호를 연속적인 운전·정지의 신호로 바꾸는 기능을 갖추었다고 말할 수 있다.

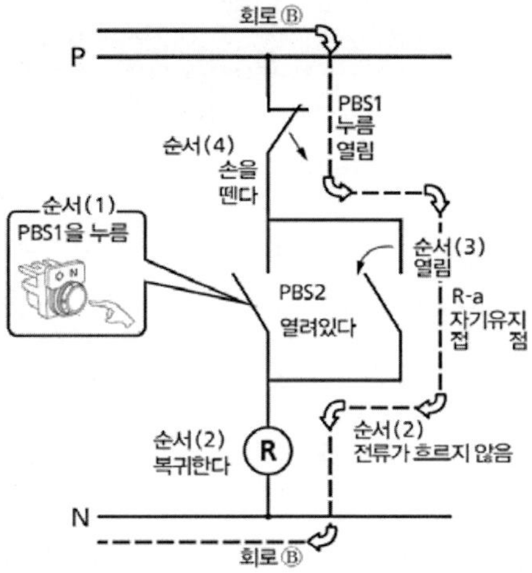

그림 3.39 복귀우선 자기유지 회로의 자기유지를 해제하는 방법

2-4) 인터록 회로(Interlock)

인터록 회로란 주로 기기의 보호와 조작자의 안전을 목적을 한 것으로 기기의 동작 상태를 나타내는 접점을 사용해서 상호 관련된 기기의 동작을 구속해서 맞춘 회로를 말하며 상대동작금지 회로 또는 선행동작우선 회로라고도 한다.

❸ 푸쉬버튼 스위치에 의한 인터록 회로

그림 3.40은 릴레이 X의 조작 회로에 푸쉬버튼 스위치 PBSx의 a접점과 상대의 푸쉬버튼 스위치 PBSy의 b접점을 AND 회로로써 접속하고 또 릴레이 Y의 조작 회로에 PBSy의 a접점과 상대인 PBSx의 b접점을 AND 회로로써 접속한 푸쉬버튼 스위치에 의한 인터록 회로의 실제배선도를 예로 나타낸 것이다. 여기에서 말하는 푸쉬버튼 스위치 PBSx와 PBSy의 접점구성은 원래 한 개의 c접점으로 하고, 버튼을 누르면 b접점은 열리고 a접점은 닫힌다. 이와 같이 상호의 릴레이의 조작 회로에 상대방인 푸쉬버튼 스위치의 b접점을 접속하는 것을 푸쉬버튼 스위치에 의한 인터록 회로라 말한다.

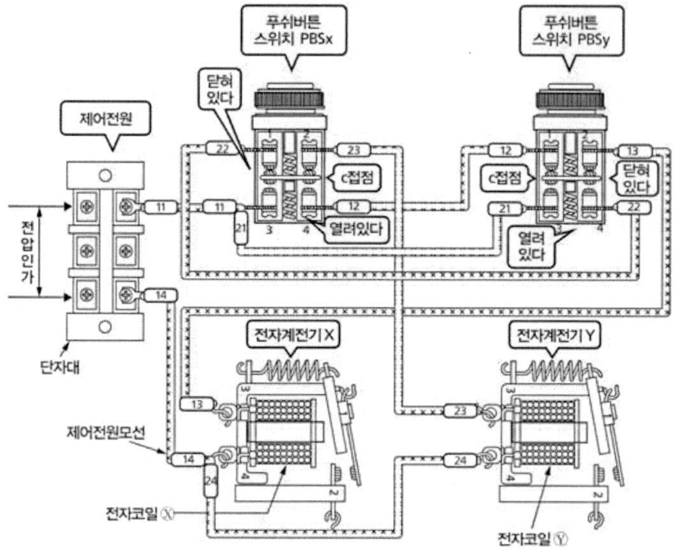

그림 3.40 푸쉬버튼 스위치에 의한 인터록 회로의 실제배선도(예)

이 실제배선도를 상하의 제어전원모선에 의한 시퀀스도 방식의 실체배선도로 바꿔 그린 것이 그림 3.41이다. 또 이것을 시퀀스도로 한 것이 그림 3.42이다.

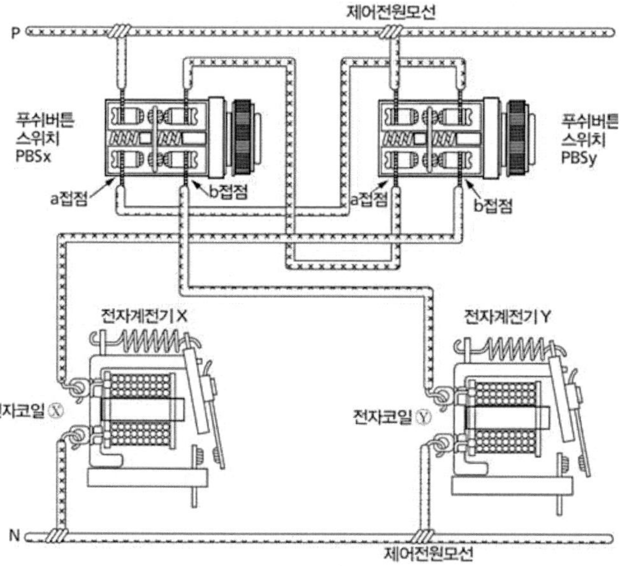

그림 3.41 푸쉬버튼 스위치에 의한 인터록 회로의 실체배선도(예)

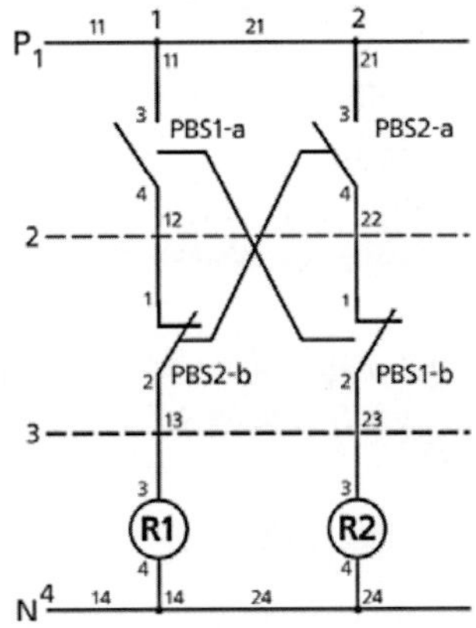

그림 3.42 푸쉬버튼 스위치에 의한 인터록 회로의 시퀀스도

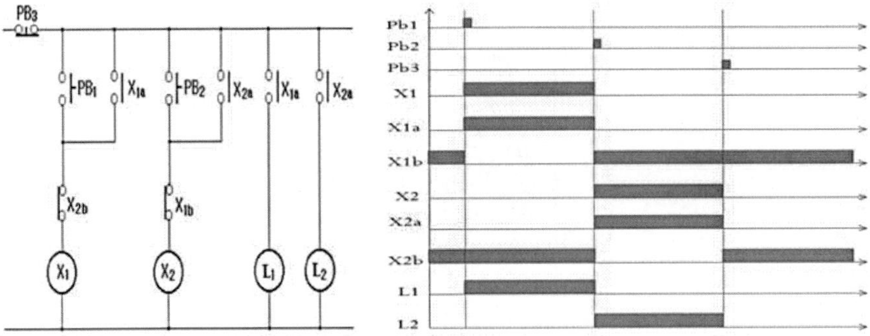

그림 3.43 기본 인터록 시퀀스 회로 및 타임차트

푸쉬버튼 스위치 PBSx를 먼저 눌렀을 때의 동작

그림 3.44는 푸쉬버튼 스위치에 의한 인터록 회로에서의 푸쉬버튼 스위치 PBSx를 먼저 눌렀을 때의 동작 순서를 나타낸 것이다.

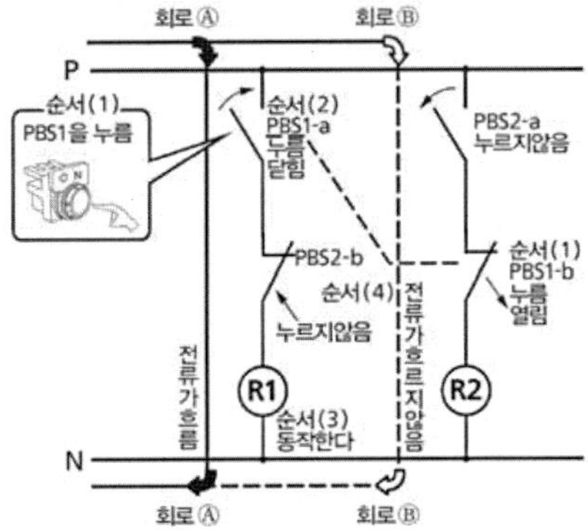

그림 3.44 푸쉬버튼 스위치 PBS1을 먼저 눌렀을 때의 동작

▌시퀀스 동작순서

순서[1] : 푸쉬버튼 스위치 PBSx를 누르면 회로Ⓑ의 b접점 PBSx-b가 열림

순서[2] : 버튼을 계속 누르면 회로Ⓐ의 a접점 PBSx-a가 닫힘

순서[3] : PBSx의 a접점이 닫히면 회로Ⓐ의 전자코일Ⓧ에 전류가 흘러 릴레이 X가 동작함

순서[4] : 릴레이 X가 동작하고 있을 때는 회로Ⓑ에서의 PBSx의 b접점이 열려있으므로 릴레이Y는 동작하지 않음. 즉 릴레이 Y의 동작이 금지됨.

푸쉬버튼 스위치 PBSy를 먼저 눌렀을 때의 동작

그림 3.45는 푸쉬버튼 스위치 PBSy를 먼저 눌렀을 때의 동작순서를 나타낸 것이다.

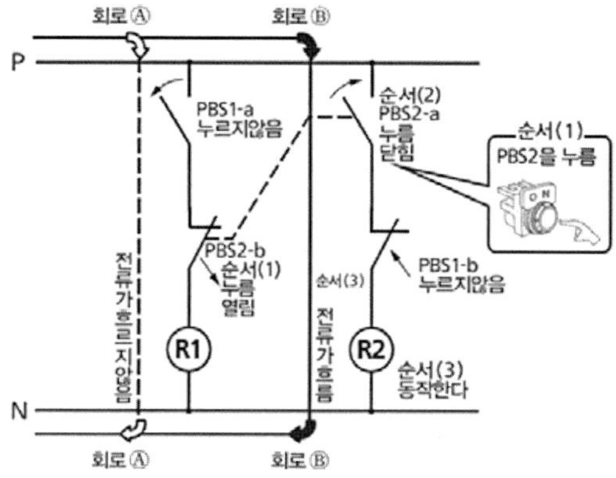

그림 3.45 푸쉬버튼 스위치에 PBS2를 먼저 눌렀을 때의 동작

▌시퀀스 동작순서

순서[1] : 푸쉬버튼 스위치 PBSy를 누르면 회로Ⓐ의 b접점 PBSy-b가 열림

순서[2] : 버튼을 계속 누르면 회로Ⓑ의 a접점 PBSy-a가 닫힘

순서[3] : PBSy의 a접점이 닫히면 회로Ⓑ의 a접점 PBSy-a가 동작하고 있을 때는 회로Ⓐ에서의 PBSy의 b접점이 열려있으므로 릴레이 X는 동작하지 않고 릴레이 X의 동작이 금지됨

순서[4] : 릴레이 Y가 동작하고 있을 때는 회로Ⓐ에서의 PBSy의 b접점이 열려 있으므로 릴레이X는 동작하지 않고 릴레이 X의 동작이 금지됨

지금 푸쉬버튼 스위치 PBSx와 PBSy를 동시에 눌렀다고 한다면 그림 3.45와 같이 릴레이 X와 Y의 조작 회로인 회로Ⓐ와 Ⓑ가 상대의 푸쉬버튼 스위치의 b접점에 의하여 열려있기 때문에 양쪽 모두 동작하지 않게 된다.

이와 같이 상호간의 릴레이의 조작회로에 상대방의 푸쉬버튼 스위치 b접점을 접속하게 되면 릴레이 X및 Y가운데 어느 쪽이든 한쪽의 입력이 먼저 부여되어 동작하고 있을 때는 다른

쪽을 조작 회로는 상대방의 b접점에 의해서 개방되어 있으므로 다른 쪽의 입력이 부여되더라도 동작하지 않는다. 따라서 인터록 회로를 별명 상대동작금지 회로 또는 선행동작우선 회로라 하는 것이다.

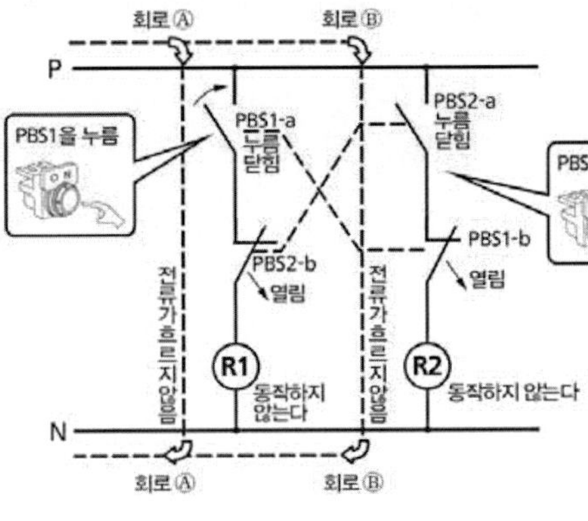

그림 3.46 푸쉬버튼 스위치 PBS1과 PBS2를 양쪽 모두 눌렀을 때의 동작

❸ 릴레이접점에 의한 인터록 회로

릴레이접점에 의한 인터록 회로로써는 릴레이X의 전자코일Ⓧ와 직렬로 릴레이 Y의 b 접점 Y-b를 접속하고 또 릴레이 Y의 전자코일Ⓨ와 직렬로 릴레이 X의 b 접점 X-b를 접속한다. 그리고 릴레이 X및 릴레이 Y의 입력접점으로써 푸쉬버튼 스위치 PBSx및 PBSy를 이용한다. 그림 3.47은 이 릴레이접점에 의한 인터록 회로의 실제배선도를 예로 나타낸 것이다. 이 실제배선도를 상하의 제어전원모선에 의한 시퀀스도 방식의 실체배선도로 바꿔 그린 것이 그림 3.48이다. 또 이것을 시퀀스도로 한 것이 그림 3.49이다.

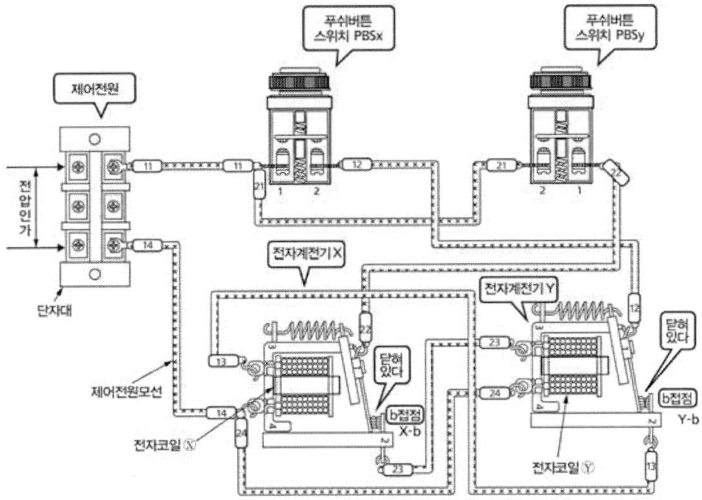

그림 3.47 전자계전기접점에 의한 인터록 회로의 실제배선도(예)

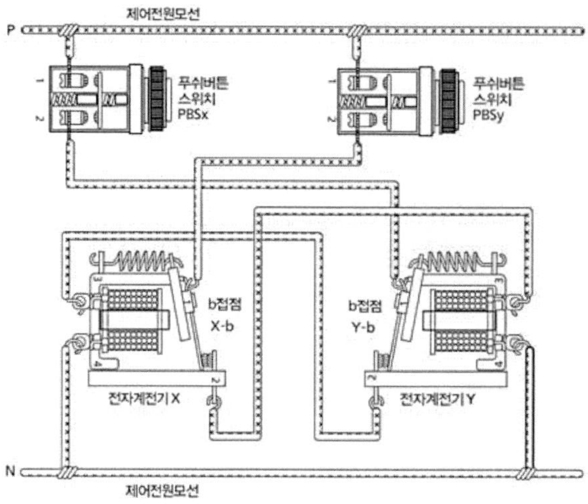

그림 3.48 릴레이 접점 인터록 회로 배선도

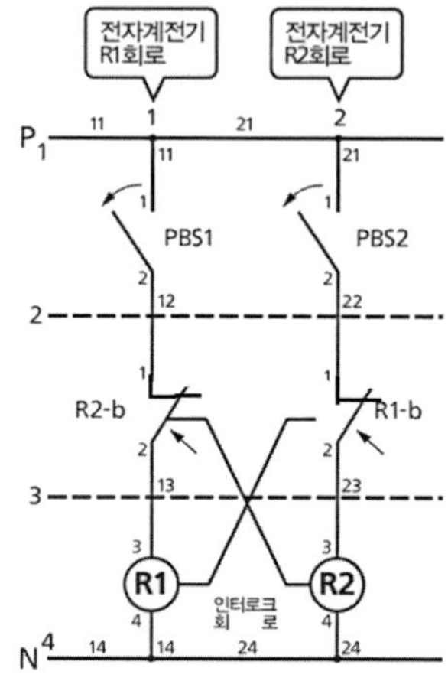

그림 3.49 릴레이 접점 인터록 회로 시퀀스도

2-5) 한시동작(On-delay) 회로

입력 신호가 투입된 후 바로 동작하지 않고 타이머는 일정시간 동안 출력을 제어하기 위한 목적으로 사용 된다. 입력 신호를 준 후에 곧바로 출력이 나타나지 않고 계획된 시간만큼 늦게 출력이 나타나도록 설계한 회로를 말하며 모든 시퀀스 동작의 기초가 된다.

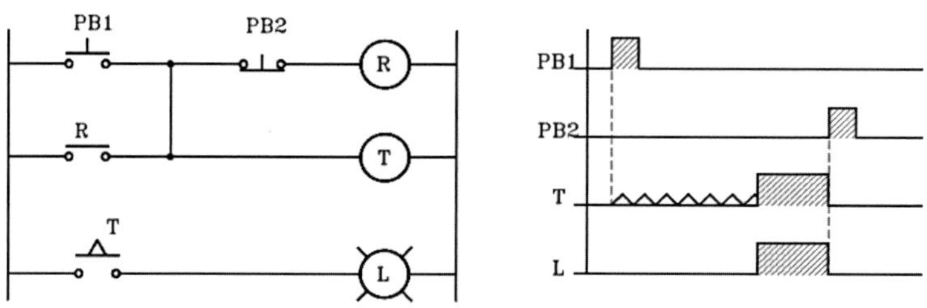

그림 3.50 한시 동작 타이머의 래더 다이어그램과 타이밍차트

2-6) 한시복귀(Off-delay) 회로

복귀신호가 주어지면 출력이 곧바로 복귀되지 않고, 계획된 시간 후에 부하가 개방되는 회로로서, ON 딜레이 타이머의 b접점을 이용하거나, OFF 딜레이 타이머의 a접점을 이용하여 회로를 구성할 수 있다.

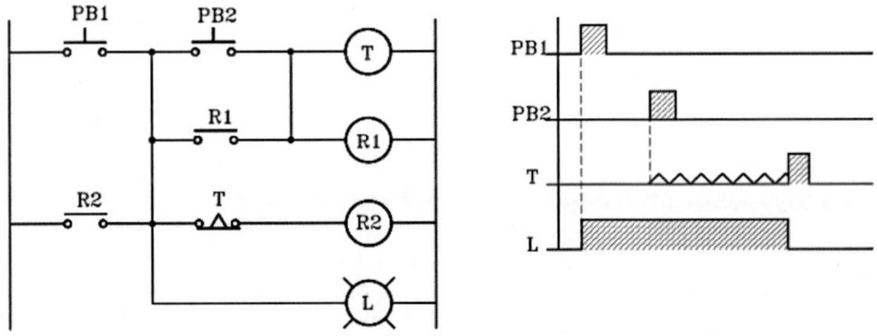

그림 3.51 한시복귀 타이머의 래더 다이어그램과 타이밍차트

2-7) 일정시간동작(ONE-shot) 회로

푸쉬버튼 스위치 등의 입력이 주어지면 부하가 동작하기 시작하여 타이머에 설정된 시간이 경과하면 스스로 복귀하는 회로를 말한다.

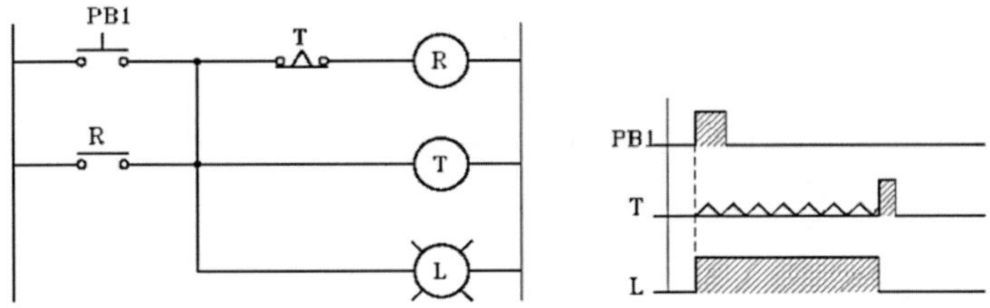

그림 3.52 일정시간 동작의 래더 다이어그램과 타이밍 차트

2-8) 우선 동작 순차로

두 개 이상의 회로에서 상위순서의 회로가 우선적으로 동작해야만 차순위의 회로가 동작 가능한 회로이다. 다음의 제어 회로는 부하 L1이 동작한 후에 부하 L2가 동작할 수 있고 L2가 먼저 동작할 수 없도록 구성되어 있다. 즉, L1 우선 동작 회로이고 L1,L2의 차례로 동작이 가능함을 나타낸다.

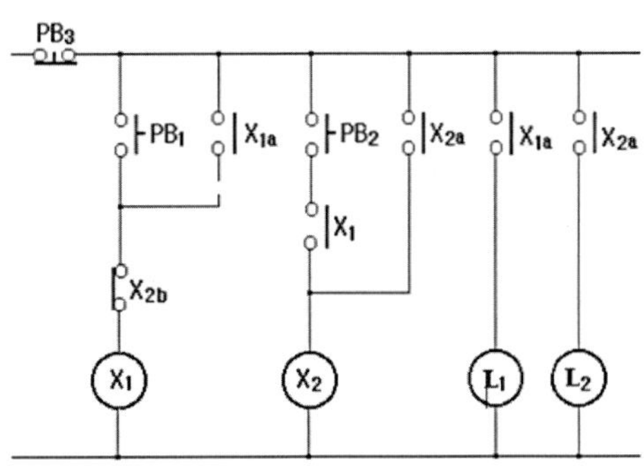

그림 3.53 우선 동작 순차 회로

2-9) 순위별 우선 회로

력신호에 미리 우선순위를 정하여 우선순위가 높은 순위가 입력신호에서 출력을 내는 회로이며, 입력순위가 낮은 곳에서 입력이 부여되어 있어도 입력순위가 높은 곳에 입력이 부여되면 낮은 쪽을 제거하고 높은 쪽에서만 출력을 낸다.

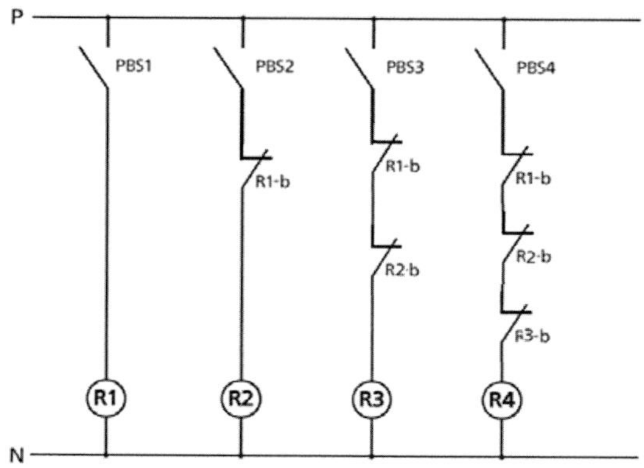

그림 3.54 순위별 우선 회로 시퀀스도

2-10) 후행 우선 회로

이번에는 릴레이 시퀀스의 기본 회로를 이용하여 간단하게 자주 응용되는 회로를 살펴보자. 이들 회로는 자기 유지와 인터록 회로가 내장되어 연결 동작을 하고 있다. 후행 우선 회로는 항상 새로이 들어오는 신호에 의하여 이전의 출력은 사라지고 해당되는 새로운 출력이 생겨나는 회로로서 동작은 그림 3.55와 같다.

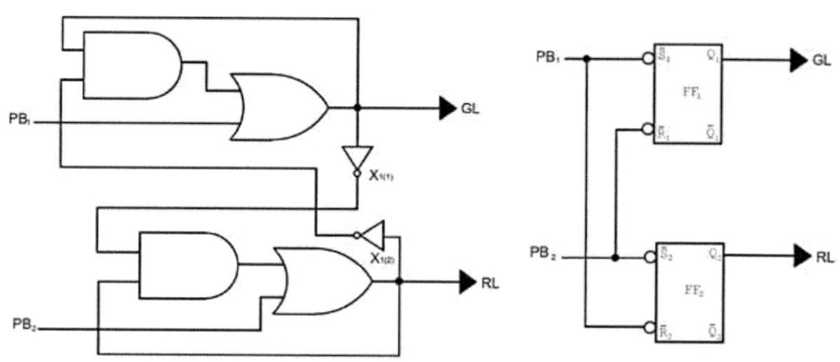

그림 3.55 후행 우선 회로의 로직 시퀀스도(정 로직, 부 로직)

- PB1을 누르면 릴레이 R1이 동작하여 자기 유지가 되고 접점 R1으로 부하등 G가 동작하게 된다. 동시에 접점 R1으로 릴레이 R2의 자기 유지 회로를 연다. 이때 릴레이 R1이 동작 중이라면 접점 R2는 복구 모드가 된다.

• PB2를 누르면 릴레이 R2가 동작하고 접점 R2의 부하 R이 동작하며 접점 R2로 R1의 자기 유지를 개방하므로 복구되어 부하 G는 동작을 정지한다. 동시에 접점 R1도 복귀되어 릴레이 R2의 자기 유지 회로가 작동한다.

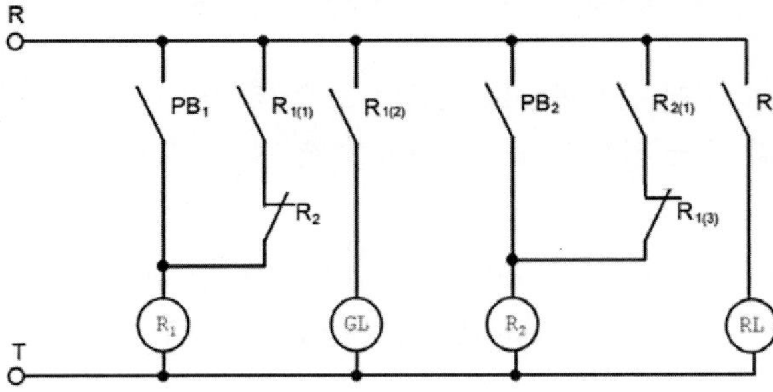

그림 3.56 후행 우선 회로의 시퀀스도

이와 같이 항상 새로이 입력되는 신호가 우선적으로 동작하고 다른 회로의 출력을 금지시키기 때문에 항상 자기 회로의 출력을 나타내는 회로로 동작하게 된다. 동작 회로의 시퀀스도를 그림 3.57과 같이 나타내었다. 그리고 동작은 로직 시퀀스로 나타낼 수 있으며 로직 시퀀스도 일반 로직과 플립플롭을 이용한 로직으로 표현할 수 있다.

2-11) 플리커 회로

이번에는 타이머 기능을 이용한 회로를 살펴보자. 타이머를 이용하여 두 개의 접점을 임의의 시간동안 구동하고 이를 반복하는 회로를 플리커(flicker)라 한다.

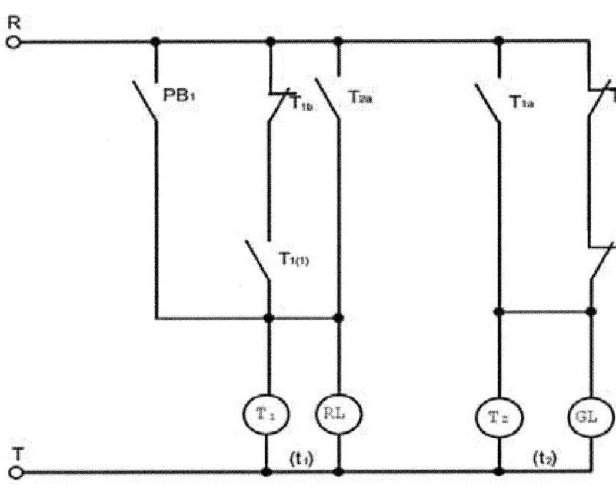

그림 3.57 플리커 회로의 시퀀스도

이러한 회로는 조명장치의 깜빡임을 만들 때 자주 사용되는 회로이다. 전체 회로는 다음과 같으며 한시 동작 순시 복귀형 타이머 두 개를 사용하여 만들 수 있다.

- 기동 버튼 PB1을 조작하면 타이머 T1이 여자되므로 연결된 접점 T1에 의해 자기 유지하고 동시에 램프 R이 구동된다.
- 타이머의 설정시간 t1이 경과한 후 순시복귀 b접점 T1b로 타이머 T1을 소자하고 램프 R을 소동하며 한시접점 T1a로 타이머 T2를 여자하여 접점 T2a로 자기 유지하고 동시에 G를 구동한다.
- 타이머 T2 설정시간 t2후에 순시 복귀 b 접점 T2b로 타이머 T2를 소자하고 램프 G를 소등하며 동시에 한시 동작 접점 T2a로 타이머 T1을 다시 여자 하여 접점 T1a로 자기 유지 하고 동시에 R을 점등한다.
- 타이머 T1의 설정시간 t1후에는 이전의 동작을 반복하게 동작한다.
- 이러한 회로는 경보용 장치에 자주 사용되는 회로이다.

2-12) a접점 개폐 회로

이번 회로는 버튼 스위치 한 개를 이용하여 운전과 정지를 동시에 하는 릴레이 시퀀스 회로이다. 일반적으로 이를 동시에 수행하기 위해서는 a접점과 b접점을 사용하여 인터록 하는 게 일반적이긴 하지만 이번에는 a접점만 가지고 수행하는 회로이다.

- 입력 버튼을 누르면 R1이 동작하여 자기 유지가 되며 MC가 동작하고 램프가 구동한다. 스위치를 떼어도 MC가 자기 유지가 되어 동작을 지속시킨다.

반대로 정지 시는 먼저 MC가 동작되어 있는 상태에서 정지 버튼을 누르면 R1이 동작 못하고 R2가 동작되는 형태로 접점이 구성된다. 이 조건은 MC가 동작된 상태이기 때문이다. 따라서 R2가 동작되면 MC와 직렬로 연결되어 있는 R2의 b접점이 작동하므로 MC가 끊어져서 램프가 오프 되고 MC로 구동시키는 부하도 정지하게 된다. 여기서 THR은 MC와 직렬로 연결되어 과전류에 대한 보호 기능을 가지게 된다. 전체 구성도는 그림 3.58과 같다.

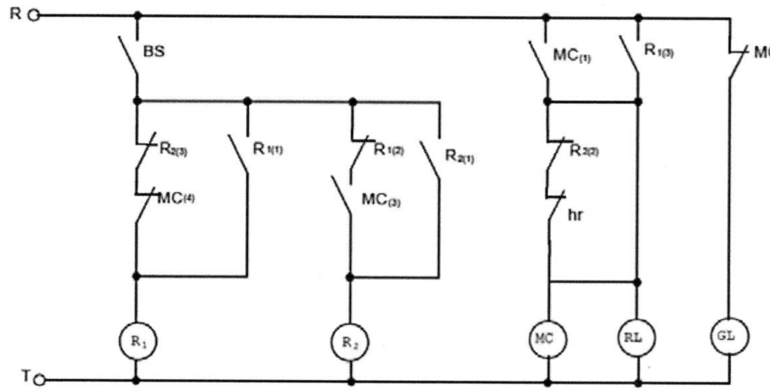

그림 3.58 a접점 개폐 회로의 시퀀스도

2-13) 컨베이어 구동 회로

공장에서 물건을 이송하거나 조립라인에서 작업을 진행할 때 컴베이어는 필수 불가결한 장치이다. 이러한 컨베이어를 구동하는 경우에는 양단에 전동기를 설치하여 전동기 구동력으로 컨베이어를 구동하게 된다. 더욱이 컨베이어 구동 시에는 몇 개가 직렬로 연동하여 동작하게 된다. 이때 동작하는 방법은 첫 번째 컨베이어가 구동된 후 두 번째가 구동되고 점차 하나씩 구동하게 된다. 반대로 정지 시에는 마지막 구동한 컨베이어를 시작으로 첫 번째 구동한 컨베이어가 시간 순서대로 정지하게 된다. 그림 3.59의 시퀀스도는 세 개의 컨베이어가 구동시 동작과 정지를 만드는 회로 및 타임차트를 기술 하였다. BS1을 누르면 MC1이여자 되면서 MC1에 연결된 전동기가 구동하여 첫 번째 컨베이어가 구동된다. 동시에 타이머 T1이 동작하면서 10초후 MC2를 구동하여 두 번째 컨베이어가 구동하고 T2의 설정 시간을 거쳐 10초후 세 번째 컨베이어가 순차적으로 구동된다. 정지시는 BS2 스위치를 누르면 릴레이 R이 동작하면서 MC3를 소자시켜 세 번째 컨베이어를 정지 시킨다. 이후 T3설정 시간후 두 번째 MC2가 소자되며 또 다른 10초후 T4의 설정에 의해 첫 번째 컨베이어가 정지하게 된다.

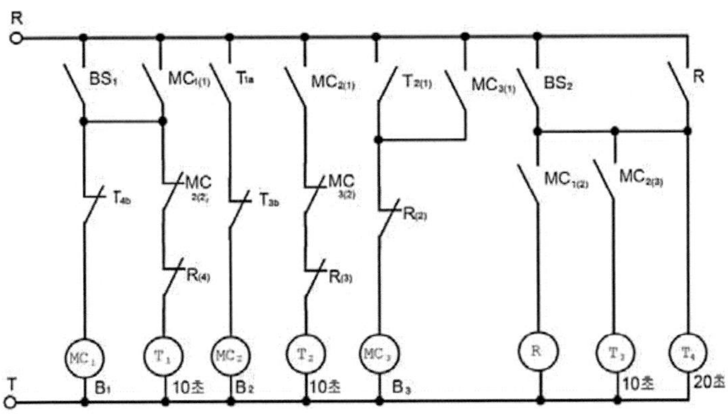

그림 3.59 컨베이어 시퀀스도

2-14) 3색 신호등 회로

교통 신호등은 교통의 흐름을 단속하는 중요한 산업용 기기이다. 신호등은 각각 두 개의 등으로 구동되는 보행자용 신호등과 사거리에서 사용되는 3색등, 4색등을 나눠지며 각각의 상황에 따라 시간을 설정하여 동작하게 구성되며 이를 위한 타이머 회로가 필수적이다. 이중 3색 신호등은 적색, 황색, 초록색의 3색을 이용하여 전진, 정지 및 신호 변동을 나타내는 신호를 만들 수 있다. 그림 3.60은 3색 신호의 시퀀스를 만드는 회로를 기술 하였다. 동작은 BS1을 누르면 신호등의 동작을 수행하며 R1릴레이 구동을 시작으로 적색등을 구동하며 타이머 T1설정후 잠깐동안의 황색등이 구동하며 설정시간후 초록색등이 구동하는 시퀀스를 가지며 T3설정시간이 끝나면 다시 R1을 구동하여 적색등을 반복 구동하는 형태로 만들어진다.

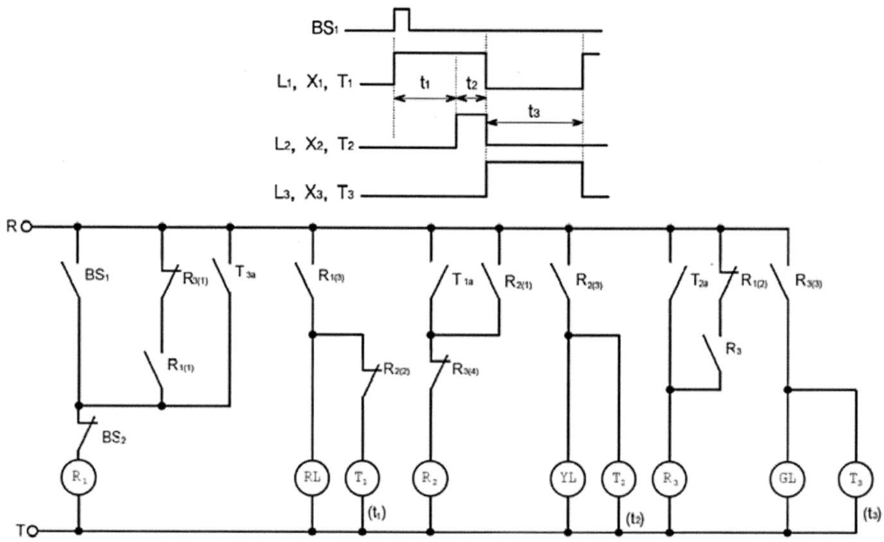

그림 3.60 신호등 시퀀스도

2-15) 전동기 구동 회로

시퀀스 제어에서 제어 대상에 실제적인 조작을 가하는 조작기계에는 전동기, 전자벨브, 솔레노이드, 실린더 등의 각종 제어기기가 있으며, 이중에서도 전동기에 대한 시퀀스 회로는 현장에서 가장 많이 활용되는 기본적인 제어 회로라고 할 수 있다. 이러한 전동기 중에서도 현장에서 가장 많이 사용되는 전동기는 유도 전동기 이며 구동 회로 및 보호 장치가 함께 구성되어 배선하여 사용되고 있다. 그림 3.61은 가장 기본 적인 전동기 구동 회로 이다.

이러한 유도 전동기를 구동하기 위해서는 구동 시에 600%까지의 과전류가 흐르기 때문에 기동과 운전으로 시간으로 나누어 구동해야 하며 적절한 기동장치의 도움 혹은 결선 방식에 의해 운전된다.

직입기동

직입기동은 전력이 낮은 모터를 구동할 때 사용하는 방식으로 말 그대로 직접 모터를 구동하는 방식이다. 전체 회로와 이에 따른 타임 차트와 동작은 그림 3.61과 같다.

- 전원을 투입하면 전원 표시등 GL이 점등된다.
- PB1을 누르면 전자접촉기 MC가 여자되어 주접점 MC-a가 붙어 전동기가 회전하고 보조접점 MC-a가 붙어 운전 표시등 RL이 점등되고, 자기유지 회로를 구성하고 보조접점 MC-b가 떨어져 GL이 소등된다.
- 정상 운전 중에 PB2를 누르면 코일 MC가 소자되어 전동기가 정지되고 모든 상태는 원상태로 복귀한다.
- 정상 운전 중에 과부하가 걸리면 열동계전기 THR-b 접점이 떨어져 MC에 전원이 차단

되고 전동기가 정지하며 경고등 OL이 점등된다.

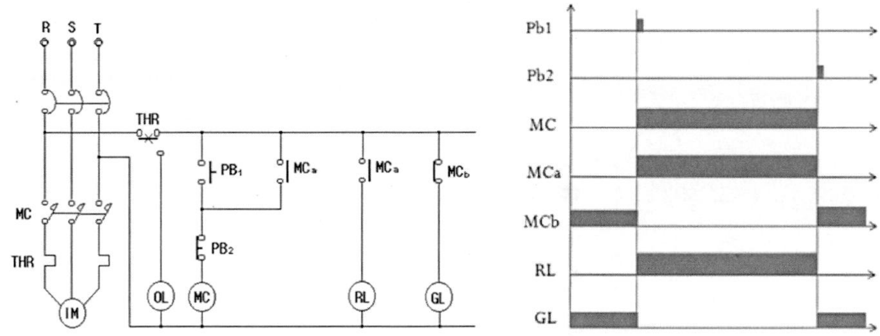

그림 3.61 직입기동 전동기 구동 시퀀스 및 타임차트

기동과 동작 분리 회로

구동 시 빈번한 회전 방향의 변동이 필요하므로 정회전, 역회전에 대한 회로도로 구성되어야 하며 이는 3상의 전원 중 두선의 방향을 바꾸는 방법으로 수행하는 것이 일반적이다. 그림 3.62는 산업 현장에서 자주 응용되는 유도 전동기 구동 방법이며 동작은 다음과 같다.

- PB1을 누르면 MC1과 MC2가 여자되어 전동기가 Y운전되고 MC1-a가 붙어 표시등 RL이 점등된다.
- PB2를 누르면 MC2는 소세되어 MC3가 여자되어 △운전되고 MC3-a가 붙어 GL이 점등되고 MC-b가 떨어져 MC2가 동작하지 못하도록 한다.
- PB3을 누르면 전원이 차단되어 전동기는 정지하고, 모든 접점은 원상태로 복귀한다.
- 운전중에 과부하가 걸리면 열동계전기 THR-b접점이 동작하여 전원이 차단되고 전동기가 정지한다.

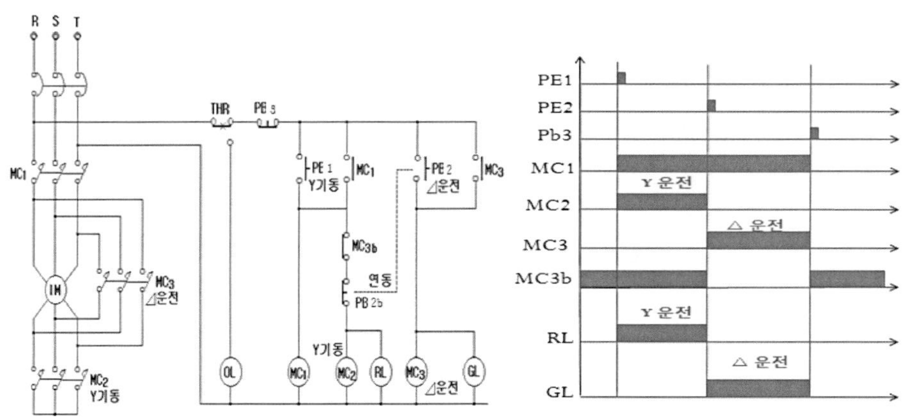

그림 3.62 와이-델타 전동기 구동 시퀀스 및 타임차트

전체 모터 구동 회로

상기 회로를 이용하여 전체 동작을 연동하여 표현 하면 그림 3.63과 같이 나타낼 수 있다.

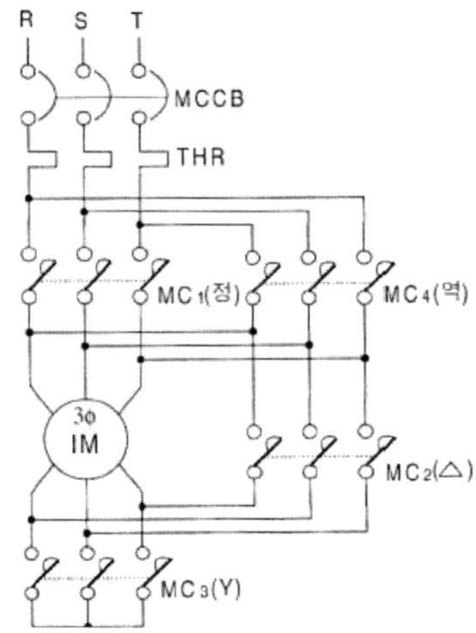

그림 3.63 전체 전동기 구동 회로 개념도

구동 방법은 기동과 운전을 Y-델타 구동으로 하며 정회전 역회전용 전자 접촉기 두 개와 연동 동작, 정지 버튼 두 개로 구성하여 구동하게 된다. 동작 과정은 그림 3.64와 같다.

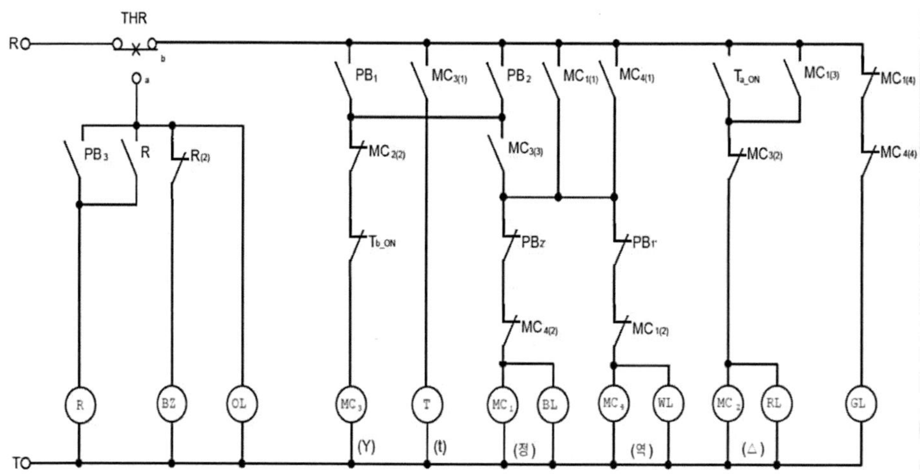

그림 3.64 전동기 구동 회로의 시퀀스도

- 전동기 기동용 스위치 PB1을 누르면 타이머 T가 동작하여 Y결선용 MC3이 여자 하므로 정회전 MC1이 동작하여 저전압 기동을 한다. 이때 접점 MC3로 델타 결선용 MC2 동작을 금지 시키고 연동버튼 스위치 PB1과 접점 MC1(2)는 역회전 MC4의 동작을 금지하는 인터록 회로를 구성하며 접점 MC1(3)으로는 델타결선용 MC2의 동작을 위한

회로 준비를 한다.

- 전전압 운전하기 위한 타이머 T의 설정시간 t가 끝나면 접점 Tb가 열리므로 MC3가 복귀하고 접점 MC3(1)으로 타이머 T를 복구하며 MC3(2)로는 델타 결선용 MC2를 여자하여 전전압 운전을 한다.
- 만일 정회전 운전중 역회전용 버튼 PB2를 누르면 PB2에 의하여 정회전용 MC1이 복귀하여 정회전이 정지하게 되고 MC3, MC4, MC2의 순서로 동작하여 역회전 동작을 한다.

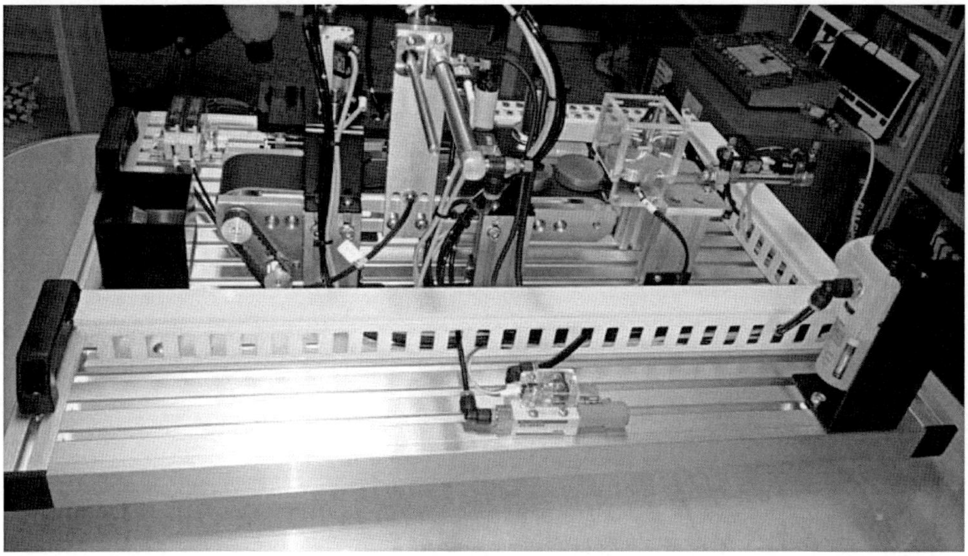

CHAPTER 04 PLC 개요

4.1 PLC란

시퀀스 제어 기기들은 반도체의 기술 발달에 따라 날로 발달하고 있으며 이와 동시에 시퀀스 제어의 활용 범위도 급속도록 넓어지고 있다. 이에 이전에는 시퀀스 제어를 수행함에 있어 제어반을 기초로 시퀀스 제어기가 설계되었으나 최근엔 PLC(Programmable Logic Controller)의 출현으로 하드웨어 방식이 아닌 소프트웨어적으로 시퀀스 회로를 구성하고 변경하는 것이 가능해졌다. 이에 종래에는 시퀀스 제어기를 구성하는데 릴레이(relay), 타이머(timer), 카운터(counter), 무접점 릴레이 등을 이용하였으나, PLC의 등장으로 이러한 시퀀스 제어 요소들은 프로그램화 되어 기억, 저장, 변경이 용이해졌다. 이들 시퀀스 제어기기의 발달과정 순으로 대별해 보면 그림 4.1과 같다.

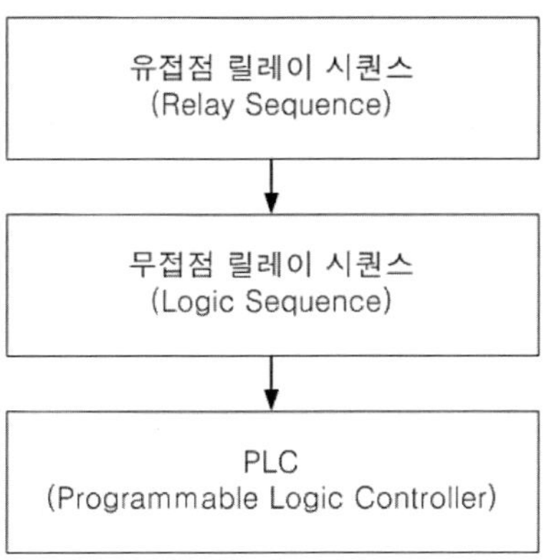

그림 4.1 시퀀스 제어 발달과정

시퀀스 제어를 활용한 분야는 매우 광범위하다. 예를 들면 선반, 밀링 등의 가공기계, 컨베이어 시스템 등의 공장 내 운송 시스템과 엘리베이터, 교통신호, 광고탑, 자동판매기등의 일상생활 지원 시스템, 세탁기, 냉장고 전기밥솥등의 가정용 기기, 기타 운동용 기구, 물품

운송관리, 창고관리, 송배전관리, 분뇨처리장치 등 각종 공업 프로세스에 이르기 까지 거의 모든 자동화 시스템에 적용되고 있다.

(1) PLC의 정의

컴퓨터가 발달함에 따라 릴레이, 타이머, 카운터 등을 활용한 릴레이 제어반의 한계인 하드웨어적 시퀀스 제어 방법에서 벗어나 소프트웨어적으로 시퀀스 제어를 수행할 수 있는 방안에 대한 사회적 관심이 증대되었다. 이에 따라 1960년도 이래 미니컴퓨터의 발전은 제어기술자에게 큰 관심사였으나, 이 시기 컴퓨터는 주로 데이터 처리용으로 개발되어 산업용 제어장치에 적용하기에는 몇 가지 문제점을 안고 있으며, 특히 가격이 비싼데다 컴퓨터에 대한 전문지식을 습득하지 않으면 안 되었다. 이에 따라 낮은 가격으로 고도의 기능을 갖는 새로운 제어장치가 절실하게 요구되었다.

이에 1969년에 미국의 GM(General Motor)사가 자동차 조립라인에 적용하기 위한 기계제어용의 간단한 제어장치가 출현한다면 제어 기술자들이 당장 컴퓨터를 배우지 않더라도 사용할 수 있다고 판단하여, 산업용 제어장치가 구비해야 할 조건을 구입 시방서에 명시함에 따라 PLC라는 제품이 출현하게 되었다.

GM사에서 새로운 제어장치 구입시방서에 명시한 열 가지 요구조건은 다음과 같다.

① 새로운 컨트롤러는 용이하게 프로그램의 작성 및 변경이 가능해야 한다. 즉 동작 시퀀스를 쉽게 변경할 수 있고, 현장에서도 실시 가능해야한다.
② 새로운 컨트롤러는 보수가 쉽고 수리가 가능해야 한다. 가능한 한 플러그 인 방식을 기본으로 한다.
③ 유닛은 플랜트의 주위 환경 속에서 릴레이 제어반보다 신뢰성이 높은 조작능력을 가지고 있어야 한다.
④ 바닥설치 면적의 코스트를 절감하기 위해 릴레이 제어반보다 소형이어야 한다.
⑤ 중앙에 있는 제어장치로 데이터를 전송할 수 있어야 한다.
⑥ 현재 사용하고 있는 릴레이식 또는 반도체식 제어반과 가격이 비슷해야 한다.
⑦ 전 입력은 교류115V를 적용할 수 있어야 한다.
⑧ 전 출력은 교류115V, 2A 이상의 용량으로 솔레노이드 밸브, 모터 스타터 및 이에 상당하는 것을 직접 조작할 수 있어야 한다.
⑨ 일반적으로 시스템을 대폭적으로 변경하지 않고도 기본유닛은 확장할 수 있어야 한다.
⑩ 각 유닛은 최저 4000원드까지 확장할 수 있는 프로그래밍 가능한 메모리를 갖추고 있어야 한다.

이러한 요구에 따라 미국의 Allen-Bradley사 등 컴퓨터 관련 회사들이 열 가지 요구조건을 만족시키기 위해, IC와 반도체 소자를 이용한 마이크로프로세서 기능을 갖는 새로운 유형의 컨트롤러를 개발하였고, 1969년에 Allen-Bradley사가 084, Digital Equipment사가 PDP-14

등을 발표하면서 최초의 PLC가 탄생하게 되었다. 이러한 배경으로 탄생된 컴퓨터 기반의 제어장치는 논리 연산이 주된 기능이라는 점에서 Programmable Logic Controller(PLC)로 명칭을 붙게 되었다.

그러나 이후 PLC는 사용자가 요구하는 방향으로 점차 발전되었고, 그 결과 논리연산 기능 외에 수치연산 기능, 데이터 처리기능, 프로그램 제어기능 등이 가미되면서 Logic이라는 말이 무의미해짐에 따라 Programmable Controller(PC)로 부르게 되었고, 1976년에 미국의 NEMA(National Electeical Manufacturers Association)에서 Programmable Controller에 대한 규격을 최초로 제정하면서 비약적으로 발전하게 되었다. PLC에 대한 NEMA의 정의는 다음과 같다.

『디지털 또는 아랄로그 입출력 모듈을 통하여 Logic, Sequencing, Timing, Counting, 연산과 같은 특수한 기능을 수행하기 위하여 프로그램 가능한 메모리를 사용하고 여러 종류의 기계나 프로세서를 제어하는 디지털 동작의 전자장치이다.』

(2) PLC와 릴레이 시퀀스의 차이점

PLC는 LSI 등의 전자 부품의 집합으로 릴레이 시퀀스와 같은 접점이나 코일은 존재하지 않으며 접점이나 코일을 연결하는 동작은 소프트웨어로 처리한다. 또한 동작도 코일이 여자되면 접점이 닫혀 회로가 활성화되는 릴레이 시퀀스와는 달리 메모리에 프로그램을 기억시켜 놓고 순차적으로 내용을 읽어서 그 내용에 따라 동작하는 방식이다. 따라서 PLC 제어는 프로그램의 내용에 의하여 좌우된다. 이에 따라 사용자는 자유자재로 원하는 제어를 할 수 있도록 프로그램의 작성 능력이 요구된다.

① 직렬 처리와 병렬 처리

PLC 시퀀스와 릴레이 시퀀스의 가장 근본적인 차이점은 "직렬 처리와 병렬 처리"라는 동작상의 차이가 있다. PLC는 메모리에 있는 프로그램을 순차적으로 연산하는 직렬 처리 방식이고 릴레이 시퀀스는 여러 회로가 전기적인 신호에 의해 동시에 동작하는 병렬 처리 방식이다. 따라서 PLC는 어느 한 순간을 포착해 보면 한 가지 일 밖에 하지 않는다.

② 사용 접점 수의 제한

릴레이는 일반적으로 개당 가질 수 있는 접점 수에 한계가 있다. 따라서 릴레이 시퀀스로 시스템을 구성할 때에는 가능한 한 접점 수를 절약해야 한다. 이에 비해 PLC는 동일 접점에 대하여 사용 횟수에 제한을 받지 않는다.

③ 접점이나 코일 위치의 제한

PLC 시퀀스에는 릴레이 시퀀스에는 없는 약속 사항이 있다. 그 하나는 코일 이후 접점을 금지하는 사항이다. PLC 시퀀스에서는 코일을 반드시 오른쪽 모선에 붙여서 작성해야 한다. 그 밖에 PLC 시퀀스에서는 항상 신호가 왼쪽에서 오른쪽으로 전달되도록 구성되어 있다. 따라서 PLC 시퀀스는 릴레이 시퀀스와는 다르게 오른쪽에서 왼쪽으로 흐르는 회로나, 상하로 흐르는 회로 구성을 금지하고 있다.

(3) PLC와 컴퓨터와의 차이점

① 하드웨어

컴퓨터는 고도의 계산이나 사무처리 등에 사용되며 입·출력 장치로는 키보드, 마우스, CRT, 프린터 등이 있다. 따라서 두뇌에 해당되는 연산·기억장치가 비교적 큰 스페이스를 차지하고 있는 반면에 손발에 상당하는 입·출력 장치는 비교적 작다. 즉 컴퓨터는 두뇌부분이 크며, 약전기기 형태의 구조이기 때문에 설치환경이 양호한 사무실 등에서 사용되지 않으면 안 된다.

이에 비해 PLC는 릴레이 제어반 대신에 등장한 것이므로 입·출력은 리밋 스위치나 솔레노이드 밸브 등 DC 24[V]/AC 110~220[V]급의 강전기기가 많다. 또한 각종 기계나 기기에서 발생되는 전기적 잡음, 온도, 습도, 먼지 등이 많은 열악한 환경에서 사용된다. 그런데 PLC도 연산부분은 컴퓨터와 같이 IC 등의 약전부품으로 구성되어 있기 때문에 입·출력 기기와 제어 연산부의 사이에 신호를 변환, 증폭하거나 노이즈를 없애는 회로 등이 필요하게 된다.

② 소프트웨어

컴퓨터의 프로그램에 사용되는 언어는 C언어나 어셈블러(Assembler)등 전용컴퓨터 언어이며, 그 때문에 전문교육을 받은 사람이 아니면 간단히 사용하지 못한다.

그에 비해 PLC는 기계나 장치를 운전하는 기능공이나 설비를 보수 유지하는 기술자가 알 수 있도록 종전부터 사용해 오던 시퀀스 회로에 가까운 언어나 기호를 사용하기 때문에 간단한 교육만으로도 누구든지 프로그래밍 할 수 있다. 결론적으로 PLC는 기술적으로는 컴퓨터이지만 사용법에서 보면 현장의 제어장치이며, 말하자면 산업용 컴퓨터라 할 수 있겠다.

표 4.1 PLC와 컴퓨터의 비교

항목		PLC	컴퓨터
하드웨어	입력	푸쉬버튼 스위치, 리밋 스위치, 센서로 부터 강전 신호	키보드, 마우스 등으로 넣는 약전 신호
	출력	모터, 릴레이, 솔레노이드 등을 구동하는 강전 출력	프린터, 모니터, 플로터 등으로 약전 출력
	사용 장소	현장의 기계 부근	사무실이나 공조실
	구조	강약전 병용	약전 구조
	용도	기계 설비의 제어	데이터 처리
소프트웨어	취급자	작업자나 설비 관리자	프로그래머, 오퍼레이터
	프로그램 언어	시퀀스 회로를 중심으로 한 언어	전문 컴퓨터 언어

(4) PLC와 제어시스템의 비교

PLC 시스템의 특징을 살펴보면 기능의 다양화, 조작의 간편성, 설치의 간편성, 유지보수의 편리성, 고 신뢰성, 프로그램의 고기능성 등이 있으며, 타 제어시스템과의 특징을 비교해 보면 표 4.2와 같다.

표 4.2 PLC와 제어 시스템의 비교

구분	유접점 시퀀스	무접점 시퀀스	컴퓨터	PLC
가격	매우 저가	저가	고가	저가
크기	대형	매우 소형	적당	매우 소형
처리 속도	느림	매우 빠름	매우 빠름	빠름
노이즈차단	우수	양호	아주 우수	양호
실장	설계와 설치 시 많은 시간 소요	설계 시 많은 시간 소요	program시 많은 시간 소요	간단
복합기능	없다	있다	있다	있다
기능수정	매우 어렵다	어렵다	아주 쉽다	아주 쉽다
보수유지	매우 어렵다	어렵다	아주 쉽다	아주 쉽다

(5) PLC 적용 분야

설비의 자동화와 고능률화가 요구됨에 따라 PLC의 적용 범위는 확대되고 있다. 특히 공장자동화와 FMS(Flexible Manufacturing System)에 따라 PLC의 요구는 과거 중규모 이상의 릴레이 제어반 대체 효과에서 현재 고기능화, 고속화의 추세로 소규모 공작기계에서 대규모 시스템 설비에 이르기까지 적용되고 있다. 표 4.3은 PLC 제어대상에 따른 적용 분야를 나타낸 것이다.

표 4.3 PLC 적용분야

분야	제어 대상
식료산업	컨베이어 총괄제어, 생산라인 자동제어
제철, 제강산업	작업장 하역제어, 원료수송 제어, 압연라인 제어, 하역운반 제어
섬유, 화학공업	원료수입 출하제어, 직조염색라인 제어
자동차산업	전송라인 제어, 자동조립라인 제어, 도장라인 제어, 용접기 제어산업
기계산업	산업용 로봇제어, 공작기계제어
상하수도	정수장 제어, 하수처리 제어, 송배수 펌프제어
물류산업	자동창고 제어, 하역설비 제어, 반송라인 제어
공장설비	압축기 제어
공해방지산업	쓰레기 소각로 자동제어, 공해 방지기 제어

(6) 기종 선정 방법

한 번 선택하여 채용한 PLC는 그 기계가 작동하고 있는 한 장기적으로 신뢰하여 사용 할 수 있어야 한다. 물론 앞에서도 서술한 바와 같이 시퀀스 프로그램은 기계장치의 메이커뿐만 아니라 최종 사용자측에서도 변경이나 수정이 간단하지 않으면 안 된다. 이와 같은 이유에서 PLC의 기종 선정에 당면해서는 PLC 본체의 사양서나 입출력부의 사양서 검토는 물론, 사양서에는 나타나 있지 않은 신뢰성 문제, 보수나 애프터서비스, 사용상의 편리와 지원장치 등에 대해서도 세심한 검토가 이루어져야 한다. PLC 기종선정을 위해서는 그림 4.1과 같이 각 항목을 종합적으로 검토하여 기종을 선정하는 것이 바람직하다.

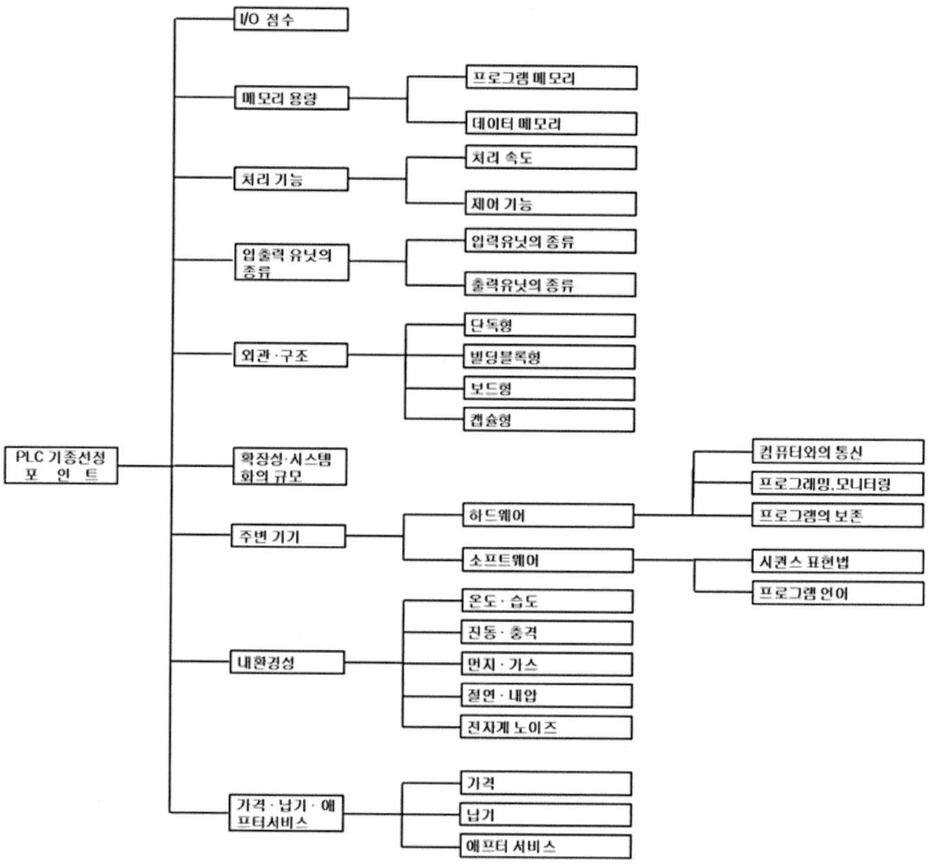

그림 4.1 PLC의 기종선정 포인트

PLC의 하드웨어는 릴레이나 스위치와 같은 부품 레벨의 제품이 아니라, 그 핵심은 마이크로프로세서를 중심으로 한 전자 장치 레벨의 제품이므로 선정 시에는 특히 신뢰성의 확보가 최우선되어야 한다. 또한 사용상의 편리함이나 지원장치 등도 종합적으로 검토해야 하는데, 지원장치는 프로그램의 작성과 실제로 기계에서의 디버그, 도큐먼트의 작성 및 보수와 제어상태의 체크 등을 용이하게 할 수 있는 것이 필요조건이다.

특히 이제까지 사용되어 온 PLC 기종이나 메이커를 변경할 경우에는 다시 지원장치를 구입하지 않으면 안 될 뿐만 아니라, 프로그래밍과 디버그의 방법도 습득하지 않으면 안 되고 이러한 변경에 따른 영향은 비단 설계자뿐만 아니라 운용, 보수, 점검을 하는 현장기술자까지도 영향을 미친다는 것을 염두에 두어야 한다.

① I/O 점수 계산

PLC 선정에 있어서 입·출력 점수는 매우 중요하며, 대부분의 PLC는 입·출력 점수가 곧 PLC의 규모(크기)를 좌우한다. PLC에 있어서 전원장치나 CPU유닛은 PLC의 용량이 크게 달라져도 그 크기가 변화되지는 않는다. 다만, 시스템의 외형상 크기를 좌우하는 것은 바로 이 입·출력 점수인 것이다. PLC의 기종명을 살펴보더라도 대부분의 PLC가 모델명 다음에 숫자가 붙어 있는데 이 숫자가 바로 PLC의 입·출력 점수를 나타낸다. 입·출력 점수는 대개 장치의 규모와 제어기능에 따라 결정 되는데, 표 4.4는 입출력 점수에 따른 PLC의 분류방법을 나타냈다.

표 4.4 입·출력 점수에 따른 PLC의 분류

분류	소·중형	중형	중·대형	대형
입·출력 점수	약 10~128점	약 64~256점	약 128~512점	512점 이상

입·출력 점수의 파악은 장치가 제작 완료되었거나 또는 장치의 제어 회로가 설계되었다면, 그 결정이 간단하다. 그러나 대부분 기계나 장치가 제작 중에 제어장치도 제작되어야만 하므로 입·출력 점수는 예측해야 하고, 그 예측이 정확하지 않으면 안 된다. 입·출력 점수의 선정은 통상 다음과 같이 구분하여 정확히 산출하는 것이 바람직하다.

- 명령지령용 입력 신호 : 조작패널상의 절환 스위치, 푸쉬버튼 스위치 등의 신호수의 합계
- 검출·보호용 입력신호 : 리밋 스위치, 근접 스위치, 광전 센서, 열동형 계전기 등의 검출 및 보호용 신호수의 합계
- 구동부의 출력신호 : 전자 계전기, 전자 개폐기, 전자 클러치, 전자 솔레노이드 등의 출력 신호수의 합계
- 표시·경보용 출력 신호 : 감시반이나 제어반 등의 파일럿램프, 부저, 벨 등 신호수의 합계

이상의 입·출력 점수를 파악하여 선정하되 장래 증설 등의 여유를 고려하여 다음 식으로 결정한다.

$$\text{I/O 점수} = \text{계산상의 I/O 점수} \times 1.2 \text{ 정도}$$

입·출력 합계 점수가 PLC의 최대 입·출력 점수를 초과 하는 경우는 여러 대를 복수로 사용하면 되지만 이때는 입·출력 신호수의 합계 외에도 PLC 상호간에 주고받는 신호수까지 고려하여 선정하여만 한다.

② **메모리 용량산출**

PLC의 메모리는 프로그램 메모리와 데이터 메모리로 구분된다. 프로그램 메모리는 사용자가 작성한 프로그램을 격납하기 위한 메모리이고, 데이터 메모리는 입·출력부로부터의 데이터(외부 입·출력의 상태)나 보조 릴레이와 같은 연산 도중의 결과를 기억하는 부분이다. 메모리 용량은 입·출력 점수의 규모와 마찬가지로 약간의 여유를 두면 프로그램의 변경이나 추가에 손쉽게 대응할 수 있다.

프로그램 메모리는 프로그램을 구성하는 명령어가 워드(Word)라는 형태로 기억되고 1워드마다 어드레스가 붙여져 있다. 따라서 프로그램 메모리의 크기는 통상 워드나 스텝으로 나타낸다. 메이커의 사양서를 보면 메모리 용량은 대부분 1K워드 또는 2K워드 등 Kilo Word의 K로 표시되는데 1K워드는 1024워드나 스텝을 가리킨다. 그림 4.2는 2K워드 용량의 메모리에 명령어가 격납된 상태를 보여주고 있다.

한편 프로그램 메모리의 용량도 제어회로를 설계하면 쉽게 그 용량이 결정되어지지만, 대부분 제어회로를 설계하기 전, 즉 장치가 완성되기 전에 PLC도 구매 발주되는 경우가 많으므로 사용자는 사전에 필요로 하는 메모리 용량을 결정해야 한다.

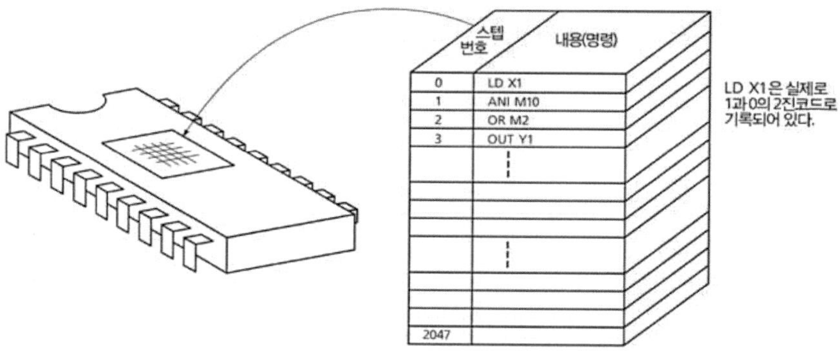

그림 4.2 메모리에 명령어가 격납된 상태

경험적으로 프로그램 메모리의 용량은 다음과 같이 산출한다.

- 간단한 시퀀스 제어인 경우 : 메모리 용량 = I/O 점수 × 5~10
- 복잡한 시퀀스 제어인 경우 : 메모리 용량 = I/O 점수 × 10~15
- 산술연산이나 위치결정 등의 복잡 고도의 제어인 경우 : 메모리 용량 = I/O 점수 × 20이상

표 4-15 메모리 용량에 따른 PLC의 규모별 분류

분류	소·중형	중형	중·대형	대형
프로그램 메모리용량	0.3~2Kword	2~4Kword	4~8Kword	8~16Kword

③ 처리기능

처리속도

PLC의 처리속도는 메모리에 저장된 명령을 호출하여 연산하고 그 결과를 내는 데까지 걸리는 시간으로, 처리속도는 곧 PLC의 응답시간을 결정하는 요인이 된다. 처리속도의 표시는 1명령이나 1K 스텝분의 명령을 연산하는 데 소요되는 시간으로 나타내는데, 일반 시퀀스 제어용에 이용되는 PLC는 2~5㎲/스텝 정도이면 충분하다.

제어기능

PLC에서는 시퀀스 제어(논리연산) 기능 외에도 타이머, 카운터 기능이 부가되어 있는 것이 보통이다. 이 외에도 시퀀스 제어를 보다 효과적으로 하는 확장기능 명령으로 시프트 레지스터, 스텝 컨트롤러, 마스터 컨트롤, 산술연산, 비교연산, 데이터 전송 등 다채로운 데이터 메모리와 그것들을 실행시키는 명령기능을 갖춘 PLC가 있다. 따라서 제어 시스템이 논리연산, 산술연산, 아날로그 조절연산, 데이터 변경, 리모트 I/O, 데이터 링크, 퍼스널 컴퓨터와의 인터페이스 등 어떠한 기능을 PLC에 요구하는가에 따라 기종선정이 달라진다.

④ 입·출력유닛의 종류

입력유닛

입력유닛의 종류는 크게 디지털 입력유닛, 아날로그 입력유닛, 센서 입력유닛, 고속카운터 입력유닛으로 나눌 수 있다. 사용전원의 종류에 따라서도 AC 입력과 DC입력으로 나누어지며, AC입력에는 110V, 220V, 110V/220V 겸용 등이 있고, DC 입력에는 12V, 24V, 48V 등이 가장 많이 사용되고 있다. 입력유닛의 선정에 관해서는 먼저 시스템의 하드웨어를 설계 시, 입력유닛의 종류를 될수록 적게 하기 위해 입력기기의 정격 선정을 염두에 두어야 한다.

출력유닛

출력유닛의 종류는 출력부 항에서 설명한 것과 같이 접점 출력유닛, 트랜지스터 출력유닛, 트라이액 출력유닛, 아날로그 출력유닛 등이 사용되고 있다. 하지만 이들 유닛에도 독립접점형, 커먼형이 있어 전압, 전류뿐만 아니라 배선, 유지, 보수 등을 고려한 선정이 필요하다.

⑤ 외관 · 구조

PLC는 일반적으로 기본유닛과 증설유닛으로 나눌 수 있다. 기본유닛은 전원장치와 CPU가 기본으로 탑재되고, 대부분 입력유닛과 출력유닛까지 포함된 구조이다. 증설유닛은 입출력부 전용으로 CPU를 포함하지 않고 단지 기본유닛과 인터페이스 할 수 있도록 되어 있다.

PLC 선정에 있어서 외관과 구조는 제어목적에 따라 알맞은 형태와 사이즈의 PLC 선택하는 것이 중요하다. 또 PLC의 입·출력 점수를 증가하거나 위치결정용 유닛 등 특수기능의 유닛을 접속하기 위한 구조도 외관구조를 검토하는 데 있어 포인트이다.

단독형

블록형이나 패키지 형식이라고도 불리는 이 형식은 PLC의 구성요소인 전원장치, CPU부분, 입·출력 부분 등 필요한 기능 전부를 콤팩트한 케이스에 수납하여 PLC를 제어 컴포넌트의 감각으로 이용할 수 있는 것을 노린 구조이다. 단독형 구조는 소규모의 PLC에 많이 채용되어 증설단위는 블록단위로 확장하고, 제어반 내에 설치할 경우 작업을 용이하기 위해 DIN레일에 쉽게 부착 되도록 되어 있는 것이 많다. 기본유닛의 입·출력 점수는 고정되어 있는 것이 대부분이며, 증설유닛에 입·출력의 종류를 다양하게 준비하고 있다.

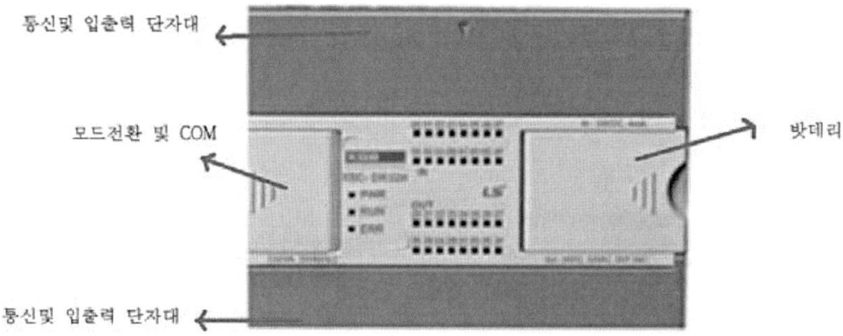

그림 4.3 단독형 PLC

모듈형

이것은 베이스유닛에 외형치수를 표준화한 CPU유닛, 전원유닛, 각종 입·출력유닛, 특수기능 유닛 등을 사용자가 그 용도에 적합하도록 선택하여 PLC를 구성하도록 한 구조이다. 입출력 점수나 기능의 확장이 자유자재라는 점에서 매우 유연성이 높으므로 중·대형 PLC에서 널리 사용하고 있는 구조이다. 최근에는 빌딩블록 형식 중에도 높이 방향의 치수를 극도로 작게 하여 뒤에 설명하는 보드형의 특징도 함께 갖고 있는 것도 있다.

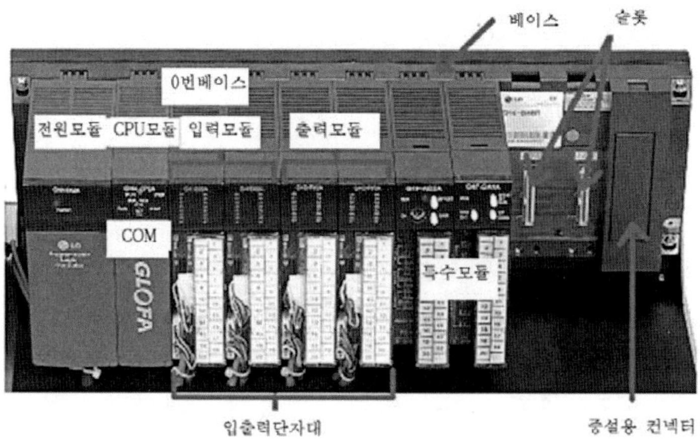

그림 4.4 모듈형 PLC

4.2 PLC의 구성

(1) 전체 구성

PLC는 마이크로프로세서(microprocessor)및 메모리를 중심으로 구성되어 인간의 두뇌 역할을 하는 중앙처리장치(CPU), 외부기기와의 신호를 연결시켜 주는 입·출력부, 각 부에 전원을 공급하는 전원부, PLC 내의 메모리에 프로그램을 기록하는 주변 장치로 구성되어 있다. 그림 4.5는 PLC의 전체 구성도를 나타낸 것이다.

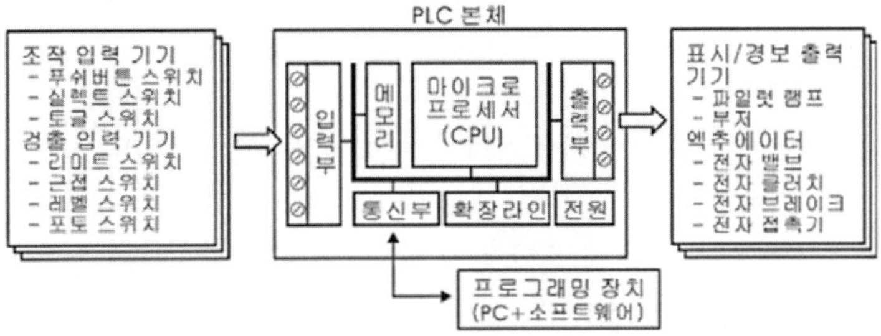

그림 4.5 PLC의 전체 구성도

(2) 하드웨어의 구성

PLC는 CPU를 포함한 제어 연산부, 메모리부, 입력부, 출력부, 전원장치 및 주변기기로 구성되어 있다. 그림 4.6은 PLC의 구성도와 마이크로컴퓨터의 구성도를 나타낸 것으로 하드웨어의 구성이 비슷하다는 것을 알 수 있다.

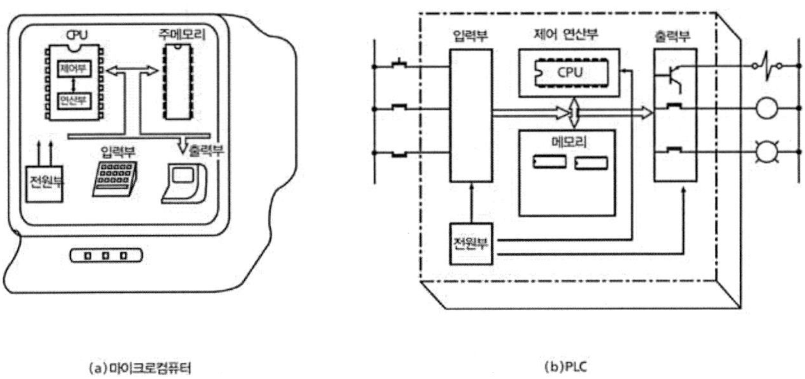

그림 4.6 PLC와 마이크로컴퓨터의 비교

주요 구성부를 비교해 보면 PLC의 제어 연산부는 마이크로컴퓨터의 CPU이며, PLC의 기본 소프트웨어와 사용자 프로그램을 격납하는 메모리부는 마이크로컴퓨터의 주 메모리와 기능이 같다. 또한 각종 입력신호 지령용 조작 스위치와 기계의 위치를 검출하는 센서 등의 신호를 입력하는 입력부는 컴퓨터의 키보드와 같고, 연산결과를 출력하여 실린더나 모터 등을 기동시키는 PLC의 출력부는 컴퓨터의 CRT나 프린터에 상응된다. 이와 같이 PLC와 마이크로컴퓨터는 그 구성과 연산처리를 실시하는 프로세스가 거의 동일하며, 이 때문에 PLC를 산업용 컴퓨터라 부르기도 한다. 다만 이 두 가지가 외관상 가장 다르게 되어 있는 부분은 입력부와 출력부로서 이것은 PLC에서는 시퀀스 제어가 주 업무이기 때문에 시퀀스 제어를 위한 다양한 종류의 입력신호와 대전압, 대전류를 취급하는 출력신호를 다루기 쉽도록 되어 있고, 그 구조는 설치환경과 보수유지상의 문제를 고려하여 주로 환경이 양호한 사무실에서 사용하는 마이크로컴퓨터와는 다르게 되어 있다.

(3) 마이크로프로세서

마이크로프로세서 부분은 중앙처리장치(Cental Processing Unit : CPU)라고도 부르며, 그림 4.7에 나타낸 바와 같이 논리연산 부분(Arithmetic and Logic Unit : ALU), 명령어 어드레스를 호출하는 프로그램 카운터 및 몇 개의 레지스터, 명령해독 제어부분 등으로 구성되어 있다. 소형이든 대형이든 모든 PLC에는 CPU를 포함하고 있다. PLC나 컴퓨터는 그 심장부기 마이크로프로세서로 마이크로컴퓨터용으로 개발된 8비트나 16비트의 범용 CPU를 PLC에도 사용하고 있기 때문에 릴레이나 타이머, 카운터 등의 기능도 간단히 실현할 수 있다.

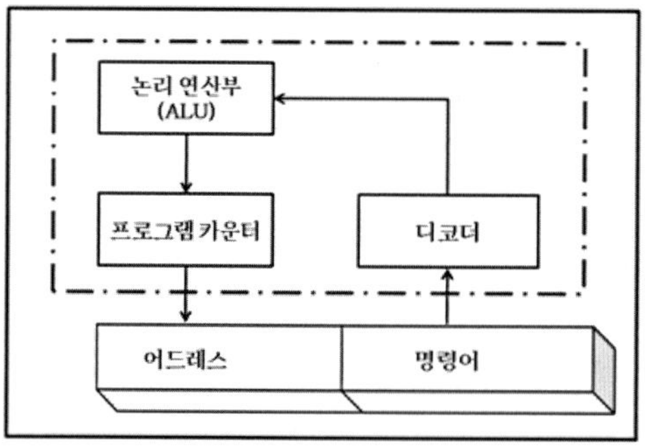

그림 4.7 CPU의 구성도

연산원리는 PLC를 운전모드를 하면 프로그램의 내용에 따라 실행을 하는데 먼저 메모리 어드레스를 결정해야 하므로 이 기능을 프로그램 카운터가 담당한다.

즉 프로그램 카운터의 번호에 맞는 어드레스의 명령을 추출하여 디코더(decode)가 명령을 해독하게 되고, 연산부에서 연산을 실시하여 레지스터에 기록함과 동시에 그 결과에 따라 출력을 내보내게 된다. 추출된 명령의 처리가 완료되면 프로그램 카운터는 1씩 증가되어 다음 명령을 추출하게 되고 계속적으로 연산처리를 실시한다.

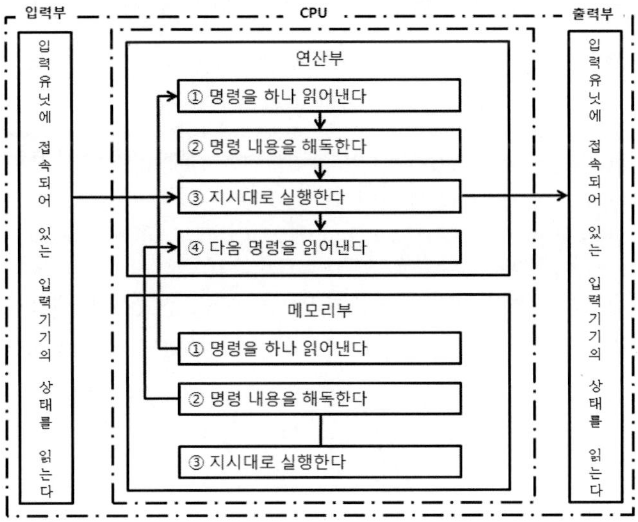

그림 4.8 PLC의 동작원리

(4) 메모리부

사용자가 작성한 시퀀스 프로그램의 내용을 저장하는 데 사용되는 부분이 PLC의 메모리부로서, 여기에 사용되는 메모리에는 사용하는 목적에 따라서, 또는 사용소자에 따라서 여러 종류가 적절히 사용되고 있다. 마이크로컴퓨터에서는 주 메모리와 보조 메모리로 구분되고, 주 메모리는 CPU가 직접 명령을 읽어 내거나 데이터를 읽기, 쓰기 하는 메모리로서 대체로 LSI(Large Scale Integration)로 이루어진 RAM이 사용된다. 그리고 보조 메모리는 연산부의 외부에 놓이는 것으로 주 메모리에 기억할 수 없는 데이터나 프로그램을 일시 기억해 두기 위하여 쓰인다. 이 보조 메모리에는 자기 디스크인 하드 디스크나 플로피 디스크가 주로 사용되는데 PLC에는 보조 메모리가 별도로 구비되어 있지 않다.

RAM

RAM은 Random Access Memory의 약어로서 각각의 메모리 워드 또는 비트에 데이터를 쓰거나 읽는 것이 자유로운 메모리를 말한다. 종류로는 동적 RAM과 정적 RAM이 있으며, 정적 RAM은 릴레이 제어에서 사용되는 래치와 유사한 기능을 하는 트랜지스터를 사용하는 것으로 소비전력이 낮아 배터리 백업이 가능한 소형 컴퓨터, 계측기 등의 보조 기억장치에 주로 쓰이며, 집적도가 낮아 고가인 단점이 있다.

동적 RAM은 구조면에서 정적 RAM과는 차이가 있으며, 메모리에 기억된 내용을 유지하기 위해 연속적인 재충전 작업이 필요하다. 따라서 메모리 내의 각 비트들의 내용을 유지하기 위해 충전용 커패시터를 사용한다. 이런 종류의 메모리는 집적도가 높고 가격이 저렴하여 주로 범용 컴퓨터의 주기억장치에 사용된다.

RAM은 데이터를 쓰거나 읽는 것이 자유로운 반면 전원이 차단되면 메모리에 저장된 내용이 지워져 버리는 단점이 있다. 즉 RAM은 전원차단 시 10^{-9}초 이내에 기억된 정보가 지워져 버리므로 소멸성 메모리라 한다. 따라서 전원이 끊겨도 저장된 내용을 유지하기 위해서는 비상용 전원장치가 필요하다. 이러한 이유로 PLC시스템의 CPU내에는 전원차단 시 RAM에 전원을 공급하기 위한 백업용 배터리가 갖추어져 있다.

ROM

ROM(Read Only Memory)은 읽어내기 전용의 메모리로서, 간단하게 메모리에 기억된 내용을 변경하거나 새롭게 기억하는 것이 곤란하다. 따라서 ROM은 대부분 시스템 프로그램 저장용으로 사용되며, PLC에서 사용자 프로그램 격납용으로 사용할 경우는 테스트 운전이 종료되어 더 이상 프로그램 변경이 필요 없을 때 사용하면 백업용 배터리를 준비해야 하는 등의 문제가 없다.

ROM은 사용 방법에 따라 몇 가지의 형태가 있다. 이 중 마스크 ROM은 IC 작성 시에 기억시키는 내용도 함께 IC 내부회로에 조립되어서 IC가 완성되면 내용도 기억되는 형태이기 때문에, 동일한 내용의 ROM을 대량으로 생산하는 경우에 이 마스크 ROM을 사용하면 비용을 절감할 수 있는 장점이 있다.

또한 ROM에는 사용자가 그때마다 자신의 형편에 맞게 기억시켜 사용할 수 있는 PROM(Programmable ROM)이 있는데, 이 PROM에 내용을 기입하기 위해서는 PROM 기입 전용 툴이 필요하며 이것을 롬 라이터(ROM Writer)라 한다.

PROM에는 한 번 기입해서 사용한 후 잘못 기입하였거나 또는 새로운 프로그램을 기입하기 위해 ROM의 내용을 소거하고 재차 기입할 수 있는 EPROM(Erasable PROM)이 있다. EPROM의 소거 방법으로는 ROM IC의 중앙에 투명한 창을 설치하여 이 창에 자외선을 조사(照射) 함으로써 ROM의 내용을 지울 수 있는 것이 일반적이다. 자외선을 조사하여 ROM의 내용을 소거하는 전용툴은 롬 이레이저(ROM Eraser)라고 한다. 이와 같이 EPROM은 몇 번이고 ROM의 내용을 변경할 수 있기 때문에 마이컴의 프로그램 개발이나 PLC에서 사용자 프로그램 격납용으로 적합하다.

또한 RAM과 EPROM의 특징을 겸비한 새로운 형태의 ROM은 EEPROM(Electrically Erasable PROM)으로서, 이 EEPROM은 EPROM에서와 같이 기록이나 소거에 특별한 장치를 필요로 하지 않고, RAM 사용 시의 불편한 점인 배터리가 없어도 기억된 내용을 유지할 수 있는 장점을 가지고 있다. 다만 EPROM에 비해 어느 정도 값이 비싸다는 단점이 있다.

저장용량과 크기

컴퓨터나 PLC는 단지 신호의 유무를 표시할 수 있다. 신호 0과 신호 1의 두 가지 상태만을 인식 한다. 따라서 자료는 이러한 두 가지 신호의 조합으로 기억장치 속에 기억되어 있으며, 통상전압이 2.0~5.0[V]는 1로 표시하고,0~0.8[V] 사이는 0으로 표시한다.

이렇게 두 가지 형태로 표시되기 때문에 이것을 2값 신호 또는 2진수라 부른다. 가장 작은 메모리 단위인 저장위치는 0과 1중 어느 하나의 값이 기억된다. 이와 같은 가장 작은 자료의 단위를 비트(bit)라 한다.

기억용량은 이 비트의 수량을 나타내는 것으로 K(kilo)는 대용량에 사용되며, 1kilo bit(1kbit)는 1024bit이다. 예를 들어 ROM이 2048bit의 기억용량을 가지고 있다면 이것은 2kilo bit ROM이며 간단히 2k ROM이라 표시한다.

단어의 길이는 하나의 메모리 워드에 포함되는 비트의 개수를 나타내며, 기억용량은 512×8bit와 같은 단어의 수량과 단어 길이의 곱으로 표시된다. 위와 같은 경우라면 각 8bit 씩 512개의 단어를 기억할 수 있는 용량이 된다.

그러나 PLC의 기억용량에서는 저장될 수 있는 비트의 수량보다 워드(Word)의 수량이 더욱 관심의 대상이 되며 따라서 단위도 K-word를 적용한다. PLC 메이커가 제공하는 카탈로그에는 1k 또는 1k word라고 표시되거나 스텝(step)으로 표시되어 있는 경우가 대부분이며, 이는 저장할 수 있는 단어의 수량을 나타낸 것이다.

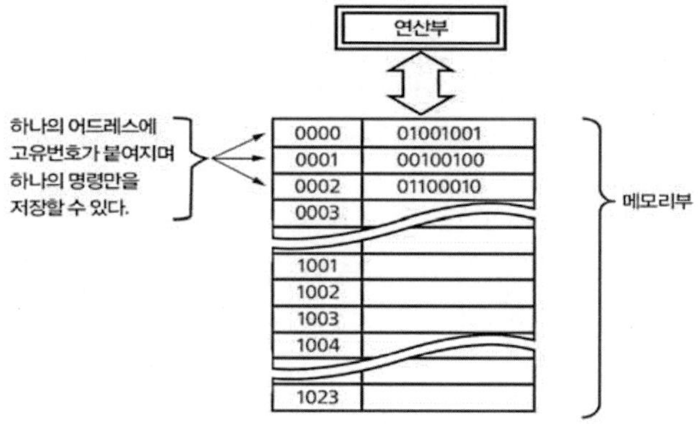

그림 4.9 메모리의 개념적 구조(1K word의 경우)

(5) 입력부

PLC의 입력부는 외부로부터 수신되는 다양한 입력신호를 제어 연산부가 처리할 수 있는 IC신호 레벨로 변환시켜 연산부에 전송한다. 즉 입력부는 푸쉬버튼 스위치, 리밋 스위치, 근접 스위치 등의 입력신호를 PLC의 제어 연산부에 전기 신호로 접속하기 위한 인터페이스 역할을 담당하는 것이다. 여기서는 PLC 입력부의 구성과 원리, 입력부 선정 요점, 입력유닛의 종류에 대해 설명한다.

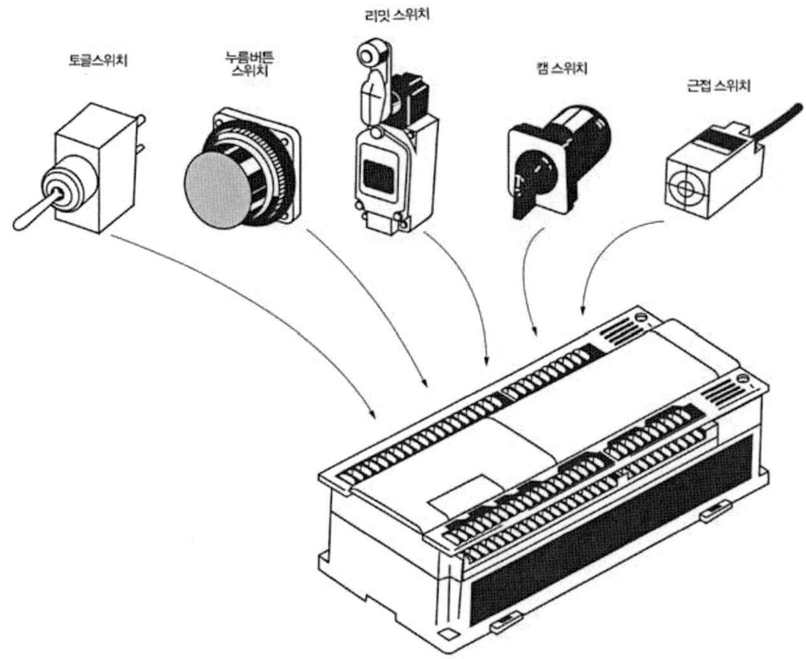

그림 4.10 PLC의 입력기기

① **입력부의 구성과 기능**

입력부는 크게 입력기기와 PLC와 접속하는 유닛단자, 외부기기의 신호를 PLC의 CPU에 맞는 낮은 전위값으로 변환하는 신호 변환부, 입력상태를 가시적으로 나타내는 표시 회로부와 입력부에 포함되는 노이즈나 서지전압, 전유를 흡수하는 필터회로 노이즈의 내부침투를 막는 절연 회로부로 구성되어 있다.

시퀀스 제어의 목적으로 이용되는 입력기기에는 용도에 따라 다양한 종류가 있으며, 따라서 PLC에 입력되는 신호의 형태도 다양하다. 하지만 이러한 입력신호가 PLC를 통해 들어오게 되면 그림 4.9와 같은 과정을 통해 제어부에 입력이 전달된다.

PLC의 입력신호는 크게 디지털 입력신호와 아날로그는 입력신호로 대별되고, 사용전원의 종류와 전용 전압의 레벨에 따라 여러 가지로 분류된다. PLC 입력신호는 개개의 입력기기에 따라 사용되는 전압이 각기 다르다. 그러므로 PLC의 입력부는 입력기기가 취급하는 전압에 맞게 할당해야 되므로, 그에 따른 적합한 입력유닛을 선정해야 한다.

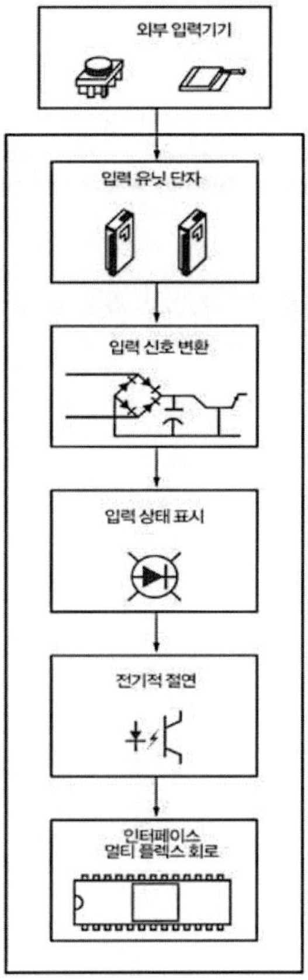

입력유닛 단자부
: 외부 입력기기와 PLC 사이의 연결

신호 변환부
: 외부기기의 다양한 입력신호를 CPU에 맞는 전위 값으로 신호를 변환한다.

입력상태 표시 회로부
: 입력기기의 기능 상태를 가시적으로 나타낸다.

절연회로부
: 입력기기의 신호와 CPU 사이를 전기적으로 절연한다.

인터페이스, 멀티플렉스 회로
: 입력 신호를 CPU에 전달한다.

그림 4.11 입력부의 신호 블록도

② 입력유닛의 선정요점

PLC의 입력유닛을 선정하는 것도 기본부 선정 못지 않게 중요하며, 여기에서는 입력유닛을 선정할 때의 검토항목과 고려사항은 다음과 같은 항목을 점검해야 한다.

입력부 선정시 검토항목

① AC입력인지 DC입력인지의 여부
② 정격전압
③ 정격전류
④ 절연의 유무
⑤ 입력신호의 표시 유무
⑥ 입력 응답시간
⑦ 입력의 점수
⑧ 증설의 필요성
⑨ 입력기기와 입력유닛의 접속방식

(6) 출력부

PLC의 출력부는 시퀀스 프로그램의 연산결과에 따라 실린더나 모터, 파일럿 램프 등과 같은 제어대상물을 작동시키거나, NC 제어장치나 컴퓨터로 데이터를 전송하기 위해 제어 연산부와 제어대상물 간의 신호결합을 수행하는 부분이다. PLC로 제어하는 제어대상물은 그 용량이 수 mA의 표시등에서부터 수십 KW와 같은 대용량의 모터에 이르기까지 다양하다. 또한 제어대상물을 동작시키는 전압도 AC와 DC로 나눠지며, 그 레벨도 5V정도의 낮은 전압에서부터 수 KV나 되는 높은 전압도 있다. 여기서는 PLC 출력부의 구성과 원리, 출력부 선정 시 검토항목, 대표적인 출력유닛의 특성과 회로에 대해 살펴본다.

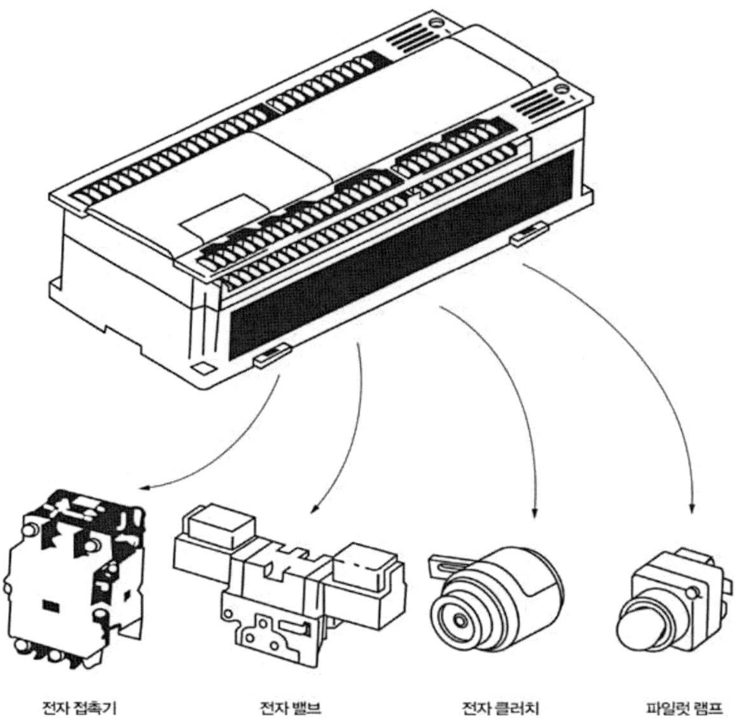

그림 4.12 PLC의 출력기기

① 출력부의 구성과 기능

출력부의 구성은 그림 4.12에 나타낸 바와 같이 인터페이스/멀티플렉스 회로, 래치 회로, 절연 회로부, 표시 회로부, 신호 변환부 및 출력유닛 단자로 구성되어 있다. 이것은 입력부와 그 구성과 기능이 비슷하며, 다만 신호 흐름의 순서가 반대로 되어 있을 뿐이다.

시퀀스 제어의 목적을 달성하기 위한 구동기기로는 사용용도와 특성에 따라 다양한 종류가 있으며, 따라서 PLC의 출력에 접속되는 신호의 형태도 다양하다. 하지만 PLC에서 외부에 보내는 출력 과정은 일정하며 그림 4.13에 그 순서를 나타내었다.

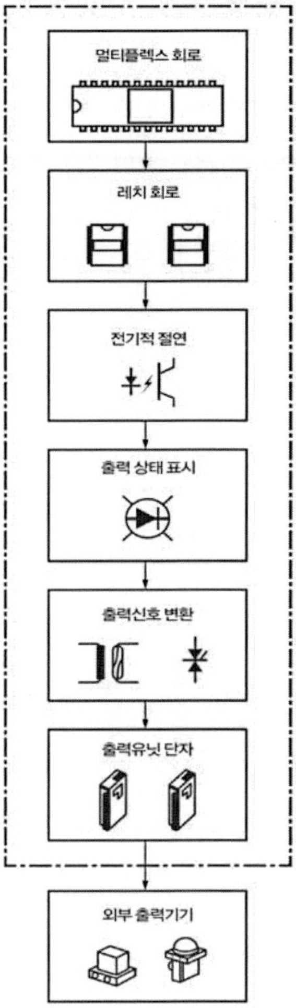

인터페이스, 멀티플렉스 회로
: CPU의 출력을 해석하여 전달한다.

래치 회로
: 인터페이스, 멀티 플렉스 회로에서 나온 신호를 저장한다.

절연회로부
: CPU와 출력기기의 신호를 전기적으로 절연한다.

출력 상태 표시 회로부
: 출력 상태를 가시적으로 표시한다.

신호 변환부
: CPU의 낮은 출력 신호를 증폭시킨다.

출력 유닛 단자부
: 외부 출력기기와 PLC 사이를 연결한다.

그림 4.13 출력부의 블록도

디지털 신호형태의 구동기기로는 솔레노이드 밸브, 파워 컨덕터, 릴레이 코일, 벨, 부저 및 모터 구동용 전자 접촉기 등이 있으며, 아날로그 형태의 구동기기로는 유량밸브, AC, DC 드라이버, 아날로그 미터계, 온도 조절계, 유량조절계 등이 있다. 이들 구동기기들은 앞서 설명한 것과 같이 전류용량이나 사용전압이 아주 작은 용량 에서부터 대용량에 이르는 것까지 있다.

그런데 PLC 내의 IC나 트랜지스터로는 파워가 큰 솔레노이드 밸브나 모터 등을 직접 작동시키는 것이 곤란하다. 때문에 대용량의 모터나 고전압 기기는 릴레이라든지 전자 접촉기 등을 거쳐서 간접적으로 작동시켜야 한다. 따라서 PLC의 출력부에 접속되는 부하의 종류는 매우 많다. 압도적으로 채용되고 있는 것은 릴레이, 전자 접촉기, 솔레노이드, 전자 클러치, 브레이크 등인데 근래에 들어서는 고도의 제어 시스템이 많이 나와 단순한 시퀀스 제어에만 한정되지 않고, 컴퓨터나 NC 제어장치, 각종 계측장치로 데이터나 제어신호 등을 전송하지 않으면 안 되게 되었다.

또한 릴레이 하나만 보더라도 종류는 여러 가지이며, 작동에 필요한 전압과 전류도 다양하다. 이 때문에 제어장치 설계자는 PLC 메이커가 내놓고 있는 출력부에 대한 사양서를 참고하여 사용하는 출력기기에 가장 적합한 유닛을 선택하여 사용하여야 한다.

PLC에 적용되는 출력기기는 아주 작은 용량에서부터 대용량의 전압, 전류와, 전원의 종류에 있어서도 직류와 교류로 작동되는 것 등 여러 가지 가 있으므로 출력유닛의 선정은 부하의 종류, 구동 용량, 부하의 돌입 전류, 수명, 응답시간 등을 종합적으로 고려하여 선정 해야 한다.

출력부 선정시 검토항목

① 부하의 종류(AC 부하인가 또는 DC 부하인가?)
② 구동 용량
③ 돌입전류
④ 절연의 유무
⑤ 응답시간
⑥ 수명
⑦ 출력상태의 표시유무
⑧ 출력점수
⑨ 출력기기와 출력유닛의 접속방식 등

(7) 전원 공급 모듈(Power Supply)

P.L.C Rack에 장착된 모든 모듈에 필요한 전원을 공급하는 모듈로서 대부분 AC110V/220V 전원 입력을 받아서 DC5V를 각 모듈로 공급하는 역할을 한다.

(8) 특수 모듈

- 아날로그 입력모듈 : 전류(4-20mA), 전압(DC1-5V, -10V) 압력 센서와 같은 선형 입력(linear Input)을 처리한다.
- 펄스 입력모듈 : 200Hz, 5kHz, 200kHz등의 주파수 대에서 입력되는 접점 전압 레벨(DC5V, 12V,24V)을 감지하여 펄스를 카운터 하는 모듈이며 트랜스미터 등의 데이터가 이에 해당된다.
- RTD 입력모듈 : PT100Ω, PT200Ω등의 3선식 측온저항체 입력을 처리한다. 측온저항체 외에도 T/C과도 같은 동작을 할 수 있는 모듈도 있다. 온도제어에 이용된다.
- 아날로그 출력모듈 : 전류(4-20mA), 전압(DCI-5V, 1-10V) 같은 선형 출력을 처리한다.

• 위치제어모듈 : 지정된 주파수 영역과 전압레벨로 고속 접점 출력을 처리한다.

• PID 제어모듈 : 아날로그 입력모듈에서 받은 현장 데이터를 정해진 설정치에 도달시키도록 최적의 조건에 의해 연산하여 그 결과를 아날로그 출력 모듈로 출력시킨다.

• 설정치 제어모듈(Setpoint Control Loop) : 정해진 시간 구간 동안 정해진 설정치를 상승, 유지, 하강을 반복하며 제어한다. 설정치 프로그램 제어(Setpoint Program Control)라고도 한다.

• 기타 : 이 밖에도 P.L.C 메이커들마다 자사의 통신방식에 따라 제공하는 통신모듈, 네트워크 모듈, 특정모듈기기 제어모듈(Servo축 제어), 진단기능 모듈 등도 있다.

4.3 PLC와 시퀀스 장치와 연결

PLC가 외부 센서 혹은 구동기와 연결 하기 위해서는 자체내의 단자대와 접속을 해야 한다. 이때 연결되는 외부의 구동기는 수많은 노이즈원을 동시에 가지고 있기 때문에 직접 체결하면 디지털 회로로 구성되는 CPU모듈은 심각한 손상을 입을 수 있다. 따라서 입·출력 부분과 연결되는 입·출력 모듈은 신호처리를 위한 특별한 회로를 내장하고 있으며 포토카플라를 이용하여 구현한다. 그림 4.15, 16은 입·출력부의 포토커플러 연결 상태를 기술하고 있으며 전기적으로 절연한 형태를 만들고 있다.

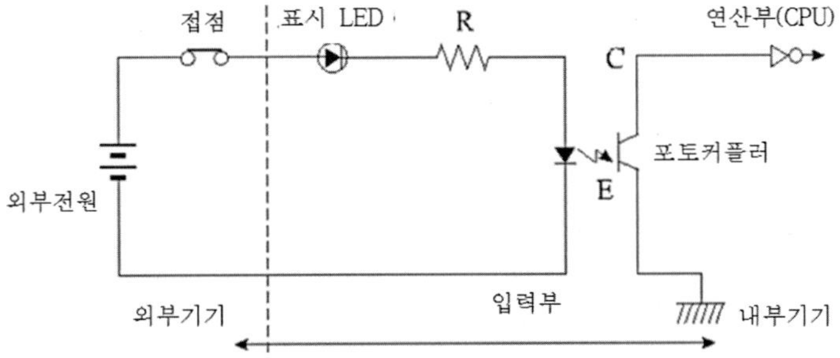

그림 4.14 입력부 세부 인터페이스

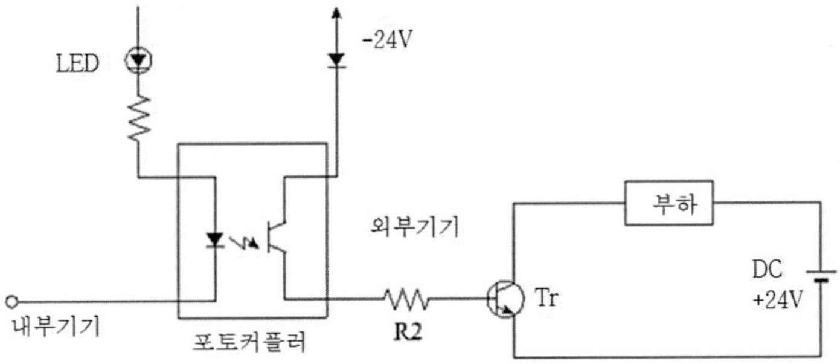

그림 4.15 출력부 세부 인터페이스

(1) 입력모듈 결선도

그림 4.16은 LG산전 GLOFA GM3/4 DC24V 입력 모듈의 외부 입력 회로 결선도이다. 그림에서 알 수 있듯이 16점용 DC 24V 입력 모듈로서 8점 Common이며 외부에 서 DC24V를 공급해 주어야 한다. 이때 직류 전원의 극성은 무극성이다.

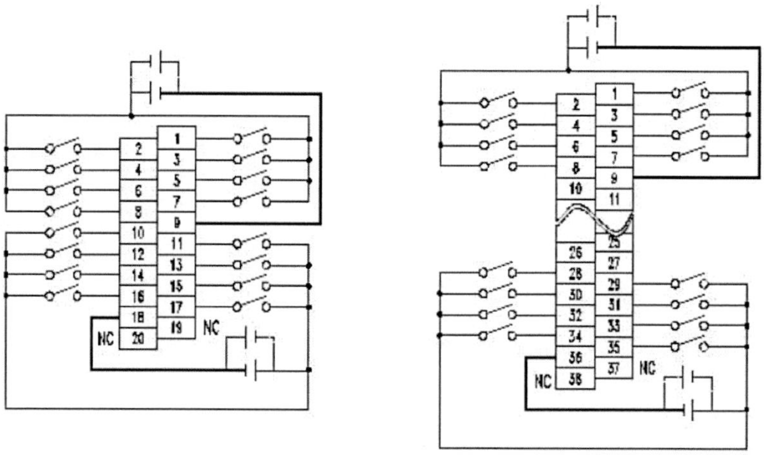

그림 4.16 입력 단자대 접속

(2) 릴레이 출력 모듈 결선도

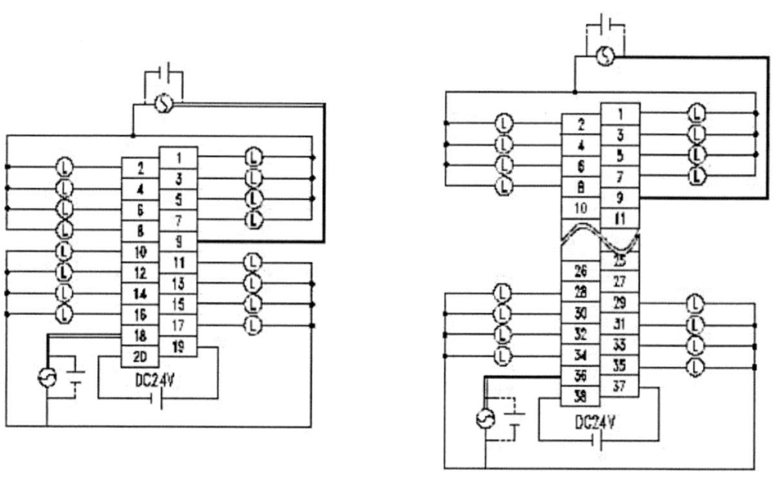

그림 4.17 출력 단자대 접속

그림 4.17은 GLOFA FM3/4의 릴레이 출력에 연결될 외부기기 결선도 이다. 이력 모듈과 마찬가지로 16점 모듈이며 8점 단위 Common이며 여기에 공급되는 전원은 연결된 부하의 정격전압에 해당하는 전원을 공급해 주어야 한다. 즉 직류든 교류든 상관이 없고 단지 부하

의 정격전압에 따르는 것이다. 직류를 사용할 경우 극성도 상관없다. 출력모듈의 전원인 19번에 +DC24V, 20번에 GND의 극성은 반드시 맞추어 주어야 한다.

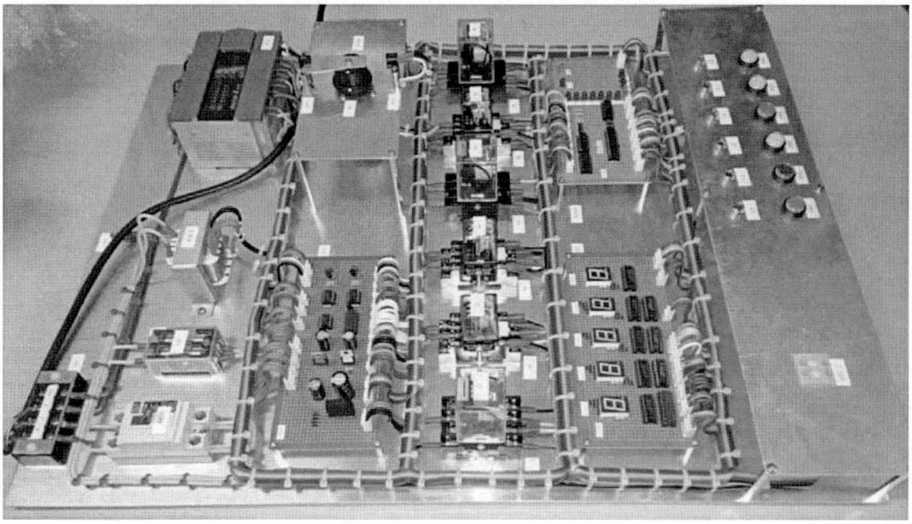

CHAPTER 05 PLC 프로그래밍

5.1 PLC 프로그램 일반

현재 PLC는 언어체계를 비롯하여 각종 기능이 아직까지 규격으로 제정되지 않고 있다는 것은 앞서 설명한 바 있다. 따라서 PLC 메이커들은 그들 나름대로 언어를 개발하여 사용하고 있고, 이것이 사용자 측면에서 하나의 어려움이 되고 있다. 즉, 한 공장에서 사용되고 있는 PLC는 각종 기계의 특성과 수입기계 등으로 인해 2~3기종 이상이 사용되고 있는 것이 현실이다. 그리고 이들 PLC들이 각기 다른 언어와 표현법을 쓰고 있으며, 각종 기능이 다르기 때문에 프로그램 설계자는 물론 운전자나 유지·보수 담당자들까지도 사용상 어려움을 격고 있는 것이다. 그러나 여러 기종의 PLC를 사용해 보면 그 사용언어나 체계, 기능 들이 완전히 다른 것이 아니고 서로 비슷하며 2~3가지 패턴으로 형성되어 있음을 알 수 있다.

(1) 래더 다이어그램(Ladder Diagram) 이해하기

프로그램 방법에는 래더 다이어그램 방식, 명령어 방식 그리고 논리 심벌로 사용하는 방식 등이 있다. 이 중에서 래더 다이어그램 방식이 가장 많이 사용된다.

① 프로그램 명령어

프로그램 명령어는 제조 회사가 제공한 취급 설명서를 반드시 읽어 보아야 한다. 표 5.1은 공통으로 사용되는 기본 네 종류(입력, 출력, 직렬, 병렬)의 명령어로 기종에 따라 여러 응용 명령어가 있다.

표 5.1 레더 다이어그램 명령어 예

명 칭	Function No.	심 벌	기 능
LOAD	-	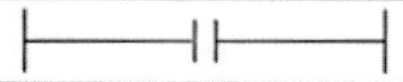	a 접점 연산개시
LOAD NOT	-	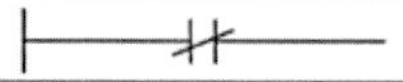	b 접점 연산개시
AND	-	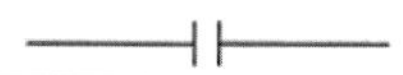	a 접점 직렬 접속
AND NOT	-	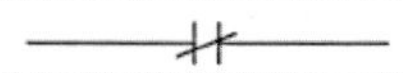	b 접점 직렬 접속
OR	-	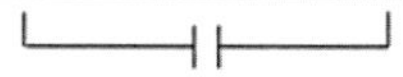	a 접점 병렬 접속
OR NOT	-	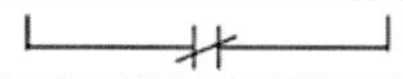	b 접점 병렬 접속

② 기본프로그램 작성 예

일례로 푸쉬버튼 스위치의 입력이 ON되면 두 개의 출력이 반전되는 회로를 예로 들어 살펴본다. 즉, 그림 5.14에 나타낸 타임차트와 같이 PB1의 입력이 없을 때는 R2 릴레이가 ON되고 R1 릴레이는 OFF되어 있지만, PB1의 입력이 존재할 때는 R1 릴레이가 ON되고 R2 릴레이는 OFF되는 회로를 작성한다.

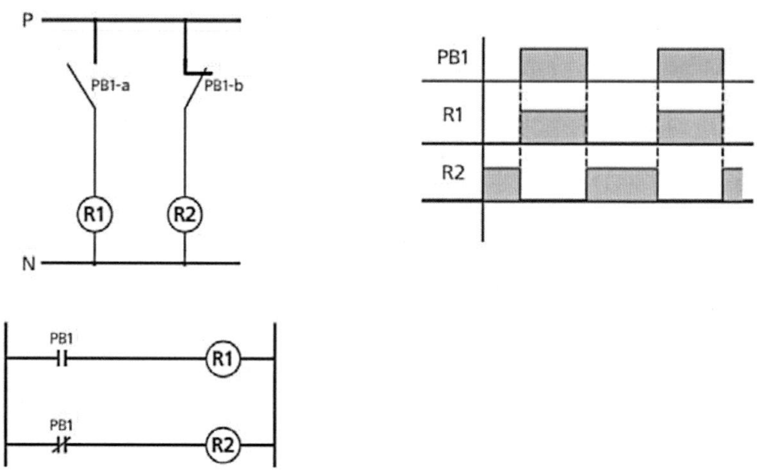

그림 5.1 릴레이 회로, 타임차트, 래더도

③ 프로그램 작성시 유의사항

- 출력코일의 우측(아래)에는 접점을 둘 수 없다. 따라서 필요한 경우에는 출력코일의 좌측(위에)에 두어야 한다.

그림 5.2 코일 접점 배치

• 특수릴레이를 제외하고는 입력조건 없이 곧바로 출력을 사용할 수 없다. 이때는 사용하지 않는 코일의 b접점을 입력으로 하여 접속한다.

그림 5.3 코일 배치

• 출력코일이 없이 접점만 둘 수 없다. 따라서 출력코일이 반드시 우측에 존재해야 한다.

그림 5.4 출력 배치

(2) 변수의 표현방식

프로그램 안에서 사용되는 데이터는 값을 가지고 있는데, 프로그램이 실행되는 동안에 값이 바뀌지 않는 상수와 그 값이 변하는 변수가 있다. 프로그램 블록, 펑션, 펑션블록 등의 프로그램 구성 요소에서 변수를 사용하기 위해서 우선 변수의 표현 방식에 대하여 알아본다.

첫 번째 변수 표현 방식은 사용자가 이름을 부여하지 않고 이미 Maker에 의해 지정된 메모리 영역의 식별자를 사용하는 직접 변수 방식이고, 두 번째 변수 표현 방식은 사용자가 이름을 부여하고 사용하는 네임드(Named; Symbolic) 변수 방식이다. 변수를 지정하는 방법은 반드시 퍼센트 문자(%)로 시작하고 다음에 위치 접두어와 크기 접두어를 붙이며 그리고 마침표(.)로 분리되는 하나 이상의 부호 없는 정수의 순으로 나타낸다.

표 5.2 접점 접두어

접두어	의미
I	입력 위치(Input Location)
Q	출력 위치(Output Location)
M	내부 메모리 위치(Memory Location)

표 5.3 크기 접두어

접두어	의미
X	1 비트의 크기 ("X"문자에 한하여 생략 가능)
B	1 바이트(8 비트)의 크기
W	1 워드(16 비트)의 크기
D	1 더블 워드(32 비트)의 크기
L	1 롱 워드(64 비트)의 크기

> **표현 방식 :**
>
> % [위치 접두어] [크기 접두어] 베이스 번호. 슬롯 번호. N
> 여기서, N은 [크기 접두어]에 따른 N 번째 데이터 (0부터 시작)

입·출력 접점 및 내부 메모리의 표현에는 다음과 같다.

입력 : % I X 0. 0. 0
출력 : % I X 0. 2. 15

- 15 : 입출력 모듈의 접점 번호를 나타내며, 범위는 0 ~ 63
- 2 : 입출력 모듈 장착된 슬롯 번호를 나타내며, 범위는 0 ~ 7
- 0 : 베이스 번호를 나타내며, 범위는 0 ~ 31
- X : X는 1비트의 크기를 나타낸다.

- 내부 메모리 : %MX000의 위치에 있는 비트 단위의 접점 번호를 나타낸다.
  사용자가 지정해 줄 필요없이 PLC 시스템에서 자동지정된다.(내부 메모리는 베이스, 슬롯 번호가 없다.)

(3) 스캔타임(scan time)

PLC의 연산 처리 방법은 입력 리프레시(refresh)된 상태에서 이를 조건으로 프로그램 처음부터 마지막까지 순차적으로 연산을 실행하고 출력 리프레시(refresh)를 한다.

이러한 동작은 고속으로 반복되는데 이러한 방식을 '번복 연산 방식'이라 하고 한 바퀴 도는데 걸리는 시간을 '1 스캔 타임'(1 연산 주기)라고 한다.

① 입·출력 리프레시

프로그램의 연산을 시작하기 전에 입력 모듈로부터 접점의 상태를 읽어 들여 입력 이미지(input image) 영역에 저장하고 프로그램의 연산이 끝나면 프로그램 실행에 의해 변화된 출력 이미지(output image) 결과값을 출력 모듈에 쓰는데 이를 '입·출력 리프레시(I/O refresh) 라고 한다.

② 입·출력 이미지 영역

GLOFA PLC는 반복 연산 방식이므로 프로그램 연산 도중에는 입·출력의 상태를 직접 바꾸지 않고 스캔 단위로 입·출력 리프레시를 수행한다. EK라서 프로그램 연산 도중 변화된 각 입·출력 접점의 상태를 PLC 내의 메모리 영역에 저장해 놓는데 이 영역을 입·출력 이미지 영역 이라고 한다.

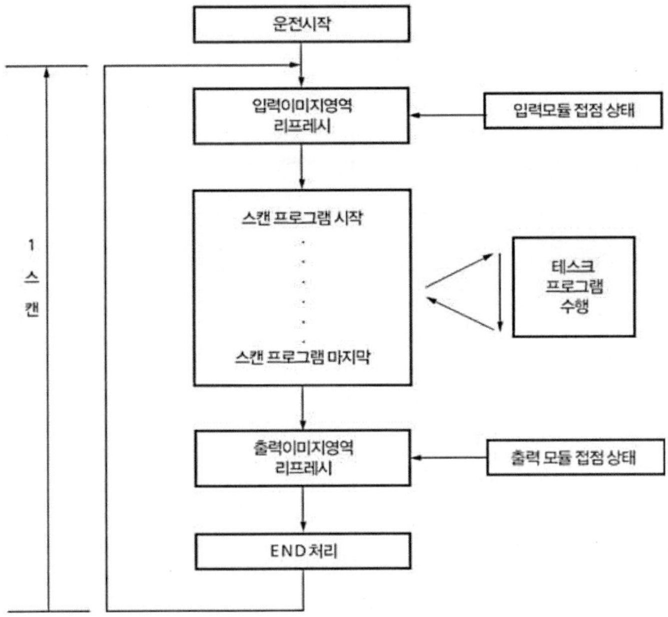

그림 5.5 프로그램 연산 처리 과정

5.2 기본 프로그래밍 10단계

PLC를 이용하여 시스템을 제어할 때는 시퀀스 프로그램이 저장되어 있는 메모리의 내용을 제어·연산부가 차례로 읽어내면서 실행한다. 기호나 심볼을 이용하여 작성한 프로그램은 PLC에서 사용되는 마이크로프로세서가 이해할 수 있는 머신코드로 변화되어 메모리에 저장된다. 이 과정은 다음과 같다.

이 작업은 프로그램 입력장치와 PLC의 시스템 프로그램의 동작으로 이루어진다. 따라서 시퀀스 프로그램은 시스템 프로그램이 번역할 수 있는 약속에 따라 설계함과 동시에 메모리의 격납도 규칙이나 제약사항을 반드시 지켜야 한다. 그림에서 나타낸 과정은 모든 시스템마다 반드시 지켜야 하는 것은 아니며, 특히 점선으로 나타낸 과정은 PLC의 기종에 따라서 또는 제어장치 설계자에 따라서는 생략될 수도 있음을 의미한다.

지금부터는 프로그래밍을 위한 각 단계에서 실시해야 할 내용과 주의 사항에 대해 알아본다.

(1) 제1단계 : 기계동작의 사양작성

제1단계로 제어대상의 기계나 장치의 동작 내용을 파악하여 다음 사항들을 결정한다.

① 작업내용의 구체적 공정도를 작성한다.
② 액추에이터의 종류와 수량을 결정한다.
③ 센서의 종류와 수량을 결정한다.

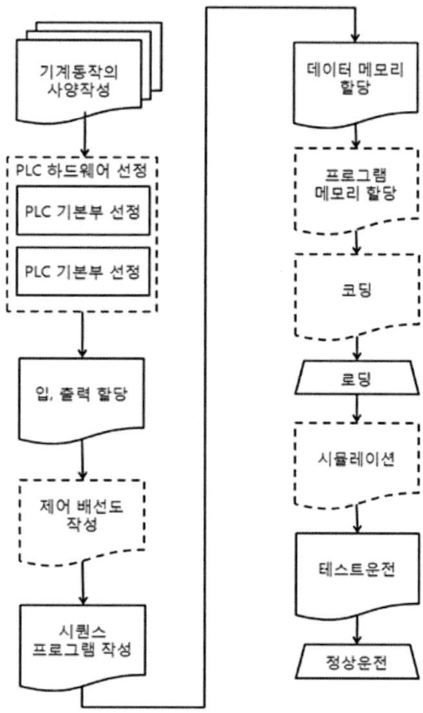

그림 5.6 PLC 운전을 위한 프로그래밍 플로우차트

모든 기계장치나 설비 등은 동작해야 할 순서나 정해진 범위 내에서 운전되어야만 목적을 달성하고, 목적달성을 위해 정해진 순서, 정해진 범위 내에서 동작되도록 조작하는 것이 제어이다.

시퀀스 제어를 실현하는 수단으로는 여러 가지 방법이 있지만 설계자는 대상기계의 공정도를 기초로 하여 시행착오를 반복하면서 프로그램을 작성한다. 프로그램을 작성하는 것은 시퀀스 제어를 표현하는 것이며, 이를 수행하기 위해서는 기계장치의 동작순서뿐만 아니라 제어대상의 성질을 잘 조사하여 제어상 어떤 문제가 있는지, 그 문제가 제어대상에 어떤 영향을 주는지 또는 대상기기의 오퍼레이터가 어떤 지식을 가지고 어떤 조작을 하는지 등을 알 필요가 있다.

때문에 프로그램 설계자는 제어대상의 기계나 장치가 동작되어야 할 모든 조건을 한눈에 파악할 필요가 있고, 이를 위해 공정도가 필요하다. 그러나 공정도는 제조과정 중에 포함되는 공구 및 장비를 포함한 제품생산에 대한 전체 계획도이므로 복잡하게 되기 쉽고, 실질적으로 제어대상의 운동조건을 한눈에 파악하기 어렵다. 따라서 제어조건에 관한 각종의 기능도가 이용되는데 대표적인 것으로 타임차트가 많이 이용되고 그 밖에 각종 기호도가 이용된다.

이와 같은 타임차트의 작성법은 그림 5.7과 같다.

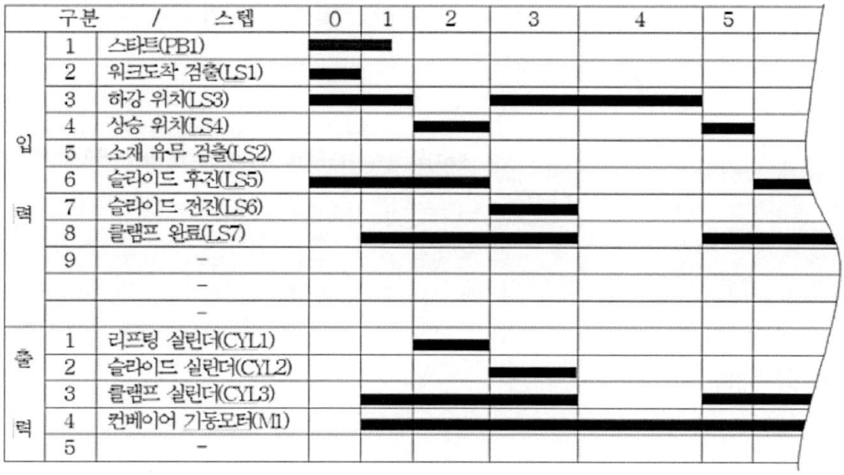

그림 5.7 타임차트의 예

① X축을 시간 축으로 하고 Y축에 입·출력기기를 표시한다.

② X축의 시간분할은 입·출력기기의 동작변화에 대응시켜 작성한다.

③ 출력기기의 변화점은 인터록 되는 입력기기와 관련하여 화살표 등으로 표시한다.

④ 모든 입·출력기기는 누락되지 않대 기입한다,

⑤ 플랜트(plant) 장치가 대규모이면 각 기기별, 블록별로 작성한다.

그리고 제1단계에서는 공정도의 작성과 함께 입·출력의 종류와 수량을 결정해야 한다. 이것은 액추에이터의 종류에 따라 출력유닛을 설정하고 또한 검출기의 종류와 형식에 따라 입력유닛의 형식을 결정해야 하며, 그 수량은 곧 PLC의 출력 점수에 따른 규모를 결정지어야 하기 때문이다.

(2) 제2단계 : PLC의 하드웨어 선정

제2단계로는 적용할 PLC를 선정해야 되는데, PLC의 하드웨어부 선정에 관련한 사항들에 대해서는 앞서 설명한 대로이다. 기본부의 검토항목으로는 프로그램 메모리의 용량, 처리속도, 명령의 종류와 연산기능, 데이터 메모리의 종류와 점수, 정전유지 기능의 필요성, 입·출력 점수 등이다.

입력부에 대해서는 PLC에 접속할 입력기기의 종류와 수를 조사 하여 적절한 입력형식과 그 점수, 절연방식, 정격전압, 응답시간, 표시장치의 유무 등이 검토항목이다. 출력부도 접속할 출력기기의 종류와 수를 조사하여 필요한 출력형식과 출력점수, 절연방식, 정격전압과 전류, 응답시간, 표시장치의 유무 등이 검토항목이다.

(3) 제3단계 : 입 · 출력 할당

입·출력 할당이란 조작패널상의 각종 명령 스위치, 검출 스위치, 제어대상의 조작기기, 표시동 등의 입·출력기기를 PLC의 입력유닛과 출력유닛의 몇 번째 입력점과 출력점에 접속하여 사용할 것인가를 정하는 것이다.

① 입력 할당

PLC의 입력기기는 크게 조작반에 설치된 명령지령용의 각종 스위치와 액추에이터의 동작 상태 등을 검출기기나 장치를 보호하기 위한 보호용 기기 등으로 구별된다. 이 기기들은 PLC의 입력유닛 종류에 따라 각각 몇 번에 입력할 것인가를 결정하는 것으로 몇 가지 사항을 지켜서 할당을 하고 그 결과를 표로 정리해 두는 것이 좋다. 이것은 다음 단계의 코딩 작업시에 반드시 필요하며 프로그램이 완료되어 기계가 정상운전 후에도 기계의 보수·유지를 위해 꼭 필요한 것이다.

표 5.4 입력 할당표

번호	입력	입력신호명	기호	단자대 No.	비고
1	P01	가동 스위치	PB1	TB1	푸쉬버튼 스위치
2	P02	정지 스위치	PB2	TB2	푸쉬버튼 스위치
3	P03	비상정지 스위치	PB3	TB3	푸쉬버튼 스위치
4	P04	소재유무 검출센서	MAG	TB4	광전센서
5	P05	클램프 실린더 후진끝 검출 스위치	LS3	TB5	실린더 스위치
6	P0A	클램프 실린더 전진끝 검출 스위치	LS4	TB10	실린더 스위치
7	P0B	SPARE	-	TB11	-

동일 전압마다 정리하여 할당한다.

통상 PLC의 입력유닛은 앞서 설명한 바와 같이 입력전원과 전압에 따라 그 형식이 정해져 있다. 그러므로 한 개의 입력유닛에는 2종의 전압을 부가할 수 없으므로 먼저 AC입력기기와 DC입력기기로 구별해야 하며, 전압도 구분하여 할당해야 한다.

동일 종류의 기기마다 정리하여 할당한다.

이것은 조작패널에서 명령지령용 스위치, 리밋 스위치, 무접점 센서 등을 각 군으로 묶어서 할당한다는 것을 말한다. 이렇게 함으로써 1항의 조건에도 원칙적으로 적용되며, 그룹별 배선에 따른 노이즈 영향도 줄일 수 있는 이점이 있다.

예) LS1 ➜ I1
LS2 ➜ I2
LS3 ➜ I3
PB1 ➜ I10
PB2 ➜ I11

제어 시스템의 작동 블록으로 정리하여 할당한다.

이것은 1항과 2항의 조건을 보다 정리한 것으로, 예를 들어 수동전진 신호와 수동후진 신호는 인접되게, 또 연속 사이클 신호와 연속 사이클 정지신호는 인접하게 할당하면 배선작업 및 보수·유지시는 물론 배선 점검 등에도 편리하기 때문이다.

예) PB5 ➔I10 : 수동전진 신호
PB6 ➔I11 : 수동후진 신호
LS10 ➔I15 : 전진 행정끝 위치 검출 신호
LS11 ➔I16 : 후진 행정끝 위치 검출 신호

무접점 입력기기의 경우는 접속형식을 확인한다.

3선식 광전 센서나 근접 스위치 등을 DC 입력유닛에 접속할 경우는 전압형식과 함께 콤먼방식의 검토도 이루어져야 한다. DC 입력유닛은 콤먼라인이 +측에 있도록 되어 있는가, 또는 −측에 되어 있는가에 따라 싱크(sink) 입력형식과 소스(source) 입력형식으로 나뉜다. 그런데 트랜지스터 출력형식의 근접 스위치나 광전 센서는 출력형식에 따라 PNP형과 NPN형으로 나누어진다는 것을 앞에서 설명한 바 있다. 따라서 싱크입력형의 DC 입력유닛에서는 NPN 형식의 근접 스위치나 광전 센서가 접속할 수 있지만, PNP 형식의 기기는 직접 접속할 수 없으므로 입력형식의 검토가 반드시 필요하다.

예비접점을 할당한다.

이것은 만일 입력점수 1점이 고장되었을 때 간단하게 프로그램 변경만으로 대처할 수 있도록 여분의 접점을 할당하는 것을 말한다. 즉 16점의 입력유닛을 사용할 때 14~15점만을 할당하고 1~2점 정도는 예비로 두어 접점 고장 시 바로 대처할 수 있도록 여유를 둔다.

입력점수 절약대책을 강구한다.

PLC의 주요 구성인 입력부, 출력부, 제어·연산부, 전원장치 중에서 외관의 크기를 좌우하는 것은 입·출력부 이다. 이것은 PLC의 가격에도 큰 비중을 차지하고 있는 것이다. 그러므로 입력할당에서 입력점수 절약 대책을 강구하는 것은 코스트를 낮추는 중요한 요소이고, 또한 제어패널을 콤팩트하게 한다.

㉠ 병렬접속 입력의 경우

예를 들어 그림 5.6(a)에 나타낸 것과 같이 동일 기능의 조작 스위치 중, 제어반 패널상의 조작스위치와 원격용 조작 스위치가 각각 있는 경우는 그림 5.6(b)와 같이 정리하면 입력점수 1점과 프로그램 1스텝이 절약 된다.

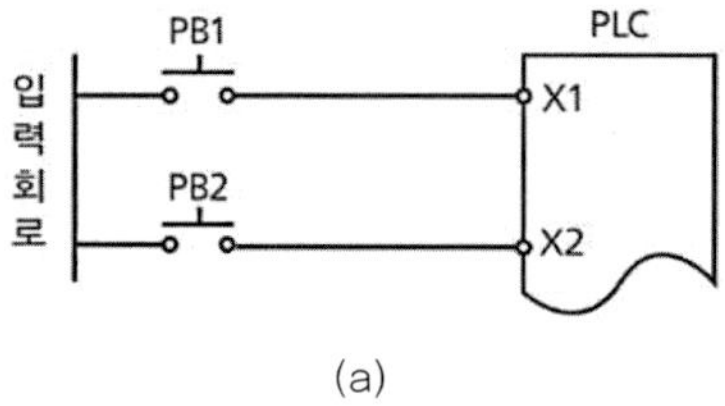

그림 5.8 병렬접속 입력

㉡ **직렬접속 입력의 경우**

시퀀스 프로그램 상에서 외부 입력기기가 직렬접속인 경우는 외부에서 직렬접속하고 PLC에 입력하면 입력점수 절약과 함께 프로그램 스텝수도 줄일 수 있다. 그 예를 그림 5.9에 나타냈다. 이상의 방법으로 입력을 할당하고 그 결과를 표로 정리한다.

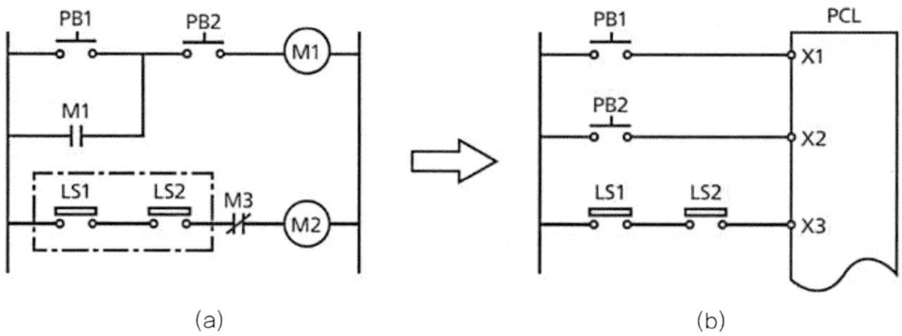

그림 5.9 직렬접속 입력

② **출력할당**

출력할당도 입력할당과 같이 몇 가지 원칙을 지켜가며 출력기기를 할당하고 이것을 표로 정리해 둔다. 표 5.5는 출력할당표의 일례이며, 출력할당의 방법은 다음과 같다.

표 5.5 출력 할당표

번호	출력No.	출력 신호명	기호	단자대No.	비고
1	O11	클램프 실린더용 전자밸브	SOL1	TB1	전자 밸브
2	O12	이송 실린더용 전자 밸브	SOL2	TB2	전자 밸브
3	O13	운전 표시등	PL1	TB3	파일럿 램프
4	O14	정지 표시등	PL2	TB4	파일럿 램프
-	-	-	-	-	-
-	-	-	-	-	-

동일 전압마다 정리하여 할당한다.

출력할당도 입력할당과 마찬가지로 사용되는 출력기기의 사용전원과 전압에 따라 구분하여야 한다.

◎ 동일 종류의 기기별로 정리하여 할당한다.

이것도 입력할당에서와 마찬가지로 전자밸브군, 릴레이군, 파일럿 램프군, 전자 접촉기군 등으로 묶어서 정리하면 ①항의 조건에도 충족되고, 그룹별 배선에 의한 노이즈 영향도 줄일수 있다.

◎ 관련기기는 연번으로 할당한다.

동일 액추에이터의 상반된 운동신호인 정회전-역회전, 전진-후진, 상승-하강 등은 인접하게 할당 하는 것이 배선도 용이하고 보수·유지에 있어서도 편리하다.

◎ 예비접점을 할당한다.

입력할당과 마찬가지로 출력점 1점 고장 시 간단하게 대처할 수 있도록 미리 준비하기 위한 것이다.

◎ 출력점수의 절약대책을 강구한다.

출력할당에 있어서 출력점수 절약대책을 강구하는 것도 중요한 점의 하나이다. 예를 들어, 출력 감시를 위한 표시등이나 부저 출력등과 해당 부하는 병렬로 접속하여 출력 점수를 절약하거나, 또한 동일 액추에이터의 출력이 정반대의 동작을 요구할 때는 출력점 1점으로 릴레이를 구동하고 그 릴레이의 a접점과 b접점을 활용하여 출력점수를 절약할 수 있다.

(4) 제4단계 : 제어배선도의 작성

제어배선도의 작성은 시퀀스도 작성 시 사용하는 표시기호를 사용하여 입·출력 할당에서 결정한 입·출력 번호에 해당기기의 접속과 전원의 구분, 콤먼라인과의 접속관계등을 한 눈에 파악할 수 있도록 정리하여 작성한다. 제어배선도를 작성하는 것은 PLC 프로그래밍을 위해 반드시 필요한 작업은 아니고, 입·출력 기기와 PLC의 접속을 명확히 하여 입·출력 할당을 검토하여 배선작업 시 실수를 방지할 수 있고, 보수·유지에 있어서도 배선점검에 유용하기 때문에 작성해 두는 것이 좋다.

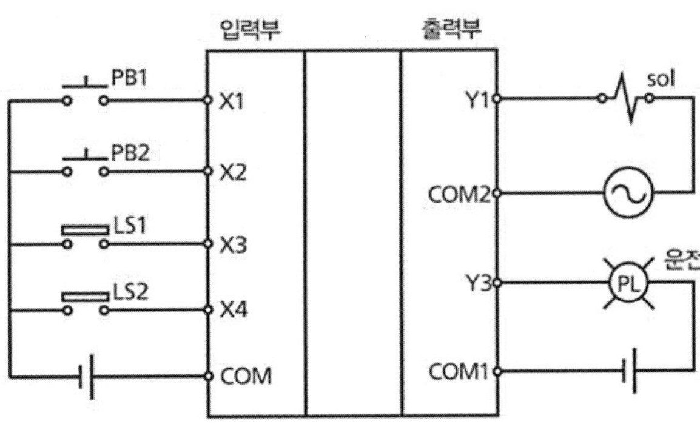

그림 5.10 단독형 PLC의 제어배선도

작성방법은 PLC의 외관형Xo가 단독형인 경우는 그림 5.10과 같이 좌측에 입력기기를, 우측에 출력기기의 배선관계를 나타내면 좋다. 그러나 입·출력 점수가 많은 빌딩블록 방식의 경우는 이와 같이 표현하는 것이 곤란하므로 그림 5.11과 같이 입력 출력유닛을 구분하여 작성하는 것이 좋다.

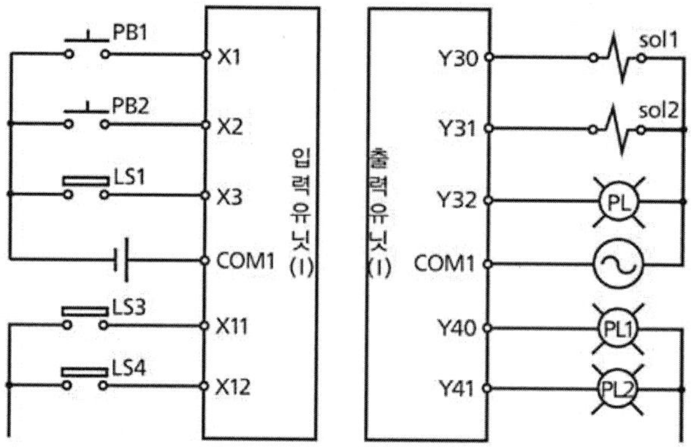

그림 5.11 모듈형 PLC의 제어배선도

(5) 제 5단계 : 시퀀스 프로그램의 작성

프로그래밍 작업 중 어느 제어방식에 있어서도 시퀀스 프로그램을 작성 하는 것이 제일 중요하며, 또한 제일 어려운 작업이다. 통상 PLC의 시퀀스 프로그램은 릴레이 심볼식의 래더 다이어그램에 의해 작성하는 것이 대부분이다. 이상적인 프로그램 작성을 위해서는 사용하는 PLC의 명령어를 충분히 이해하고 있어야 하며, 전동기나 전자밸브를 제어하는 기본회로의 숙지도 반드시 필요하다.

(6) 제 6단계 : 데이터 메모리의 할당

시퀀스 프로그램에 기초해서 내부 릴레이(일시기억 메모리), 타이머, 카운터, 레지스터 등의 데이터 메모리를 할당한다. 내부 릴레이는 신호의 상태 기억이나 중계, 펄스발생 기능을 위해 사용된다. 내부 릴레이 할당에 있어서 중요한 점은 시스템의 특성에 따라 정전 시 동작상태 유지가 필요한 기능에는 래치 릴레이를 할당하여야 한다는 것에 주의하여야 한다. 타이머나 카운터의 할당에 있어서는 기종에 따라 타이머와 카운터를 공용으로 사용하는 기종도 있는데 이때는 타이머에 할당한 고유번호를 카운터로 사용할 수 없다는 점에 유의해야 한다. 또한 타이머의 경우는 최소시간 설정단위와 설정범위를 반드시 확인하여야 하고, 카운터 할당에 있어서도 카운터의 기능과 설정치를 확인한 후 할당하여야 한다. 내부 릴레이나 타이머, 카운터 등의 할당은 그림 5.12, 표 5.6과 같이 표를 작성하고, 프로그램 작성 중에 사용한 보조릴레이나 타이머에 ○표를 해 놓거나 코멘트를 기입해 두면 나중에 알기 쉽고, 중복하여 사용할 우려도 없다.

내부 릴레이 할당표

No.1

내부 릴레이No	사용여부	기 호	코멘트
M0	o	R0	PL1 ON
M1	o	R1	Sol1 ON
M2	o	R2	Sol2 ON
M3	o	R3	Sol2 OFF
M4	o	R4	
M5			

No.2

내부 릴레이No	사용여부	기 호	코멘트
M100	o	R51	비상정지
M101	o	R52	비상정지 해제
M102			

그림 5.12 내부 릴레이 할당표

제어규모가 커지면 아무래도 여러 사람이 분담하여 프로그램을 작성하지 않으면 안된다. 이런 경우에는 각 개인이 사용할 수 있는 내부 릴레이의 범위나 타이머, 카운터 등의 번호를 정해 두지 않으면 중복하려 사용할 가능성이 많아지기 때문이다.

표 5.6 타이머/카운터 할당표

T/C No.	사용여부	설정치	코멘트	기타
T00				spare
T01	O	3sec	실린더 상승시간	
T02	O	1.5sec	중간 정지시간	
T03				spare
T04				spare
C05				spare
C06	0	50회	생산개수용	
C07	0	10회		
-	-	-	-	-

(7) 제 7단계 : 프로그램 메모리의 할당

PLC 1대로 기계 1대를 제어하는 경우는 메모리 할당이 의미가 없으나, 플랙시블한 기계에서 여러 가지 패턴제어를 실행하거나, 집중제어와 같이 PLC 1대로서 복수의 기계를 제어하는 경우 또는, 재어 프로그램 이외에 여러 가지 부가 기능의 프로그램이 있는 경우는 전 메모리를 몇 개의 블록으로 분할해야 한다.

① 동일 기계에서 복수의 가공이나 조립 패턴이 있는 경우

공통의 관리 프로그램으로 실행할 가공패턴을 판단하여 해당 가공패턴의 프로그램을 실행하는 경우 메모리를 할당한다. 여기서 공통 프로그램은 각 프로그램에 공통으로 하는 처리를 말한다.

② 복수의 기계를 1대의 PLC로 제어하는 집중 시스템의 경우

이송라인이나 관련된 동작의 연속된 복수의기계가 라인 구성으로 되어 있는 경우로 시 공통의 인터록 프로그램은 전 기계의 기동과 정지의 시퀀스나 전체의 반송이나 추적등의 공통 처리를 하는 프로그램이다.

③ 2차 기능의 프로그램을 부가하는 경우

PLC에 집중한 제어정보를 활용하여 생산 데이터나 기계의 가공 데이터를 수집하거나, 기계의 이상이나 고장을 검출하는 2차 기능의 프로그램을 부가한 경우라면 메모리를 할당해야 한다.

(8) 제8단계 : 코딩(coding)

시퀀스 프로그램을 PLC의 메모리에 격납하기 위해 시퀀스 프로그램의 내용을 PLC 명령어로 변환하는 작업을 코딩이라 한다. 이 코딩작업은 니모닉방식의 언어를 사용하는 기종에 한정되며 릴레이 심볼릭어를 사용하는 기종에서는 의미가 없다.

코딩을 하기 위해서는 사용하는 PLC의 명령어를 충분히 익히고 시퀀스 프로그램과 입·출력 할당표, 데이터 메모리 할당표 등을 보면서 차례대로 실시한다. 코딩의 결과는 그림 5.13과 같이 코딩표를 작성하고, 다음 사항에 주의하여 실시한다.

코딩표

No.1

스텝No	명 령 어	데 이 터
0	LOAD	P01
1	OR	M1
2	AND NOT	M20
3	OUT	M1
4	LOAD	X2
5	AND	X5
6	OR	M2
7	AND	P03
:	:	:
:	:	:
98	OUT	Y52
99	END	

그림 5.13 코딩예

① a,b접점 상태에 유의한다.

② 접점의 블록 간 접속을 포함하여 직렬, 병렬접속에 유의한다.

③ 접점, 코일, 입·출력 할당번호 등을 확인하면서 실시한다.

④ 타이머나 카운터의 설정치에 유의한다.

⑤ 스텝(어드레스)수 절약방법 등을 강구하면서 실시한다.

이것은 스캔(scan)타임을 단축시킬 수 있기 때문에 가능한 한 실시하는 것이 좋다. 그 일례를 그림 5.14에 나타냈다. LOAD, AND NOT과 같은 명령어는 PLC기종에 따라 다르다. 예컨대 LOAD를 LD, RD, START 등으로, AND NOT을 ANI처럼 기술하기도 한다.

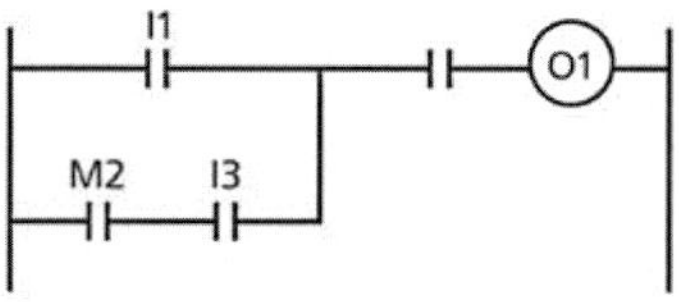

(a) 시퀀스도

스텝No.	명령어	데이터
0	LOAD	I1
1	LOAD	M2
2	AND	I3
3	OR LOAD	
4	AND NOT	I5
5	OUT	O1

(b) 순서대로 코딩할 경우

스텝No.	명령어	데이터
0	LOAD	M2
1	AND	I3
2	OR	I1
3	AND NOT	I5
4	OUT	O1

(c) 순서를 바꾼 경우

그림 5.14 스텝수 절약의 예

(9) 제9단계 : 로딩(loding)

9단계로 프로그램 입력장치를 이용하여 시퀀스 프로그램의 내용을 PLC의 메모리에 저장한다. 이 작업을 로딩이라 하며, 로딩을 하기 위해서는 기존의 PLC 메모리에 있는 내용을 소거시킨 후, 로직 심볼릭어를 사용하는 PLC에서는 코딩표를 보고, 릴레이 심볼릭어를 사용하는 PLC에서는 시퀀스 다이어그램을 보면서 메모리에 저장한다. 프로그램 입력방법은 메이커마다 각각 다르므로 사전에 사용법을 충분히 숙지해야 되며, 특히 기존의 릴레이 회로를 그대로 사용할 경우는 주의해야 한다.

예로 그림 5.15의 (a)와 같은 릴레이 회로는 입력 스위치가 연동(連動)작동이므로 자기유지 회로가 동작되지만, 이것을 (b)그림과 같이 그대로 로딩하여 사용한다면 PLC는 어드레스 순번에 따라 직렬 연산하므로 자기유지가 불가능하다. 따라서 이와 같은 경우에는 PLC

입력용 프로그램으로 변경해야 하며, 또한 PLC에서는 이중 출력사용금지 법칙이나 다중 출력회로 등이 PLC에 따라 적용되지 않는 경우가 많으므로 주의가 필요하다.

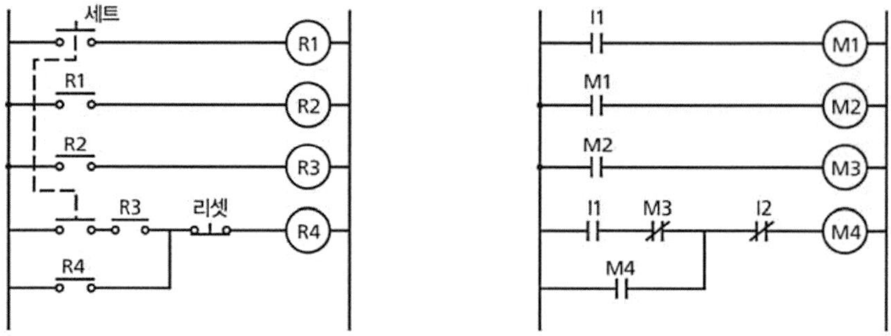

(a) 전자 릴레이의 병렬연산
(R4의 자기유지가 가능하다)

(a) 직렬 연산인 경우의 잘못된 회로
(M4의 자기유지가 불가능하다)

그림 5.15 릴레이 회로의 PLC 연산 불가능 예

(10) 제10단계 : 시뮬레이션(simulation)

간단한 제어 시스템인 경우 로딩이 완료되면 곧바로 시운전에 들어가도 사고를 일으킬 가능성이 적어 문제시되지 않지만, 비교적 제어 난이도가 높거나 대형의 제어 시스템의 경우에는 처음부터 완벽하게 논리를 성립시키는 것이 곤란하고, 또한 논리가 불완전한 시스템을 곧바로 시운전에 들어갔을 경우 사고를 일으키거나 시스템에 치명적인 상처를 줄 수도 있다. 이러한 이유에서 시운전에 앞서 강제 입·출력 명령을 이용하거나 모의 입력에 의한 방법 등으로 시뮬레이션을 한다.

① 조작 스위치등을 이용한 모의 입력에 의한 시뮬레이션

조작 스위치 박스 등의 모의 입력장치를 이용하여 프로그램의 순서에 따라 스위치를 입력하여 출력의 결과를 PLC의 출력유닛에 장착되어 있는 LED나 모니터링 장치로 확인하는 방법이다.

② 강제 입력기능을 사용한 시뮬레이션

PLC를 운전모드로 놓고 프로그래머를 이용하여 강제입력 모드에서 시퀀스 프로그램을 보면서 입력을 ON·OFF하여 출력을 확인한다. 이 방법은 프로그램의 논리상태를 점검하기 위한 것으로 단계별로 입력을 강제로 ON시켜 그 출력의 상태를 출력유닛의 LED 등으로 확인하고 잘못된 부분이 발견되면 바로 수정할 수 있다.

③ 강제 출력기능을 사용한 시뮬레이션

PLC를 프로그램 모드로 놓고 프로그래머를 이용하여 강제 출력 기능에서 출력을 ON·OFF시켜 PLC와 부하의 결선상태나 부하의 동작상태 등을 확인한다. 이 방법은 PLC를 운전모드로 하지 않고 프로그램 모드로 한다는 것에 주의하여야 한다. 이상의 방법으로 프로그래밍을 종료하고 테스트 운전을 거쳐 PLC를 정상 운전한다. 현재 PLC는 언어체계를 비롯하여 각종 기능이 아직까지 규격으로 제정되지 않고 있다는 것은 앞서 설명한 바 있다. 따라서 PLC 메이커들은 그들 나름대로 언어를 개발하여 사용하고 있고, 이것이 사용자 측면에서 하나의 어려움이 되고 있다. 즉, 한 공장에서 사용되고 있는 PLC는 각종 기계의 특성과 수입 기계 등으로 인해 2~3기종 이상이 사용되고 있는 것이 현실이다. 그리고 이들 PLC들이 각기 다른 언어와 표현법을 쓰고 있으며, 각종 기능이 다르기 때문에 프로그램 설계자는 물론 운전자나 유지·보수 담당자들까지도 사용상 어려움을 겪고 있는 것이다. 그러나 여러 기종의 PLC를 사용해 보면 그 사용언어나 체계, 기능 들이 완전히 다른 것이 아니고 서로 비슷하며 2~3가지 패턴으로 형성되어 있음을 알 수 있다.

CHAPTER 06 LabVIEW를 이용한 PLC 프로그래밍

6.1 LabVIEW의 이해

PLC를 프로그램하기 위해서는 Ladder Diagram을 이용하거나 Instruction List 또는 니모닉을 이용하여 명령 업무 프로그램을 작성하는 것이 일반적이다. 하지만 공장 내에서의 일들은 많은 부분 다른 업무용 프로그램과 연결되어 작업이 수행되는 경우가 많다. 이럴 때 컴퓨터를 이용하여 작업 환경을 구성하게 되며 많은 사용자 환경이 요구된다. LabVIEW는 그래픽 환경을 만들 때 아주 유용하게 사용되는 프로그램으로서 내장된 통신 기능 및 다양한 라이브러리를 그래픽 환경에서 꾸며줄 수 있는 장점이 있으며 이를 이용하여 PLC를 제어 할 수 있다. LabVIEW를 구동하기 위해서는 다음과 같은 기본적인 동작을 이해해 보기로 한다. 그림 6.1은 LabVIEW 시작화면이다.

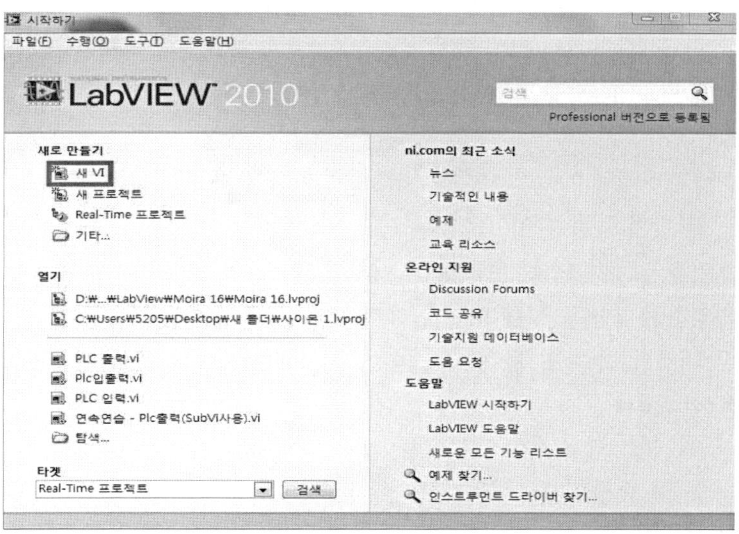

그림 6.1 LabVIEW 시작화면

LabVIE를 다음과 같이 실행한 후 LabVIEW 프로그램을 작성하기 위해 새 VI(Virtual Instrument)를 실행(단축키 <Ctrl+N>)하면 그림 6.2와 같이 두 개의 창이 실행된다. 이후 윈도우(W) > 좌우로정렬(T)를 클릭하거나, 단축키 <Ctrl + T> 를 누르면 아래 두 개의 화면이 정렬된다.

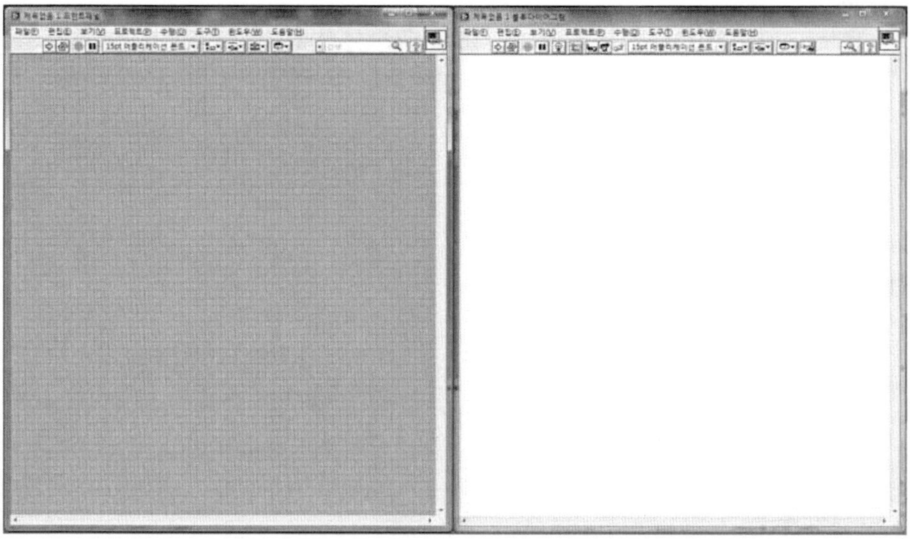

그림 6.2 LabVIEW의 작업 창(프론트패널, 블록 다이어그램)

이때 왼쪽의 회색화면이 프런트패널, 오른쪽의 흰색화면이 블록 다이어그램이다. 프런트패널은 사용자 인터페이스(User Interface)로 VI를 실행했을 때 조작하게 되는 부분이고 블록다이어그램은 논리설계를 하는 창이다. 압력밥솥을 예로 들면 프런트패널은 취사버튼을 만드는 창이고, 블록 다이어그램은 취사버튼이 눌렸을 때 어떻게 동작할지를 설계하는 창이라고 할 수 있다.

그림 6.2의 프런트패널에서 마우스 오른쪽 버튼을 클릭했을 때 나타나는 것이 그림 6.3의 컨트롤 팔레트가 나타나며 블록 다이어그램에서 마우스 오른쪽 버튼을 클릭했을 때는 그림 6.4의 함수 팔레트이다. 그림 6.3에서 ①번을 클릭하면 팔레트가 고정되어 끌어다 놓을 개체들이 많은 경우 편리하며 ②번을 클릭 하면 팔레트가 확장되어 더 많은 다이어그램을 볼 수 있게 된다. 왼쪽은 확장된 함수 팔레트의 모습이며 여기에서 팔레트 보기 변경을 클릭하면 다음과 같이 표현 된다.

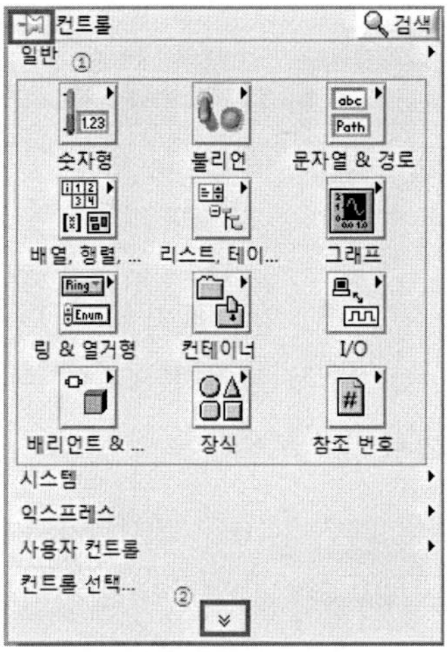

그림 6.3 컨트롤 팔레트

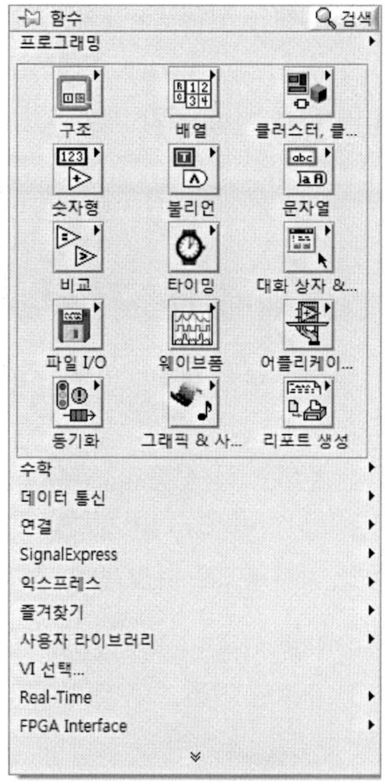

그림 6.4 함수 팔레트

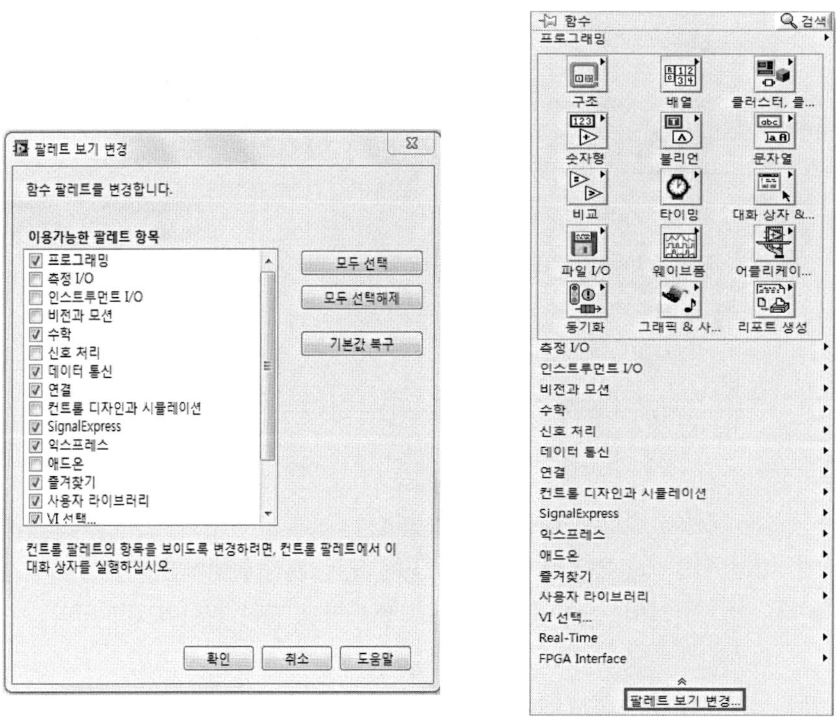

그림 6.5 팔레트 내용 변경

이곳에서 자주 사용하는 팔레트들을 선택하여 좀더 편리하게 프로그래밍을 진행할 수 있으며 이 책에서 주로 사용하게 되는 팔레트는 '프로그래밍', '데이터통신'이다. 그림 6.6은 프런트패널 상단에 있는 도구 바를 표현하였으며 블록 다이어그램의 상단에 위치한다.

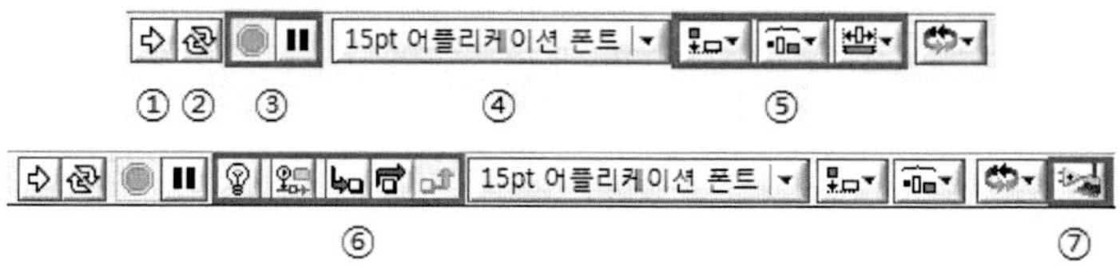

그림 6.6 도구 바

여기서 세부적인 동작은 ① 실행 ② 연속실행 ③ 강제실행종료, 일시 정지 ④ 글씨체 변경 ⑤ 패널의 아이콘들을 정리 ⑥ 디버깅 ⑦ 자동으로 아이콘, 선들을 정리한다. 각 동작에는 유용한 단축키들을 가지고 있으며 기능을 정리하면 다음과 같다.

1) 기본 도움말 <Ctrl + H> : 도움말(H) > 기본 도움말 보이기(H)를 클릭하거나 단축키 <Ctrl + H>를 누르면 기본 도움말 창이 나타나며 궁금한 아이콘에 커서를 가져가면 아이콘에 관한 설명을 표시한다.

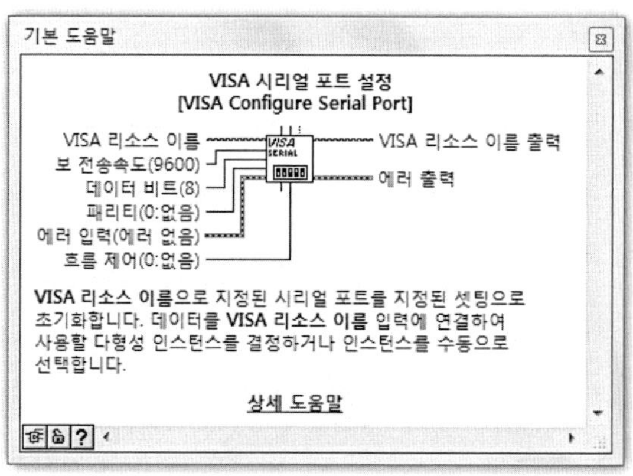

그림 6.7 도움말

2) 실행취소 <Ctrl + Z> : 최근에 실행한 작업을 되돌린다.

3) 깨진 와이어 제거 <Ctrl + B> : 블록 다이어그램에 있는 모든 깨진 와이어가 제거한다.

4) 프런트패널/블록 다이어그램 보이기 <Ctrl + E> : 프런트패널과 블록 다이어그램 간의 창 전환한다.

5) 공간 만들기 <Ctrl + 마우스 드래그> : Ctrl 키를 누른 상대로 마우스를 드래그하면 드래그한 만큼 공간이 생긴다.

지금까지의 LabVIEW 기본 동작을 이해한 후 실제 PLC를 제어하기 위해서는 통신에 관련된 기초적인 프로그램 기초 지식을 이해해야 한다. 우선 PLC와의 통신은 직렬로 수행되기 때문에 시리얼 포트 설정포트부터 설정해야 한다. LabVIEW에서 시리얼 데이터 통신을 하기 위해서는 NI-VISA 드라이버가 설치되어 있어야 하며 만일 설치가 되어 있지 않을때는 랩뷰 디바이스 드라이버 DVD를 삽입한 후 인스톨러를 이용하여 설치하거나 혹은 홈페이지에서 최신 드라이버 다운로드를 이용하여 설치한다.

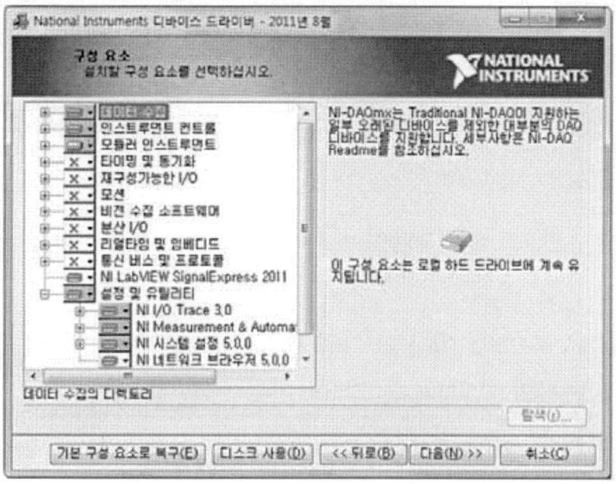

그림 6.8 드라이버 설치 화면

이 때 모든 NI 디바이스와 관련 소프트웨어를 제공하는 NI 디바이스 드라이버 기능 목록을 검토하고 기본으로, Instrument Control (NI-488.2 및 NI-VISA 모두 포함), NI Spy, Data Acquisition, NI Measurement & Automation Explorer가 선택되는지를 확인한다.

시리얼 드라이버가 설치된 후 시리얼 통신을 하기 위해서는 먼저 시리얼 통신 포트 설정하는 부분은 '함수 팔레트 > 데이터 통신 > 프로토콜 > 시리얼 > VISA 시리얼 포트'이며 이를 블록 다이어그램에 놓는다.

이후 전송 속도 및 통신 규약을 결정하도록 한다. 이때 전송속도 터미널 위에 마우스 커서를 올려놓고 마우스 오른쪽을 클릭한다.

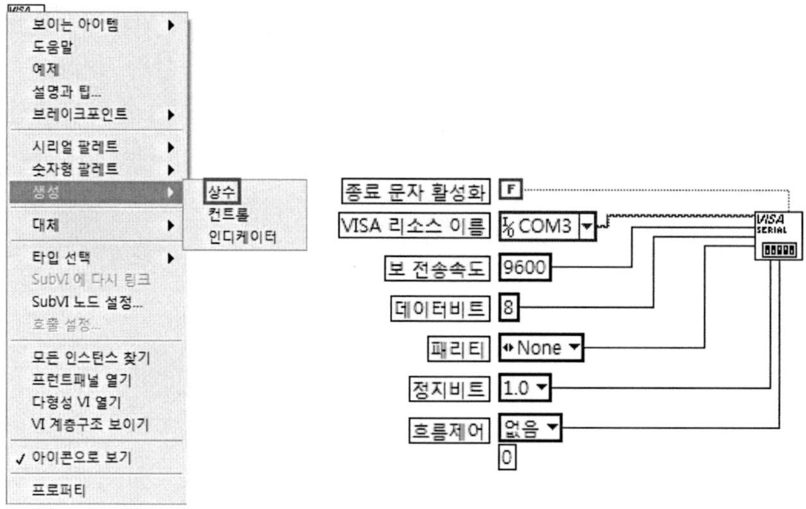

그림 6.9 시리얼 통신 설정 과정

기본 설정을 마치면 VISA 리소스 이름을 설정 한다. 그리고 PLC가 연결된 시리얼 포트를 설정한다. 이때 PLC가 연결된 포트는 제어판 > 하드웨어 및 소리 > 장치 관리자 > 포트(COM & LPT)에서 확인 할 수 있다.

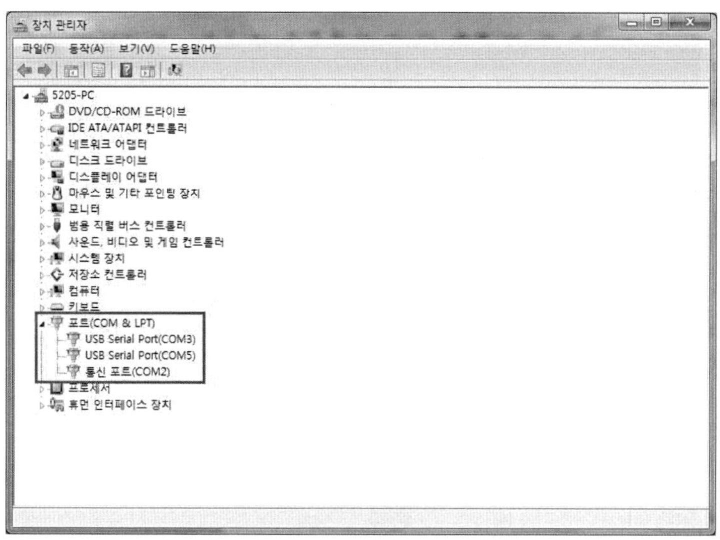

그림 6.10 통신 설정상태 확인

그리고 전송속도, 데이터비트, 패리티, 정지비트, 흐름제어에 관한 부분을 PLC의 설정과 동일하게 설정한다. 설정이 마쳐지면 다음과 같이 기본 함수 배치한다.

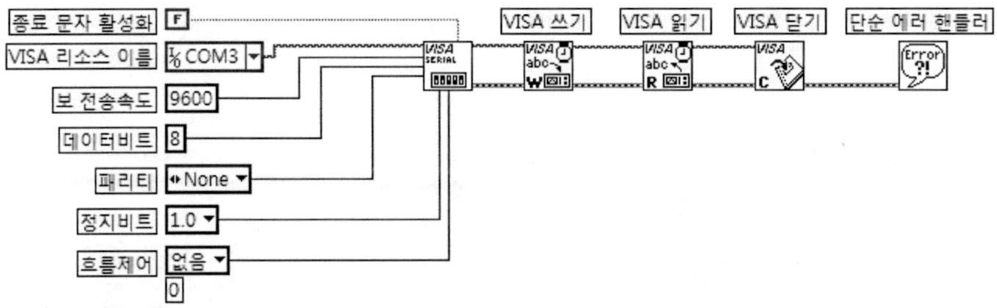

그림 6.11 통신 규약 및 통신 기본 프로그램 구성

1) 함수 팔레트 > 데이터 통신 > 프로토콜 > 시리얼 > VISA 쓰기
2) 함수 팔레트 > 데이터 통신 > 프로토콜 > 시리얼 > VISA 읽기
3) 함수 팔레트 > 데이터 통신 > 프로토콜 > 시리얼 > VISA 닫기
4) 함수팔레트 > 프로그래밍 > 대화상자 & 사용자 인터페이스 > 단순 에러 핸들러

여기서 단순 에러 핸들러는 오류가 발생한 경우, 에러를 대화상자에 표시해주는 기능으로 에러 디버깅시 사용된다. 이와 같이 시리얼 연결이 마쳐지면 PLC와 본격적인 통신을 수행한다. 시리얼 연결은 RS232방식 혹은 RS485방식을 사용하며 하드웨어 결선 및 통신 방식은 PC와 PLC 제공 업체의 사양에 따른다. LS산전의 PLC와 통신하기 위한 요청 통신 규약은 시작할 때 아스키코드 5번(ENQ), 끝날 때 4번(EOT)를 붙여주기로 약속이 되어 있다. 향후 통신 규약에 대해 자세히 다뤄보도록 하고 지금은 LabVIEW의 설정 과정만 살펴본다.

표 6.1 명령 프로토콜 헤드 및 테일 코드

코드	Hex 값	명 칭	제어내용
ENQ	H05	Enquire	요구용 프레임의 시작 ASCII 코드
EOT	H04	End of Text	요구용 프레임의 마감 ASCII 코드

아스키코드 5번과 4번은 키보드에 없는 문자이기 때문에 바이트배열을 문자열로 변환하는 방법을 통하여 작성해주어야 한다. 이를 위해 첫 번째로 상수배열(함수 팔레트 > 프로그래밍 > 배열 > 배열상수)를 생성한 후 숫자형 상수를 배열에 넣어 문자열을 생성한다.

이후 바이트배열(함수 팔레트 > 프로그래밍 > 문자열 > 문자열/배열/경로 변환 > 바이트배열)을 문자열로 만든 후 문자열 연결(함수 팔레트 > 프로그래밍 > 문자열 > 문자열 연결)을 이용하여 데이터를 연결한다. 문자열 연결 터미널 개수는 드래그하면 늘릴 수 있다.

그리고 문자열 연결 터미널 중 가운데 터미널에서 컨트롤 생성을 클릭하여 문자열 컨트롤을 만들어준다. 이때 프런트 패널에 문자열 컨트롤이 자동으로 생성된 것을 확인할 수 있다.

PLC와의 통신에 제대로 수행되는지를 알기 위해서는 PLC의 응답을 확인해야 한다. 통신으로부터 읽어와야 할 글자의 개수를 알기 위해서 프로퍼티 노드를 생성한다. 이를 위해 먼저

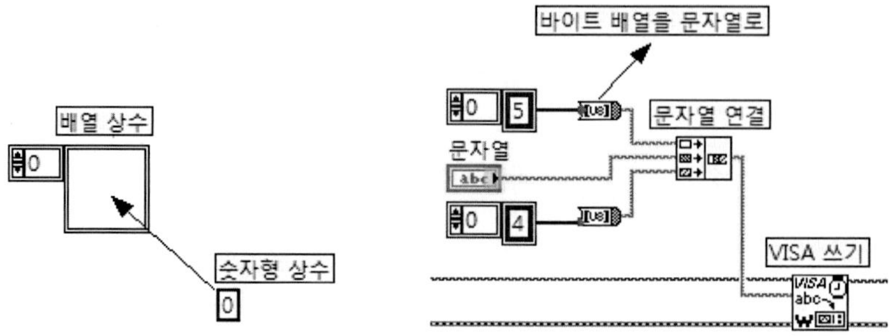

그림 6.12 PLC 통신을 위한 기본 구성

프로퍼티 노드(함수 팔레트 > 프로그래밍 > 어플리케이션 컨트롤 > 프로퍼티 노드)를 생성 한 후 프로퍼티 노드에서 시리얼 통신 byte수를 선택하여 전송할 데이터의 개수를 정해야 한다.

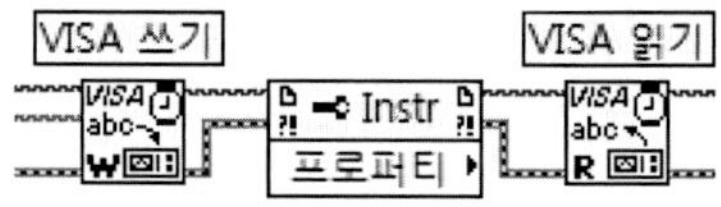

(a) 프로퍼티 노드 생성

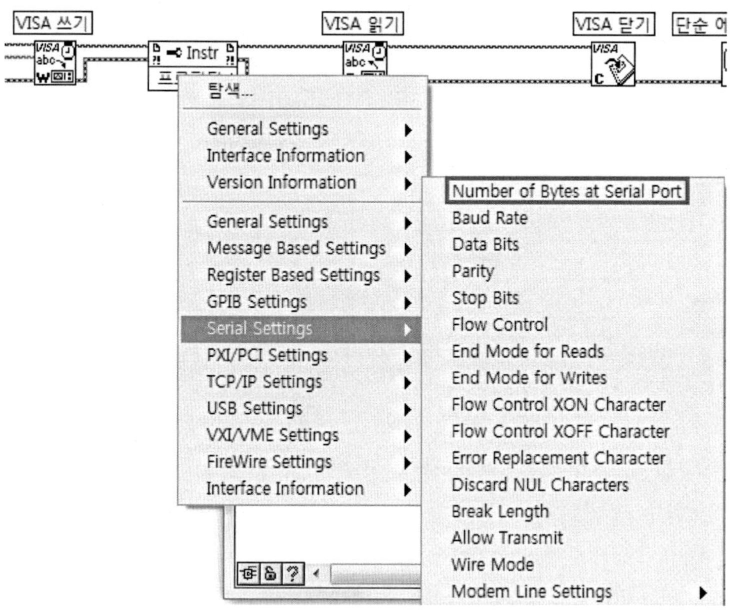

(b) 프로퍼티 노드 설정

그림 6.13 프로퍼티 노드 생성 및 설정

그리고 VISA 읽기에서 버퍼 읽기 터미널에 마우스 커서를 올리고 인디케이터(마우스 오른쪽 클릭 > 생성 > 인디케이터)를 클릭한다. 통신이 너무 빠르면 오류가 날 수 있기 때문에

VISA 쓰기와 VISA 읽기 사이에 0.5초 쉬는 시간을 만들어 주는 것이 좋다.

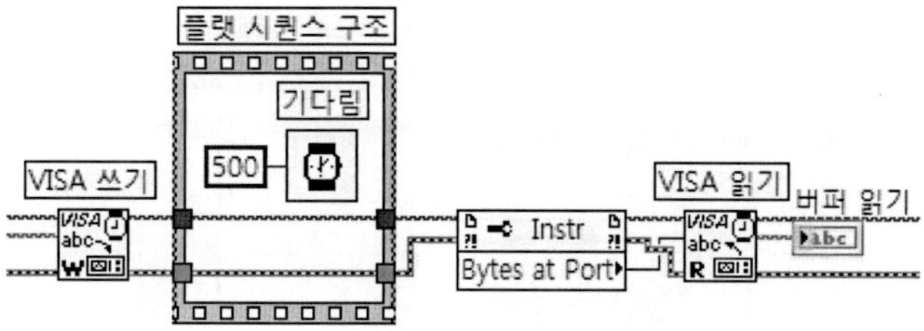

그림 6.14 LabVIEW에서의 PLC 통신 읽기 구성

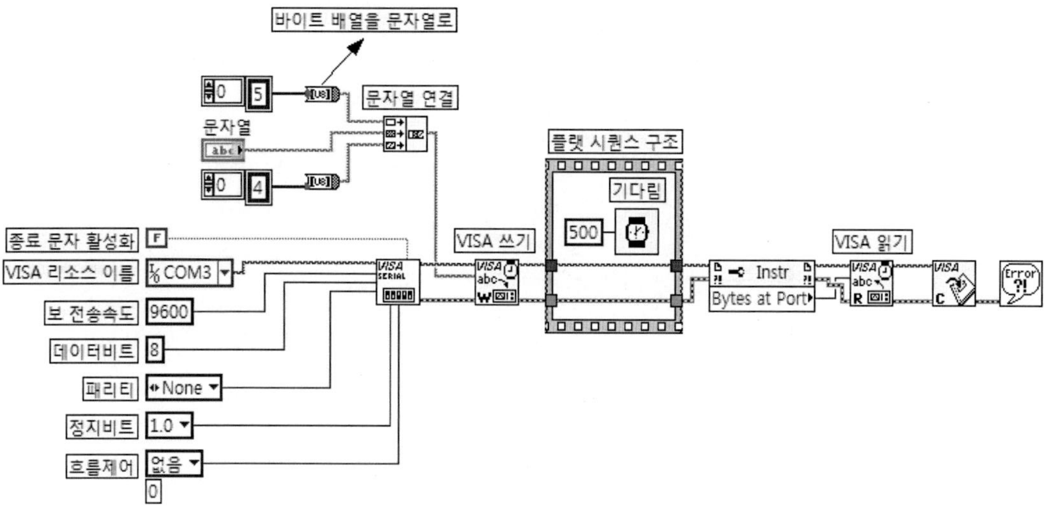

그림 6.15 LabVIEW PLC 통신 프로그램 기본 구성

지금까지 잘 따라 했다면 그림 6.15와 같이 블록 다이어그램이 완성되었을 것이다. 그러나 이것은 너무나 복잡하기 때문에 한눈에 알아보기가 쉽지 않다. 따라서 SubVI를 생성하여 블록 다이어그램을 좀 더 쉽게 알아볼 수 있게 만들어 보자. 먼저 그림 6.14와 같이 SubVI를 만들고자 하는 부분을 드래그를 실시한다. 그런 다음 SubVI 생성(편집 > SubVI 생성)을 선택하여 블록으로 잡은 부분을 SubVI로 생성한다.

그림 6.16과 같이 SubVI가 생성되면 이를 사용자가 인지하기 쉽게 하기 위해 생성된 SubVI를 더블클릭하여 환경을 변경한다. 이때 새롭게 생성된 창의 오른쪽 상단 부분을 더블클릭하여 아이콘 변경을 실시한다.

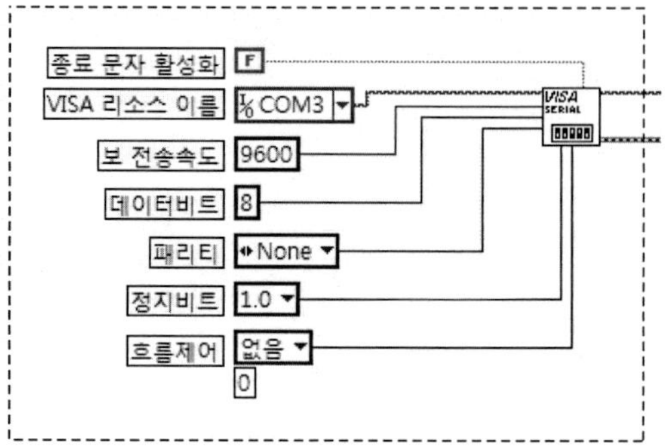

(a)

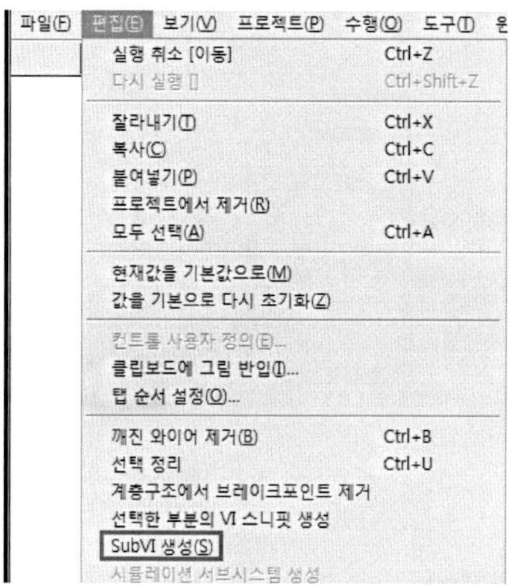

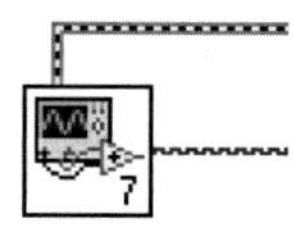

(b) (c)

그림 6.16 SubVI 생성 과정

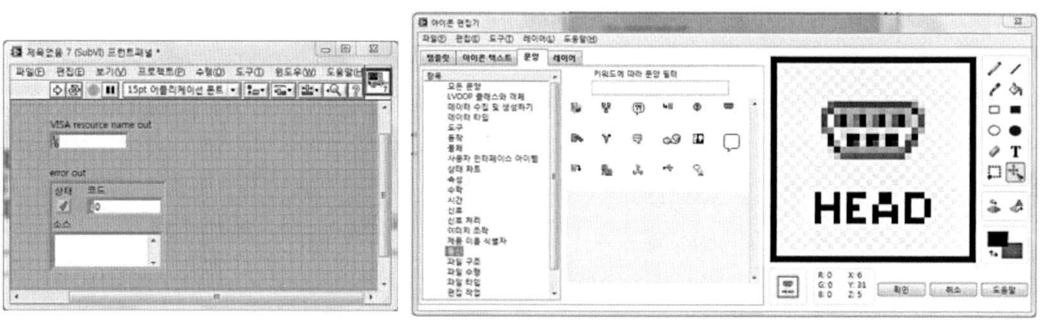

그림 6.17 SubVI 아이콘 변경

그림 6.17과 같이 아이콘을 변경한 다음 터미널 설정해보자. 아이콘에서 마우스 오른쪽을 클릭한 후 커넥터 보이기를 클릭한다. 그런 다음 터미널 추가 및 터미널 제거를 통해 원하는 터미널 형상 및 기능을 정의한다.

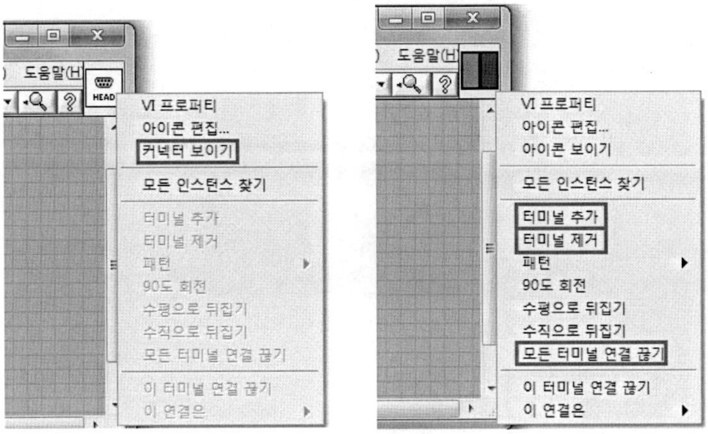

그림 6.18 커넥터 편집

이렇게 구성된 PLC와의 통신을 수행하기 위한 LabVIEW 프로그램을 그림 6.19와 같이 최종 구성된다.

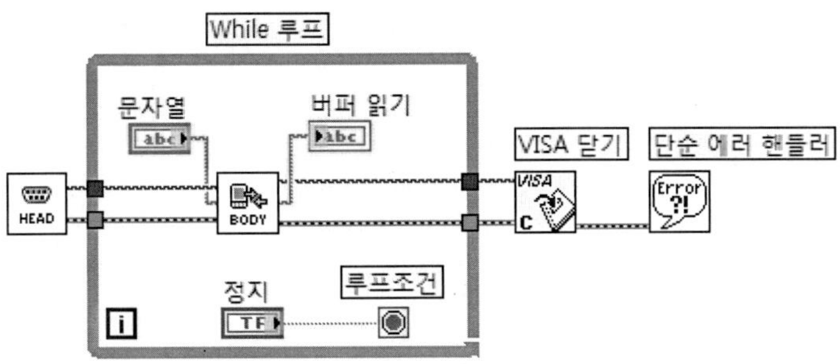

그림 6.19 LabVIEW 통신 프로그램

6.2 PC와 PLC간의 하드웨어 접속

통신은 RS232, RS422, RS485 통신으로 연결한다. PLC의 통신은 구조화된 명령어를 사용하는 HMI 방식과 직접 메모리를 접근하여 제어하는 MOD 버스 방식의 두 가지 제어방법을 많이 사용한다. 초보자는 HMI 방식이 사용하기 편하나, 전문가들은 제어양과 속도를 높일 수 있는 MOD 버스 방식도 많이 사용한다. 이 책에서는 HMI 방식을 설명하며 MOD 버스는 해당 PLC 업체의 홈페이지에서 참조 할 수 있다.

(1) 통신모듈을 이용한 연결

PLC 업체에서는 통신모듈을 판매하고 있어서 이를 PC와 연결하면 된다. RS232의 케이블은 바로 널모데 케이블을 이용하여 연결하면 된다. 그림 6.20은 국내의 PLC 업체에서 통신 모듈이다.

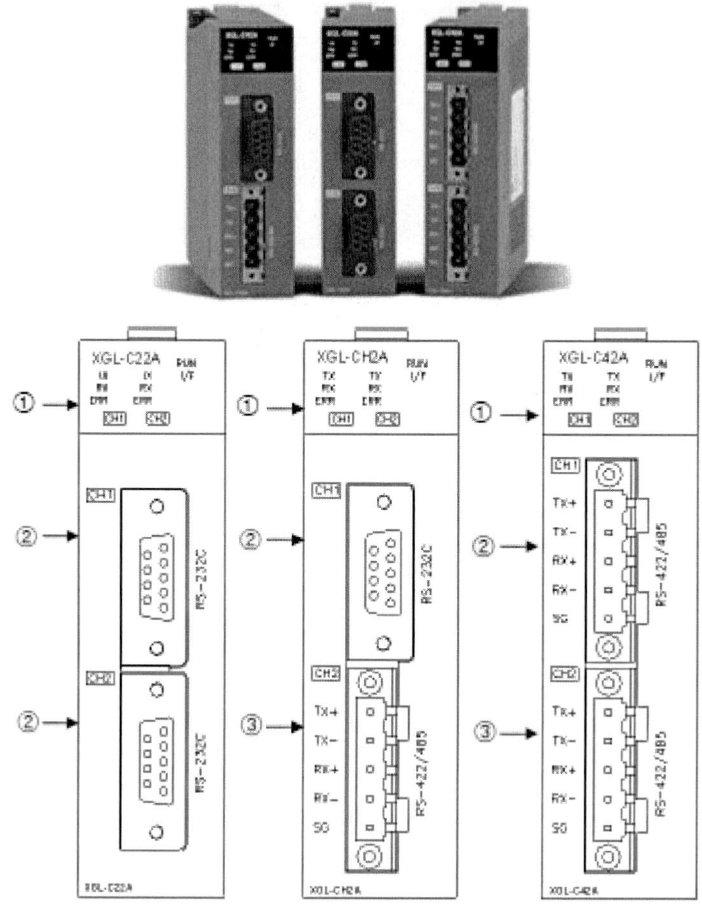

그림 6.20 PLC 통신모듈

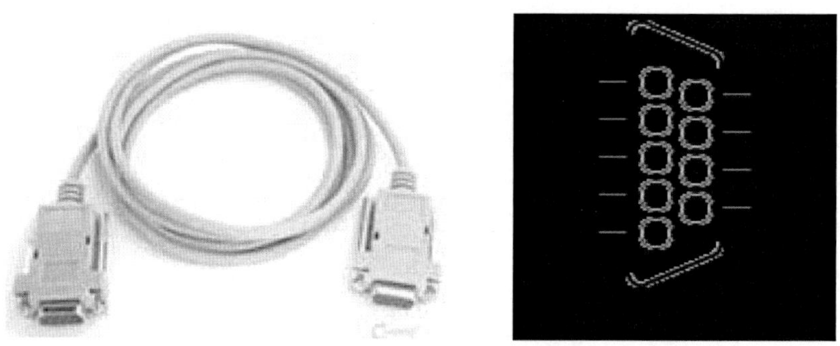

그림 6.21 시리얼통신 케이블

9핀			9핀	
5	GND	-	5	GND
3	TX	-	2	RX
7	RTS	-	8	CTS
1+6	DSR	-	4	DTR
2	RX	-	3	TX
8	CTS	-	7	RTS
4	DTR	-	1+6	DSR

그림 6.22 시리얼통신 핀배치도

표 6.2 통신 핀의 상세 기능

핀	신호명	Dir	설 명
1	DCD (D-carrier detect)	In	모뎀이 컴퓨터 또는 터미널에게 자신이 송수신 가능한 상태임을 알려주는 신호선
2	RX (Receive data)	In	외부 장치에서 들어오는 직렬통신 데이터를 입력받는 신호선
3	TX (Transmit data)	Out	비동기식 직렬통신 장치가 외부 장치로 정보를 보낼 때 데이터가 나오는 신호선
4	DTR (D-term ready)	Out	컴퓨터 또는 터미널이 모뎀에게 자신이 송수신 가능한 상태임을 알리는 신호선
5	GND (Signal ground)		
6	DSR (Data set ready)	In	모뎀이 컴퓨터 또는 터미널에게 자신이 송수신 가능한 상태임을 알려주는 신호선
7	RTS (Request to send)	Out	컴퓨터와 같은 DTE장치가 모뎀 또는 프린터와 같은 DCE장치에게 데이터를 받을 준비가 됐음을 나타내는 신호선
8	CTS (Clear to send)	In	모뎀 또는 프린터와 같은 DCE장치가 컴퓨터와 같은 DTE장치에게 데이터를 받을 준비가 됐음을 나타내는 신호선
9	RI (Ring indicator)		상대편 모뎀이 통신하기 위해서 먼저 전화를 걸어오면 전화벨이 울리게 된다. 이때 이 신호를 모뎀이 인식하여 컴퓨터 또는 터미널에 알려주는 신호선이며 일반적으로 컴퓨터가 이 신호를 받게 되면 전화벨 신호에 응답하는 프로그램을 인터럽터등을 통해서 호출

(2) 래더 프로그램 다운로드용 단자를 이용한 경제적인 연결

래더 프로그램을 PLC에 전송하기 위해서는 보통 RS232의 TX, RX를 사용한다. 그리고 LS 산전에서는 이 9핀에 또 다른 통신 단자를 제공함으로 다음에 기술하는 케이블을 제작하여 연결하면 별도의 통신모듈을 구매하지 않아도 저렴하게 통시제어를 할 수 있다. 필자도 널모뎀에 별도의 어뎁터를 제작하여 사용하고 있다.

그림 6.23에서와 같이 PLC에 연결되 9핀중에 2번과 3번은 PLC 레더 프로그램을 다운로드 하는데 사용하고 4번과 7번은 PC의 3번과 2번에 연결하면 통신으로 제어를 할 수 있다.

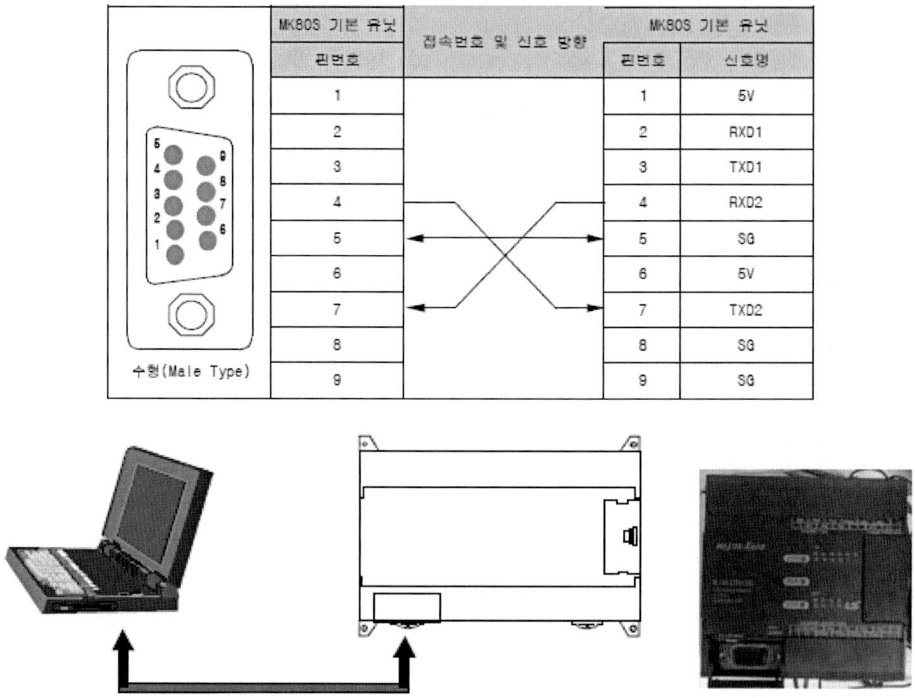

그림 6.23 LS 산전 PLC 통신선 연결

(3) PLC에 설정된 RS485 시리얼 통신 단자 이용

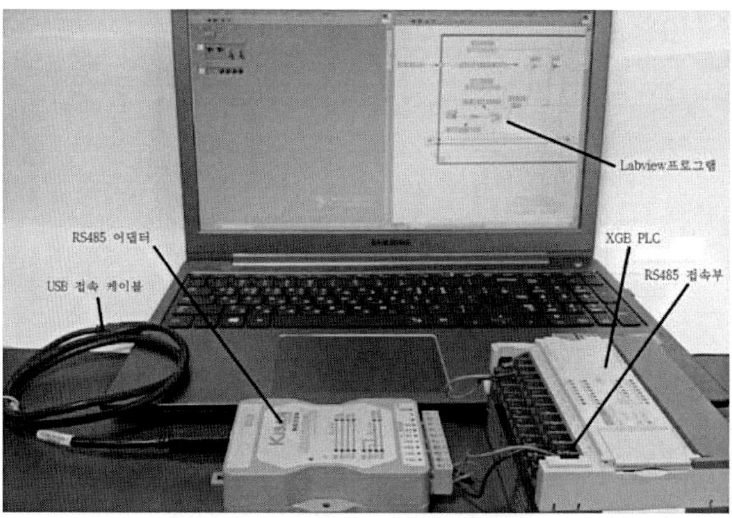

그림 6.24 RS485를 이용한 PC와 PLC 연결

시리얼 라인을 통해 PC와 PLC간의 통신을 수행할 때 사용하는 방식이다. 랩뷰를 이용하여 PC에 응용 프로그램을 만들 때 PLC와의 정보 교환을 위한 시리얼 통신이 필요할 때 사용된다. 하드웨어는 RS485방식을 사용하지만 PC입장으로 봐서는 일반 시리얼 COM포트를 이용하여 통신을 수행한다. 다만 RS232와 RS485간에는 하드웨어적으로 신호선이 다르기 때문에 이를 변환시켜주는 트랜시버가 요구된다.

6.3 PLC와의 통신 프로토콜

PLC를 구동하기 위해서는 래더 다이어그램을 이용하여 PC에서 작성한 후 컴파일 하고 다운로드하여 수행시키거나 혹은 로더를 이용하여 프로그램 작성 후 다운로드해서 사용하는 방법이 일반적이다. 하지만 PLC에는 통신 기능을 가지고 있기 때문에 컴퓨터에서 가진 시리얼통신 채널을 통해 온라인 연결된 상태에서 제어할 수 있는 구조를 가지고 있다. 따라서 컴퓨터는 모니터를 통해서 GUI 환경을 구축하여 PLC의 동작을 모니터링 하거나 제어를 실시간으로 할 수 있다. 이를 위해 컴퓨터 시리얼 포트에 RS232 케이블을 연결하고 핀번호 2(RX), 3(TX)번을 연결하면 통신을 주고 받을 수 있으며 프로토콜을 잘 설정하면 PC에서 별도의 래더 다이어그램을 작성하지 않고 온라인 연결된 상태에서 PLC제어를 수행할 수 있다. 이때 통신 구조는 다음과 같다.

(1) 요구 프레임(외부 통신 기기 → Cnet I/F 모듈)

헤더 (ENQ)	국번	명령어	명령어 타입	구조화된 데이터 영역	테일 (EOT)	프레임 체크 (BCC)

(2) 응답 프레임

가) ACK 응답 프레임(Cnet I/F 모듈 → 외부 통신 기기, 데이터 정상 수신 시)

헤더 (ACK)	국번	명령어	명령어 타입	구조화된 데이터 영역 또는 Null 코드	테일 (ETX)	프레임 체크 (BCC)

나) NAK 응답 프레임(Cnet I/F 모듈 → 외부 통신 기기, 데이터 비정상 수신 시)

헤더 (NAK)	국번	명령어	명령어 타입	에러 코드(ASCII 4 Byte)	테일 (ETX)	프레임 체크 (BCC)

그림 6.25 PLC 송신 패킷 형식

또한 PLC에서 컴퓨터로 응답하는 통신 패킷은 다음과 같이 표현되며 적절한 프로그램을 제작하여 PLC의 데이터를 수신할 수 있다.

상기 프로토콜을 이용하여 PLC에 각기 다른 명령을 수행시킬 수 있다. PLC제조업체별로 통신 구조 및 통신 명령은 다르나 대체적으로 다음과 같은 명령을 동작 시킬 수 있다.

항목 \ 구분		명령어				처리 내용
		주 명령어		명령어 타입		
		기호	ASCII 코드	기호	ASCII 코드	
디바이스 읽기	개별읽기	r(R)	H72(H52)	SS	5353	Bit, Word 형의 직접 변수 읽기
	연속읽기	r(R)	H72(H52)	SB	5342	Word 형의 직접 변수를 블록 단위로 읽기 (Bit 연속 읽기는 허용되지 않습니다)
디바이스 쓰기	개별쓰기	w(W)	H77(H57)	SS	5353	Bit, Word 형의 직접 변수에 데이터를 쓰기
	연속쓰기	w(W)	H77(H57)	SB	5342	Word 형의 직접 변수에 블록 단위 쓰기 (Bit 연속 쓰기는 허용되지 않습니다)

그림 6.26 PLC 통신 명령어

프로그램을 원격 제어하기 위해서는 PLC내부의 메모리 구조를 잘 알고 있어야 하며 메모리 내부의 특별한 메모리에 원하는 동작을 직접 명령하는 구조로 사용된다. 본 교재에서 예제로 사용되는 PLC의 메모리를 표현 하여 보았다.

표 6.3 PLC 메모리

영역	명 칭	크기	비트접점	워드데이터	읽기/쓰기	비고
P	입출력 릴레이	2,048점	P0000~P127F	P0000~P2047		
M	보조 릴레이	4,096점	M00000~M2047F	M0000~M2047		
K	킵 릴레이	40,960점	K00000~K2047F	K0000~K2047		
F	특수 릴레이	4,096점	F00000~F2047F	F0000~F2047	쓰기불가	
T	타이머 (현재값)	255점	T0000~T2047	T0000~T2047		(주1)
C	카운터 (현재값)	255점	C0000~C2047	C0000~C2047		(주1)
L	링크 릴레이	20,480점	L00000~L11263F	L0000~L11263		
N	통신데이터 레지스터	128	사용불가	N00000~N21503		
D	데이터 레지스터	5,120	D00000.0~D32767.F	D00000~D32767		

(주1) 타이머와 카운터에서 워드 데이터는 해당 비트접점의 현재값을 나타냅니다.

이 메모리에 적당한 동작을 위한 변수를 입력하면 PLC는 해당 동작을 수행하게 된다. 그리고 만들어진 프로그램을 시리얼 통신을 이용하여 해당 메모리에 데이터를 쓰게 된다. 전체 시스템 구성은 PC에서 랩뷰를 사용하며 RS485를 통하여 PLC를 연결한 후 동작을 수행하게 된다. 이때 사용되는 PC용 환경이 LabVIEW이며 자체적으로 가지는 풍부한 UI를 이용하고 내장된 시리얼 인터페이스를 통하여 쉽게 PLC로 명령을 보낼 수 있다. 이때 LabVIEW에서 제공하는 VISA SUB-VI를 이용하는데 마치 파일을 열고 읽고 쓰는 개념을 가지고 제어 할 수 있다. 그림 6.27은 LabVIEW에서 제공하는 LabVIEW 함수를 이용하여 PLC에 원하는 명령을 입력하고 또 모니터링 한 결과를 출력하는 프로그램으로 이를 응용하여 다양한 형태의 PLC 프로그램을 만들 수 있다.

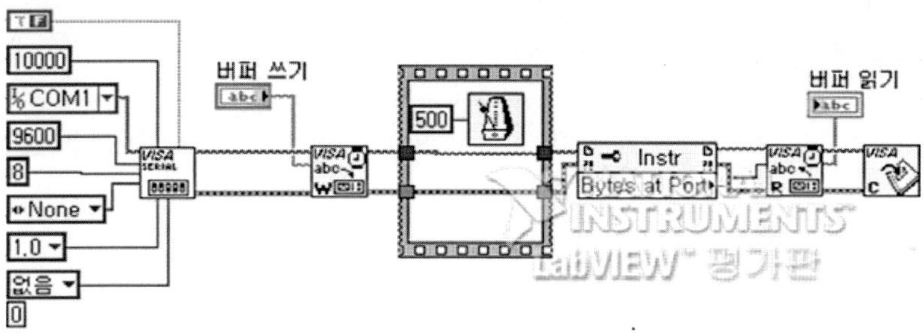

그림 6.27 LabVIEW 시리얼 기본 구조

다음 프로그램은 이러한 기본 함수를 사용하여 PLC에 임의의 동작 데이터를 전달하고 동작된 내용을 수신하는 과정을 나타내고 있다. 프로그램은 While 문의 경계선에 마우스 오른쪽 키를 눌러 메뉴에서 "시프트 레지스터 추가"를 선택하면 오른쪽 그림과 같이 분홍색의 시프트 레지스터가 추가하고 있다. 그리고 while 문 초기에서 저장된 값과 새로 계측한 스위치의 값 사이에 변화가 있으면 "PLC 출력"을 실행하고 그렇지 않으면 "PLC 입력"을 실행하여 PLC에서 수행된 결과를 볼 수 있다.

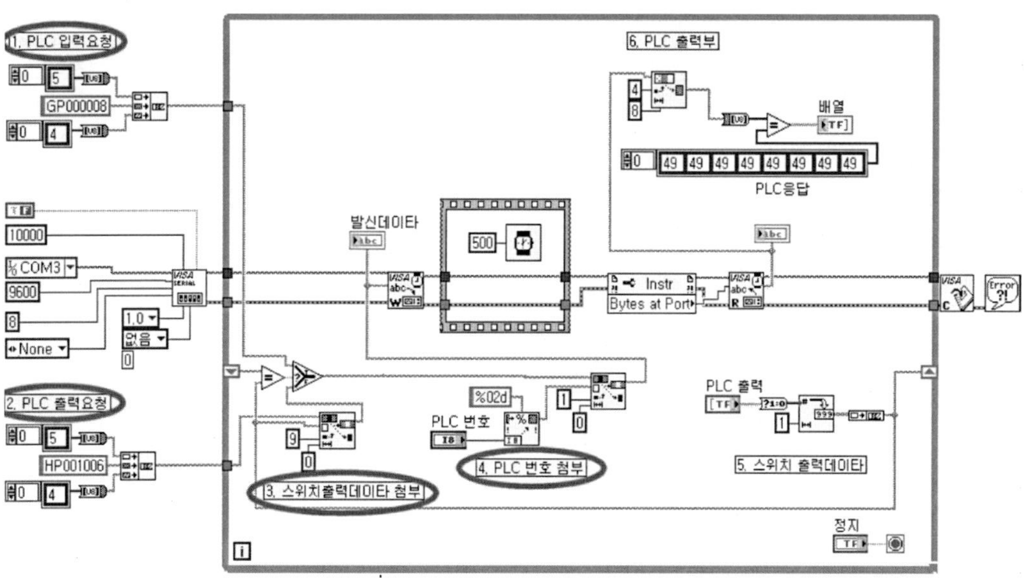

그림 6.28 PLC 통신 프로그램

이제 쓰기 프로토콜을 이용한 LS산전 PLC를 구동하여 보자. 다음은 국번이 '00'인 PLC의 'P004'번지에 워드단위(W)로 네 개의 출력이 모두 켜지게(000F) 쓰기(WSS) 프로토콜이다.

ENQ 00 WSS 01 04 %PW4 000F EOT

구체적인 동작은 다음과 같다.

표 6.4 출력 프로토콜 예제

프로토콜	설 명
ENQ	요청 프로토콜의 시작 ASCII 코드 5번
00	국번 (PLC번호)
WSS	쓰기 명령문
01	블록수. <[변수 길이][변수 이름]>으로 구성된 블록이 이 요청 포맷에 몇 개가 있는 지를 지정하는 것으로 최대 16 개의 블록까지 설정할 수 있습니다. 이 프로토콜의 경우에는 <04%PW4>가 한 블록입니다.
04	변수길이. 이 프로토콜의 경우에는 <%PW4>, 즉 4글자이므로 04입니다.
%PW4	변수이름. %[번지][단위][번지수] %는 변수이름 앞에 항상 붙여주기로 한 약속입니다. 이 프로토콜의 경우, P는 번지, W는 워드 단위, 4는 번지수 입니다. 즉, % [P] [워드단위] [004] 라는 뜻입니다. 04%PW4 = 05%PW04 = 06%PW004 = … = 10%PW0000004 모두 같은 번지이름으로 취급되지만, 변수길이가 다릅니다.
000F	데이터. 데이터 포맷은 000A 이런 식이 되어야 합니다. 이 프로토콜의 경우, 000F, 즉 P40, 41, 42, 43 네 개의 출력을 모두 켜지게 하는 프로토콜입니다.
EOT	요청 프로토콜의 마감 ASCII 코드 4번

즉, LS산전 PLC의 요청 프로토콜은 표 6.5와 같이 이루어져 있으며 위에 예로든 프로토콜의 경우엔 다음과 같이 대응된다.

표 6.5 통신 프로토콜 예시

ENQ	국번	명령어	구조화된 데이터	EOT
ENQ	00	WSS	0104%PW4000F	EOT

사용되는 데이터는 16진수 형태의 숫자이며 16진수 한 글자는 2진수 네 글자로 나타낼 수 있다. 이때 2진수에서 '0'은 '출력 OFF', '1'은 '출력 ON'을 나타내게 되는데 16진수 한 글자는 네 개의 출력단자를 제어할 수 있다.

출력	2진수	10진수	16진수
40 41 42 43	1101	$\mathbf{1} \times 2^0 + \mathbf{1} \times 2^1 + \mathbf{0} \times 2^2 + \mathbf{1} \times 2^3 = 11$	B
40 41 42 43	0010	$\mathbf{0} \times 2^0 + \mathbf{0} \times 2^1 + \mathbf{1} \times 2^2 + \mathbf{0} \times 2^3 = 4$	4
40 41 42 43	1100	$\mathbf{1} \times 2^0 + \mathbf{1} \times 2^1 + \mathbf{0} \times 2^2 + \mathbf{0} \times 2^3 = 3$	3
40 41 42 43	1111	$\mathbf{1} \times 2^0 + \mathbf{1} \times 2^1 + \mathbf{1} \times 2^2 + \mathbf{1} \times 2^3 = 15$	F

그림 6.29 2진 데이터

쓰기 명령문은 WSS이며 쓰고 싶은 데이터가 구조화된 데이터 마지막에 붙게 된다.

이미 만들어 놓은 VI에 쓰기 프로토콜 'ENQ00WSS0104%PW4000FEOT'을 넣어 실행해 보자. 시작과 끝을 알리는 아스키코드 5번(ENQ), 4번(EOT)은 이미 기초 회로를 만들 때 넣어 주었기 때문에 문자열에 써 넣을 필요가 없다.

그림 6.30처럼 버퍼 읽기에 응답이 오고 PLC의 출력 LED OUT 40, 41, 42, 43에 모두 출력이 나가는 것을 확인할 수 있다. 프런트 패널을 좀더 알아보기 쉽게 만들어 보기 위해 데이터의 마지막 한 글자를 토글 스위치로 대체 할 수 있다.

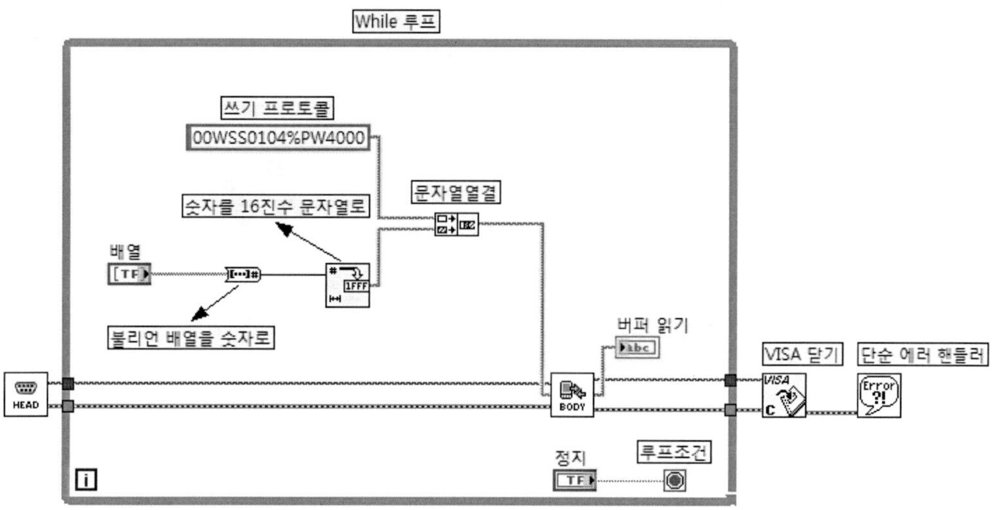

그림 6.30 PLC 내용 쓰기 예제 프로그램

불리언 배열은 문자열과 데이터 형이 다르기 때문에 형 변환을 해줘야 하는데 불리언 배열에서 문자열로 바로 바꿔주는 함수가 없기 때문에 불리언 배열을 숫자 형으로, 다시 숫자 형을 문자열로 바꿔줘야 한다.

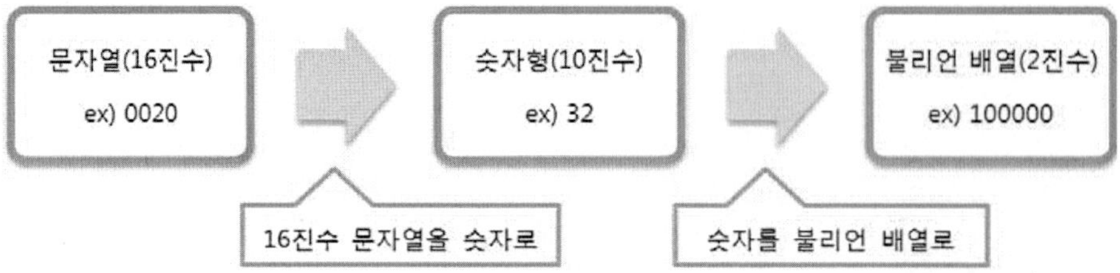

그림 6.31 데이터 변환 과정

다음은 PLC 읽기 프로토콜을 이용한 입력 제어에 대해 알아보자. 이전에 만들었던 기초 회로 VI에 읽기 프로토콜[ENQ00RSS0104%PW0EOT]을 넣어 VI를 실행한다. 출력제어에서 사용했던 쓰기 프로토콜과는 다르게 프로토콜에 데이터가 들어가지 않지만 PLC에서 돌아오는 응답에 데이터가 포함되어 있다. 이러한 프런트패널을 좀 더 알아보기 쉽게 만들어 보자.

컨트롤 팔레트 > 일반 > 배열, 행렬, 클러스터 > 배열을 누른후, 컨트롤 팔레트 > 일반 > 불리언 > 원형 LED을 누른다. 출력 제어에서 불리언 배열을 만들었던 것처럼 원형 LED를 배열 안에 넣어서 불리언 배열을 만든다. 그 후 오른쪽으로 늘려 LED가 여섯 개가 되도록 한다. 그러면 블록 다이어그램에 불리언 배열 인디케이터가 생성된 것을 볼 수 있다.

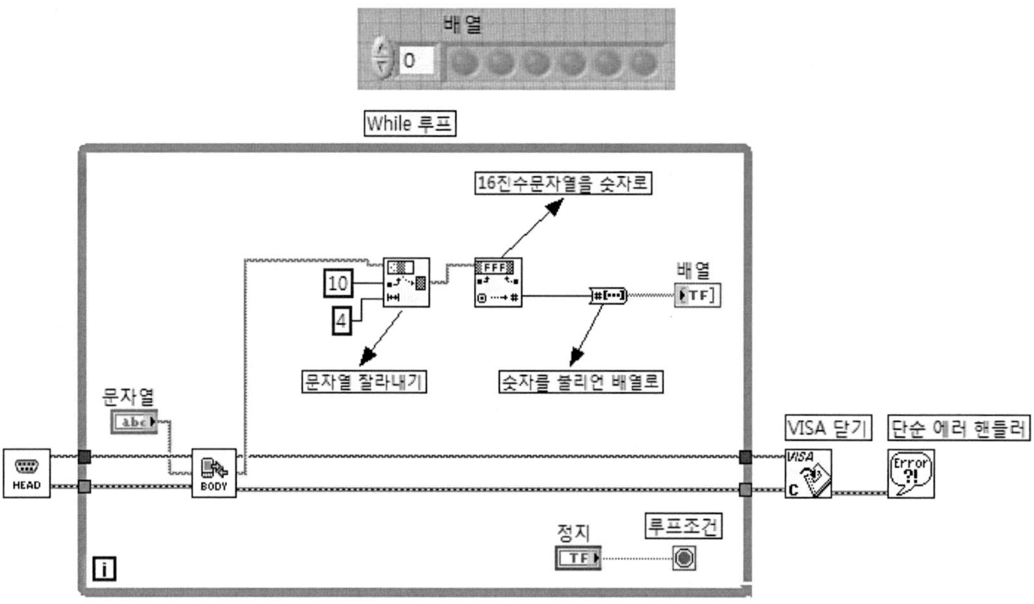

그림 6.32 PLC 내용 읽기 프로그램

다음은 입·출력을 모두 제어할 수 있는 프로그램을 만들어 보자. 입·출력 요청 문을 순차적으로 전송하여 안정적으로 PLC를 제어하는 프로그램을 작성한다.

이 프로그램의 기본적인 논리는 다음과 같다. "스위치 값이 변했을 땐 쓰기 프로토콜을 전송하고 그러지 않은 경우 읽기 프로토콜을 전송한다." 이 논리를 수행하려면 루프를 끝내기 전에 스위치 값을 포함하는 쓰기 프로토콜을 메모리에 저장해야 한다. 그 다음 루프에서 메모리에 저장된 이전 루프의 쓰기 프로토콜과 현재의 쓰기 프로토콜이 같은지 비교해야 하기 때문이다.

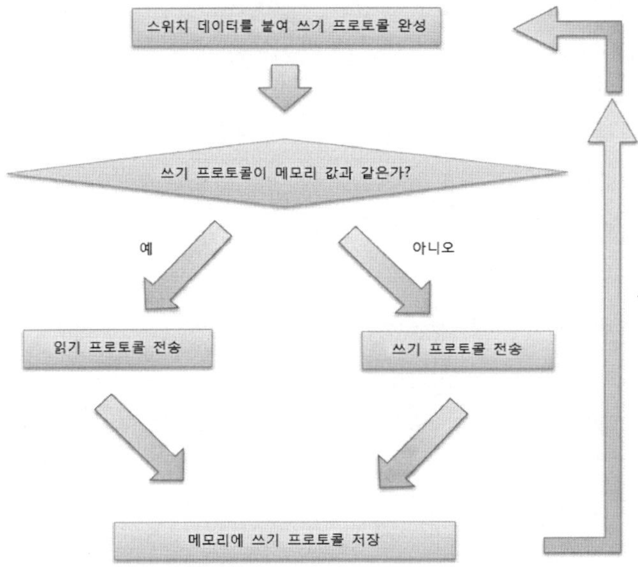

그림 6.33 PLC 읽기/쓰기 프로그램 블록 다이어그램

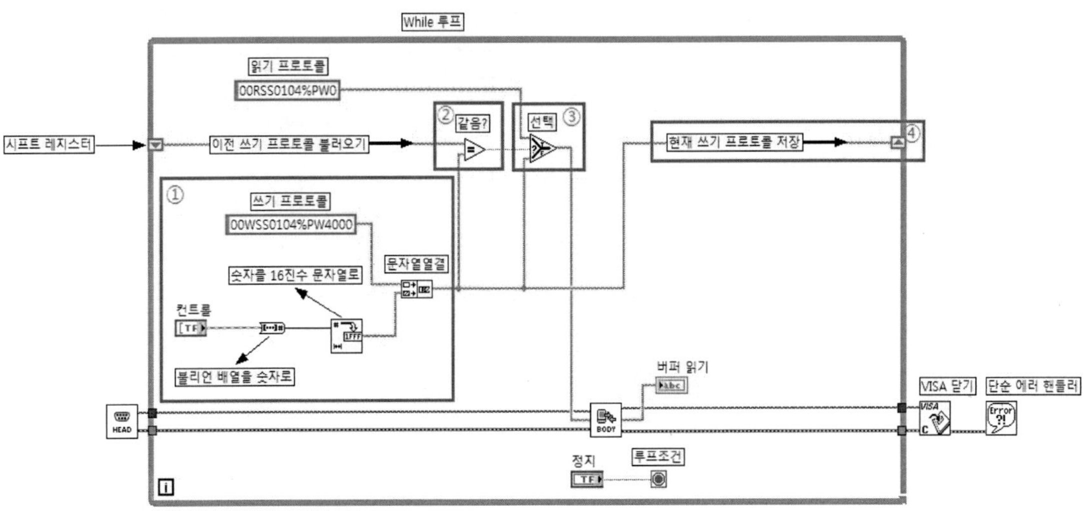

그림 6.34 PLC 읽기/쓰기 프로그램

시프트 레지스터는 쓰기 프로토콜이 변했는지 확인할 때 필요하다. 시프트 레지스터는 while 루프가 끝나기 전에 메모리에 쓰기 프로토콜을 저장하고 다음 루프에서 이전에 저장된 쓰기 프로토콜을 불러오게 된다.

6.4 LabVIEW이용 프로그램 실습

(1) 단일 입·출력 제어

입·출력 요청 문을 순차적으로 전송하여 PLC를 제어하는 예제를 만들어 보자 즉 "스위치 값이 변했을 땐 쓰기 프로토콜을 전송하고 그러지 않은 경우 읽기 프로토콜을 전송한다."는 논리를 수행하려면 루프를 끝내기 전에 스위치 값을 포함하는 쓰기 프로토콜을 메모리에 저장해야 해서 루프에서 메모리에 저장된 이전 루프의 쓰기 프로토콜과 현재의 쓰기 프로토콜이 같은지 비교 해야 한다. 전체 프로그램은 다음과 같이 만들 수 있다.

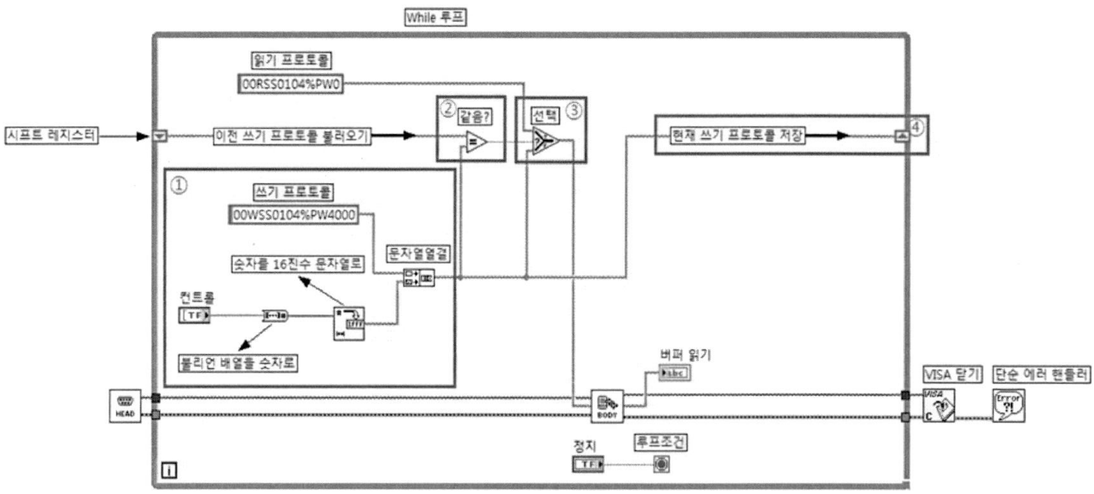

그림 6.35 입·출력 제어 프로그램

우선 함수팔레트 > 프로그래밍 > 비교 > 같음을 선택한 후, 함수팔레트 > 프로그래밍 > 비교 > 선택를 선택하여 프로그램을 작성한다. 여기서 시프트 레지스터를 사용해야하며 여기서는 while 루프가 끝나기 전에 메모리에 쓰기 프로토콜을 저장하고 다음 루프에서 이전에 저장된 쓰기 프로토콜을 불러온다.

스위치 데이터를 붙여 쓰기 프로토콜 완성한 후 출력제어의 블록다이어그램의 일부를 가져와 완성한다. 그리고 이전의 쓰기 프로토콜과 현재의 것이 같은지 비교해 스위치 값이 변경됐는지 확인한다. 이를 위해서는 읽기/쓰기 프로토콜 전송하고,

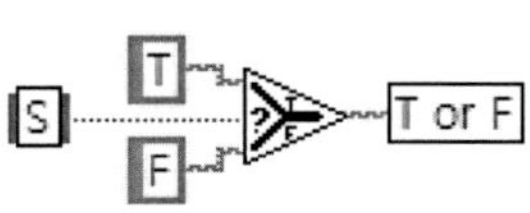

를 이용하여 선택하게 만든다. 여기서 S값이 참이면 T를 내보내고, S값이 거짓이면 F를 내보낸다.

이 동작을 수행하는 중에 좌측의 읽기 명령을 수행하면 우측의 회신값으로 응답한다.

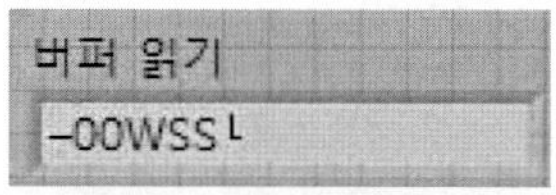

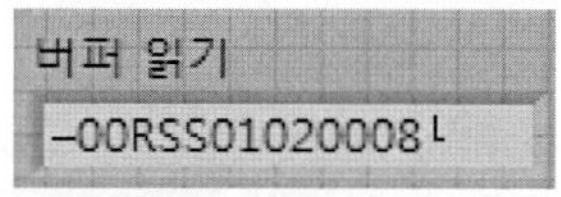

일단 프로그램이 완성되면 응답의 왼쪽에서 네 번째 글자가 W, R로 다른 것을 이용하여 읽기 프로토콜을 전송했을 때만 LED에 불이 켜는 실험을 수행한다.

전체 사용자 화면은 다음과 같다.

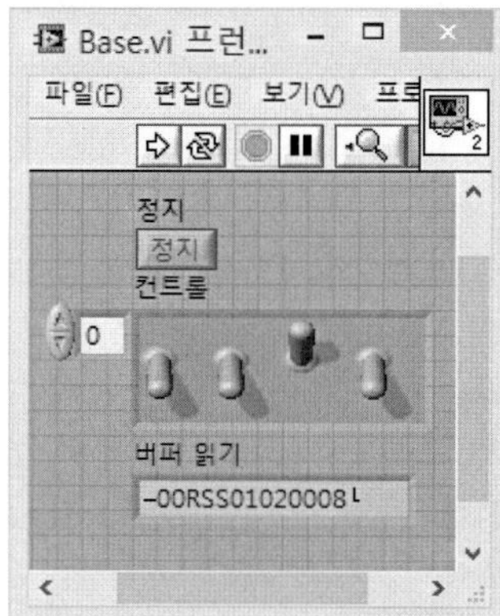

그림 6.36 입 · 출력 제어 프로그램 화면

PLC와 연결된 연계 동작을 수행하기 위해서는 PLC에 기본 프로그램을 다음과 같이 작성한다. 즉 입·출력의 동작 상태를 가장 간단한 형태로 가져가기 위한 기본 설정을 빈 프로그램으로 만든다.

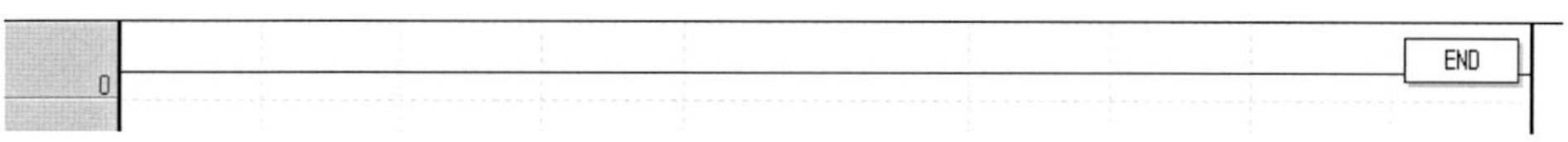

그림 6.37 입·출력 제어 PLC쪽 래더 프로그램

함수 팔레트 > 프로그래밍 > 구조 > 케이스 구조에서 케이스 선택자의 값에 따라 '참' 케이스 혹은 '거짓' 케이스를 구동한다. 위 경우엔 응답의 왼쪽에서 네 번째 글자가 R인지 아닌지 비교하고, 비교한 값을 케이스 선택자에 연결하였다. 이때 응답의 왼쪽에서 네 번째 글자가 R이면 '참' 케이스가 구동되고, 아니면 '거짓' 케이스가 구동된다.

이때 '참' 케이스 안에는 입력 제어에서 만들었던 블록 다이어그램의 일부를 가져다 쓰며 '거짓' 케이스는 그냥 비워두면 된다.

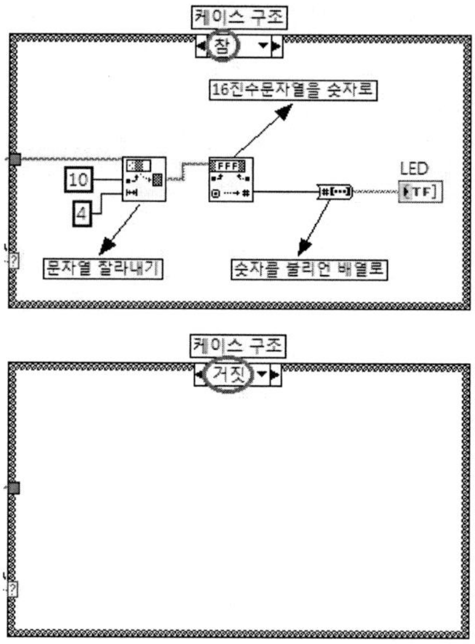

그림 6.38 입 · 출력 제어 조건문

전체 프로그램 구조는 다음과 같다. 그리고 프로그램이 완성 되었으면 사용자 패널상에서 토글 스위치를 차례로 ON/OFF하면서 PLC의 동작 여부와 화면상의 피드백결과가 일치하는지 확인한다.

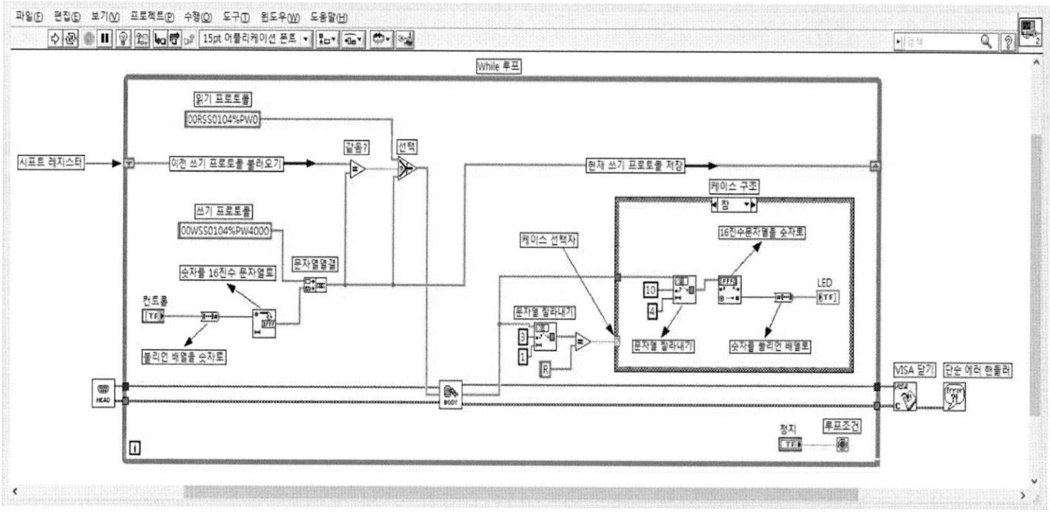

그림 6.39 입 · 출력 제어 전체 블록 다이어그램

(2) 카운터 제어

이번 예제는 P 00'을 입력으로 하여 카운트를 하고 카운트는 'C001' 번지에 저장된다. 그리고 카운트가 5가 되면 'P 40'으로 출력하게 한다. 그리고 'P 01'이 입력되면 카운트가 0으로

초기화된다.

PLC에 다음과 같이 기본적인 카운터 회로를 꾸며 주고 다운로딩한다.

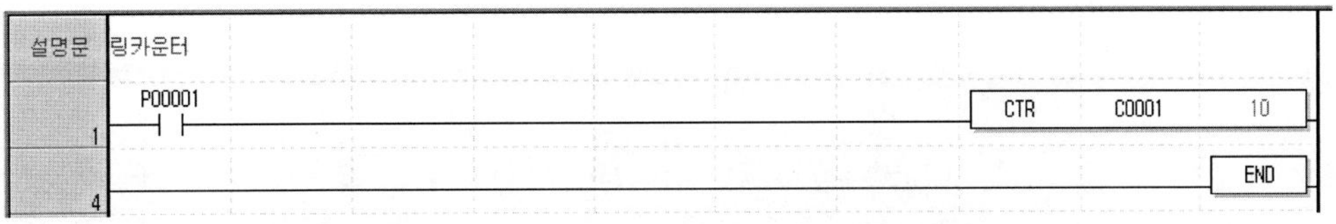

그림 6.40 카운터 제어 PLC쪽 래더 프로그램

전 실험에서 만들었던 로직에서 요청문만 'C0001'번지를 읽어오게 바꾼다.

00RSS0106%CW001

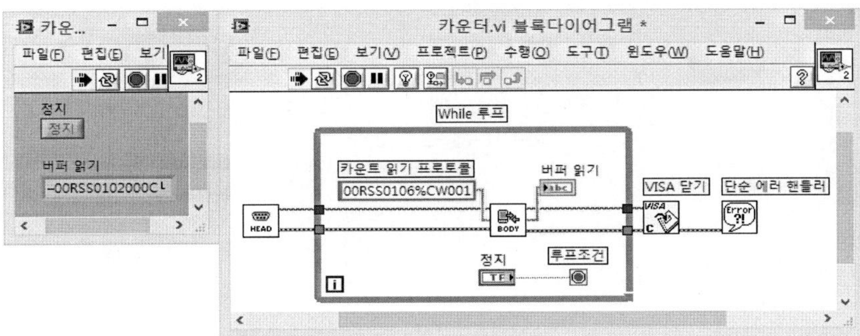

그림 6.41 카운터 표시 판단 블록 다이어그램

응답에서 밑줄 친 4글자가 카운트 데이터이다. 이때 16진수로 데이터가 출력 되므로 10진수로 바꾼다.

00RSS0102**000C**

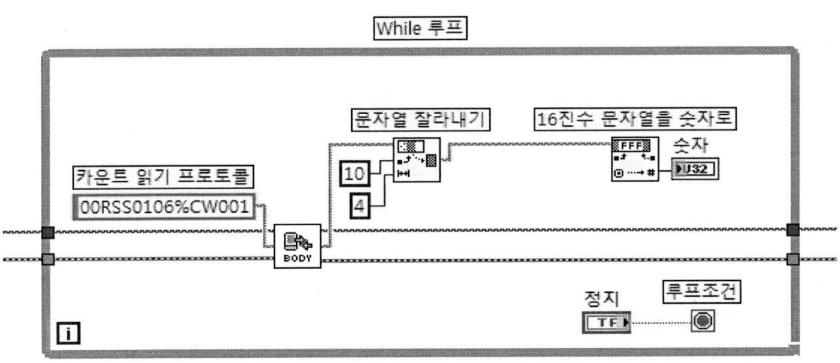

그림 6.42 카운터 회로 통신 블록 다이어그램

16진수 문자열을 숫자로 아이콘의 숫자 터미널에서 마우스 오른쪽 클릭 > 생성 > 인디케이터를 연속으로 선택하고 데이터를 포함하고 있는 문자열 4글자만 분리해서 10진수 숫자로 바꿔준다. 그리고 프런트패널의 숫자를 보기 좋게 크기를 늘려준다.

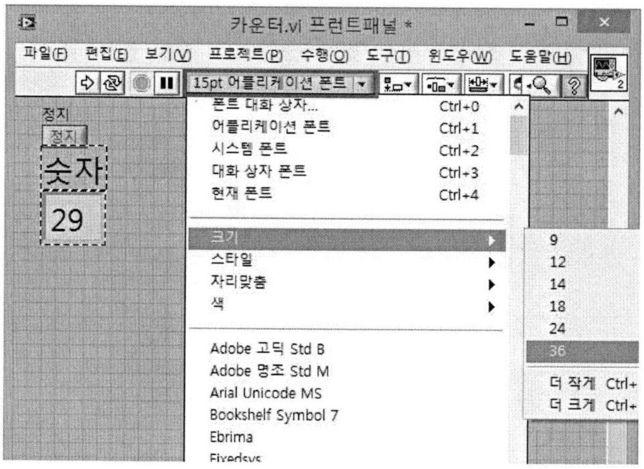

그림 6.43 폰트 변경

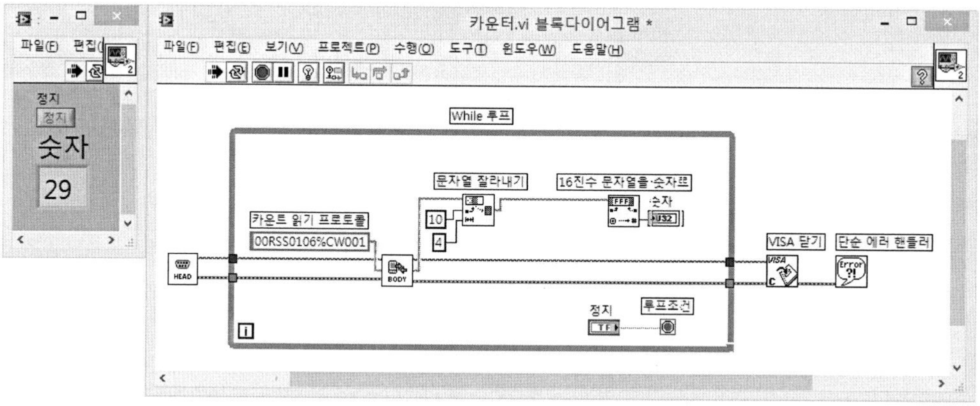

그림 6.44 카운터 회로 전체 래더 프로그램

프로그램이 완성되면 설정된 포트로 실제 입·출력을 조작하면 카운트 부분이 상승함을 확인할 수 있다.

(3) 다수 카운터 제어

이번 예제는 'P 00'을 입력으로 하여 카운트를 하고 카운트는 'C001' 번지에 저장된다. 'P 01'을 입력으로 하여 카운트를 하고 카운트는 'C002' 번지에 저장 및 'P 03'을 입력 받아 카운트를 하고 카운트는 'C003' 번지에 저장된다. 이를 위한 PLC 프로그램을 다음과 같이 작성한 후 다운로딩 한다.

그림 6.45 다수 카운터 회로 PLC 래더 프로그램

동작을 위한 사용자 환경을 다음과 같이 작성하여 각각의 카운트 값을 표시할 수 있는 사용자 환경을 구축한다. 세 개의 각각의 카운트 값이 실제 PLC에서 동작하고 있음을 표시된 값과 PLC의 이벤트 입력의 개수와 맞는지를 확인한다.

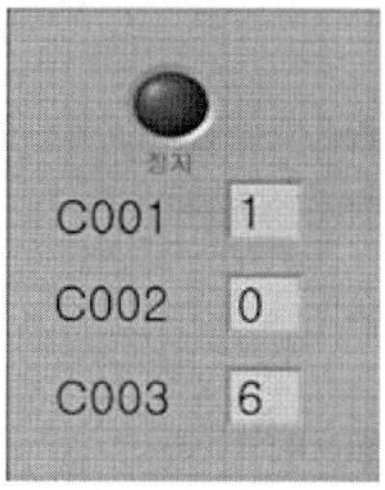

그림 6.46 다수 카운터 회로 사용자 화면

랩뷰상의 구현 블록 다이어그램은 카운터 세 개를 읽는 프로토콜 및 이를 시리얼 함수에 연결할 수 있는 랩뷰 블록으로 다음과 같은 로직으로 동작을 구현한다.

여기에 사용되는 통신프로토콜은 "01RSS0306%CW00106%CW00206%CW003" 으로 구성한다.

블록 다이어그램이 만들어지면 PLC와 연결하여 실제 입·출력 단자에 카운트 이벤트를 발생시키면서 PLC의 동작이 제대로 입 · 출력을 통제하는지를 확인하는 동시에 PC의 랩뷰상의 사용자 환경에서 카운트 값이 제대로 모니터링 되는 것을 확인 한다.

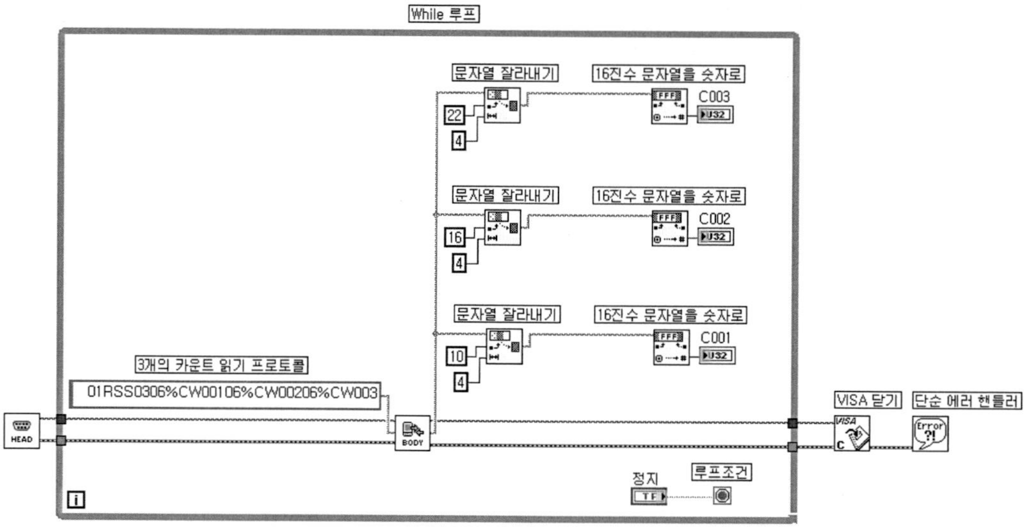

그림 6.47 다수 카운터 회로 전체 블록 다이어그램

(4) 타이머 제어

이 실험에서는 PLC를 동작 시키는 타이머를 ON/OFF하고 타이머의 설정 시간을 바꾸어 입·출력을 통제하는 실험이다. 또한 타이머의 현재 동작 값을 모니터링하여 PC화면에 표시하는 기능을 실험한다. 타이머의 동작은 'P00020' 입력을 주어 동작을 시키며 타이머는 'T0001'을 가동한다. 타이머의 설정 값은 'M0002'의 메모리를 이용하여 동작시킨다. 타이머의 설정시간이 경과하면 'P00027'출력을 동작시킨다. 이러한 동작을 다음과 같이 전체 PLC 구동에 관한 래더 다이어그램을 만들어 PLC에 전송하고 동작시킨다.

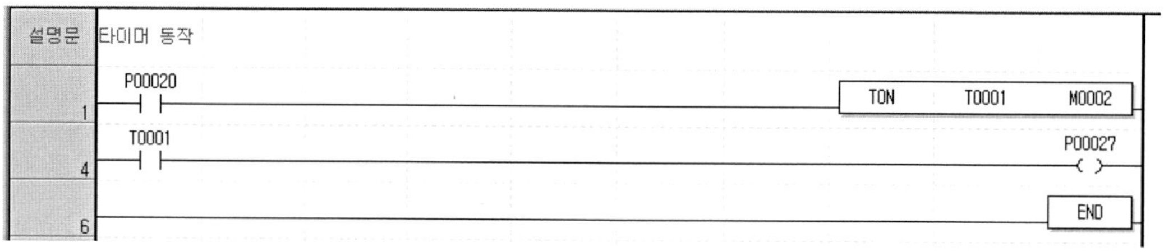

그림 6.48 타이머 회로 PLC 래더 다이어그램

PC쪽의 사용자 환경을 다음과 같이 구성한다. 타이머의 값을 지정하는 입력과 타이어를 동작 시키는 스위치를 구성하였고 현재의 타이머의 설정값을 읽을 수 있게 화면을 구성하였으며 '정지' 버튼을 누르면 모든 동작을 정지하게 설정하였다.

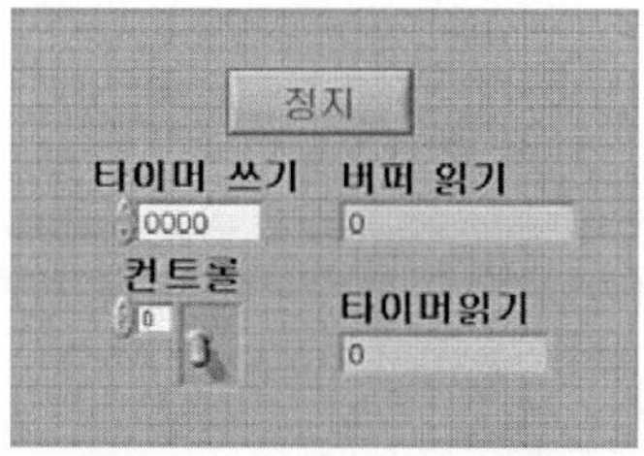

그림 6.49 타이머 회로 사용자 화면

전체 구성된 프로그램의 블록 다이어그램은 다음과 같다. 여기서 사용자의 구성 프로토콜은 입력 접점을 구동하기 위한 명령 형식은 아래와 같이 입력한다.

"01WSS0104%PW2000"

PLC의 타이머 값을 설정하기 위해서는 아래와 같은 쓰기 프로토콜을 만든다.

"01WSS0106%MW002"

그리고 PLC의 타이머 값을 읽기 위해서는 아래의 읽기 프로토콜을 만든다.

"01WSS0106%MW002"

이러한 프로토콜을 이용하여 시리얼 채널을 이용하여 동작 전체의 다이어그램은 다음과 같이 표현된다.

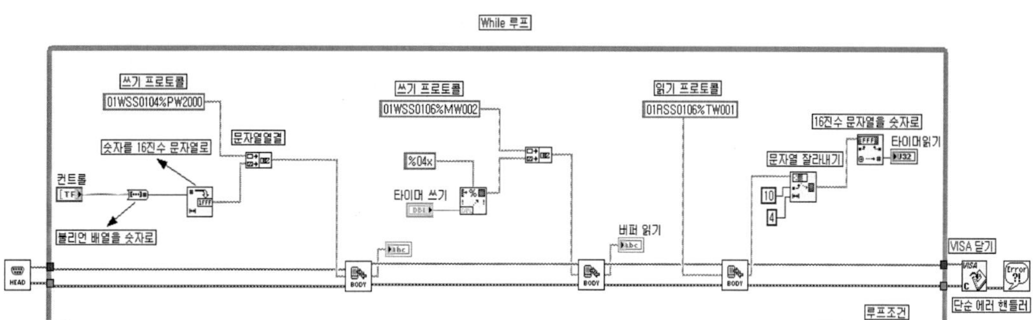

그림 6.50 타이머 회로 전체 블록 다이어그램

블록 다이어그램을 연결한 후 사용자 화면에서 타이머값을 설정하고 설정된 타이머값이 전송이 되어 모니터링 되는 것을 실험 하면서 PLC와 랩뷰의 연계 관계를 실험한다.

CHAPTER

07 PLC 실습

본 실습에 사용되는 PLC 프로그램은 국제 표준화 규격을 만족하여야 하며 보편적으로 현장에서 많이 사용하는 시리즈를 사용한다. PLC는 메이커마다 사용언어와 통신 네트워크가 달라 생기는 불편함을 해소하기 위해 IEC에서 PLC 국제 표준화 규격(IEC1131)이 제정되었으며 프로그램 방식은 두 개의 도형언어와 두 개의 문자기반언어, 그리고 SFC로 구성되어 있다. 도형식 언어는 릴레이 로직 표현 방식의 언어인 LD(Ladder Diagram)과 블록화한 기능을 서로 연결하여 프로그램을 표현하는 언어인 FBD(Function Block Diagram)로 작성할 수 있다. 문자식 언어는 어셈블리 언어 형태의 언어인 IL(Instruction List)로 사용할 수 있으며 고수준 언어인 ST(Structured Text) 혹은 SFC(Sequential Function Chart)의 형태로 제공되기도 한다. 본 실습에 사용되는 프로그램은 GMWIN 및 XG5000로서 LG산전의 대표적인 GM4와 XGT 시리즈의 PLC 프로그램 및 디버깅용 소프트웨어툴 총칭하여 일컫고 있다. 이 프로그램은 다수의 PLC와 멀티 프로그램을 편집 할 수 있으며 다양한 드래그 및 드롭 설정이 가능하며 사용자 단축키 설정, 편리한 변수/설명 편집이 가능하며 다양한 모니터 기능을 제공하고 있다.

7.1 GMWIN 개요

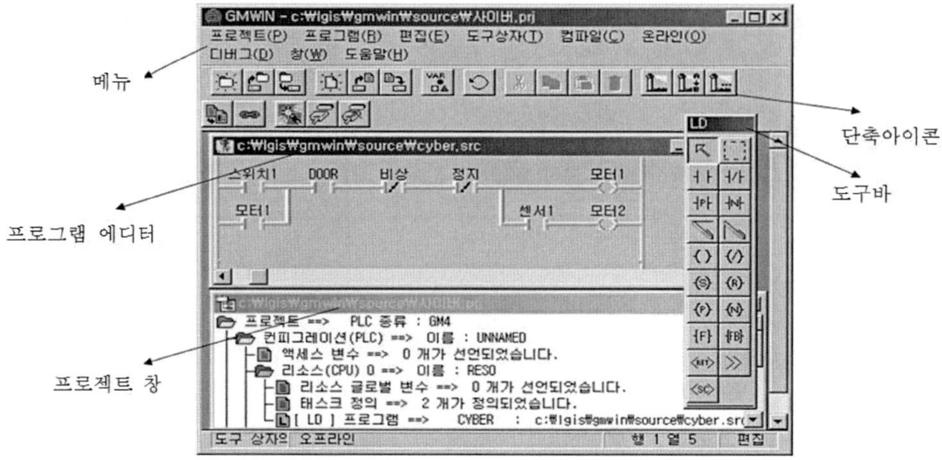

그림 7.1 GMWIN 작업 창 메뉴

GMWIN을 이용하여 PLC를 구동하려면 우선 프로젝트를 만들어야 하며 프로젝트는 다음과 같은 다섯 개의 부분으로 표현되며 각각 작업 단축 아이콘과 소스 파일 및 환경 정보를 표시하는 부분으로 나누어져 있다. 프로그램을 제작하기 위해서는 사용환경을 함께 지정해야 할 프로젝트를 생성해야 하며 GMWIN 소프트웨어를 기동한 후 새 프로젝트 버튼을 누르면 다음과 같은 화면을 만들 수 있다.

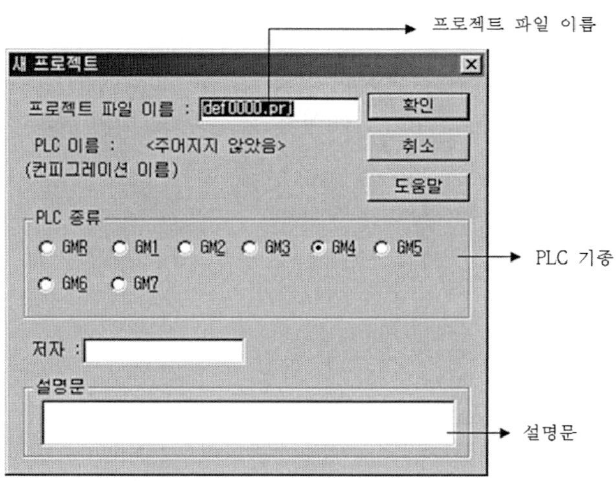

그림 7.2 GMWIN 새 프로젝트 창

필요한 프로젝트 이름을 입력하고 사용되는 PLC 타입을 선정한 후 다음과 같이 작성해야 할 프로그램 이름을 입력한다.

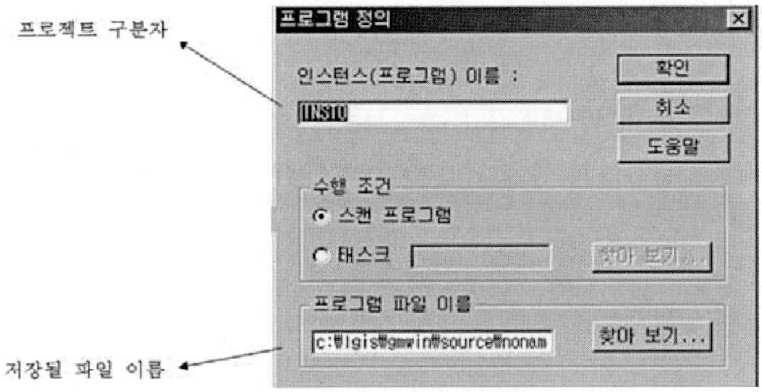

그림 7.3 GMWIN 프로그램 설정

그리고 프로그램 언어 형태를 입력한다.

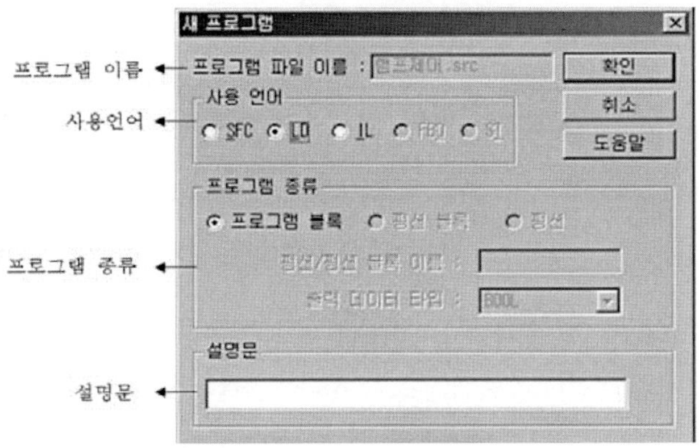

그림 7.4 GMWIN 프로그램 환경 설정

프로그램 작업 환경이 나타나면 작업 메뉴를 이용하여 래더 논리로 프로그램을 만든다. 다음과 같은 기본 입·출력 접점을 가져와서 소스 파일에 가져오고 각각의 접점을 연결한다.

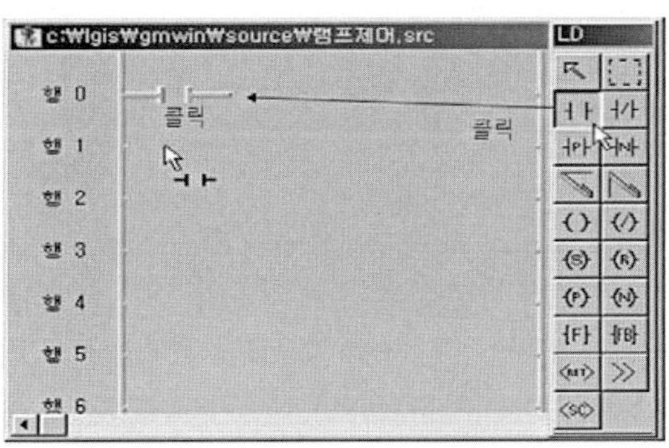

그림 7.5 GMWIN 입·출력 접점 작업

접점은 PLC의 입·출력을 편리하게 관할하기 위해서는 심볼릭으로 표현된 이름을 사용하는게 좋으며 다음과 같이 네임드 형태와 각각의 메모리를 할당한다. 입·출력 메모리 할당은 본문에서 제시한 방식에 의거하여 설정한다. 프로그램 창에서 다시 한 번 마우스를 클릭하면 변수/디바이스 입력 대화 상자가 나타난다. '변수/디바이스' 항목에 P0를 입력하고, 확인' 버튼을 클릭한다. 이 때, '변수/설명 자동 추가'가 선택(체크)되어 있으면 변수/설명 추가 대화 상자가 나타난다.

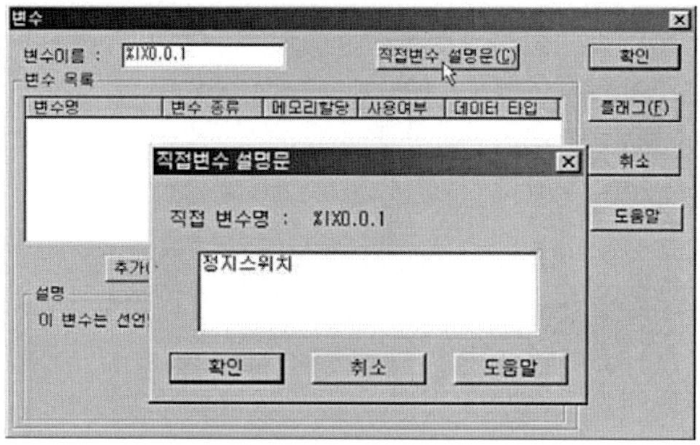

그림 7.6 GMWIN 입·출력 변수 설정

그리고 마지막으로 래더 편집창을 열어 프로그램 편집 화면을 만들어 작업한다. 그림 7.7에는 두 개의 스위치 입력을 연결하고 출력에 등을 하나 연결한 기본적인 구조를 표현 하였다.

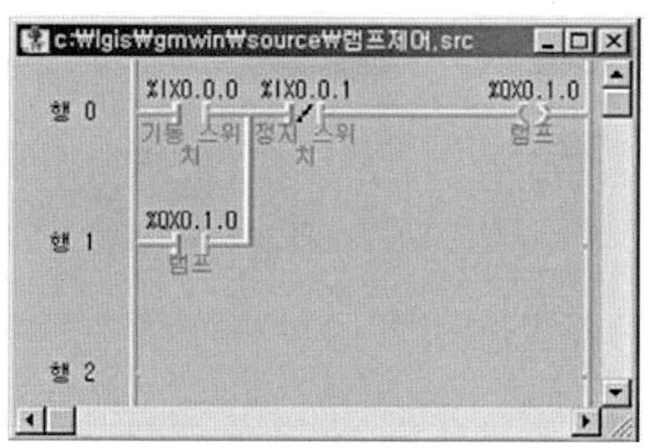

그림 7.7 GMWIN 단일 입·출력 래더 프로그램 편집

프로그램의 작성이 완료 되었으면 작성된 프로그램 및 파라미터를 PLC로 전송하고 PLC를 RUN 상태로 전환해 주어야 한다. PC에서 작성한 프로젝트를 PLC로 전송하기 위해서 PC와 PLC간 접속이 이루어 져야 하며, GMWIN은 다음과 같은 방법으로 PC와 접속할 수 있다. GMWIN의 '접속 설정'을 선택하면 접속 방법 및 단계를 선택하고, 선택된 통신 방법 및 단계에 따른 통신세부 사항을 설정하는 단계로 진행된다.

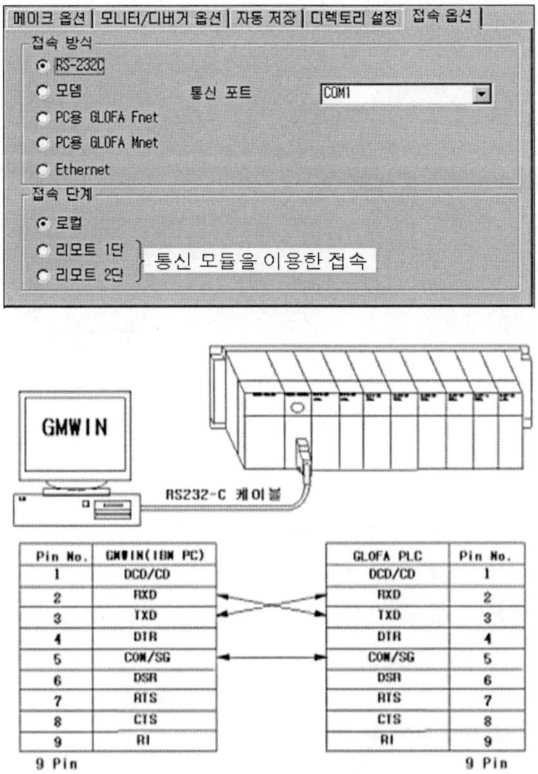

그림 7.8 GMWIN 접속 방법

이때 접속은 로컬 접속으로 PC와 PLC CPU간 접속하는 방법이며 XGT CPU에 USB 포트 및 RS-232C 포트가 있으므로 로컬 접속은 USB 및 RS-232C 통신을 이용할 수 있으며 로컬 접속 시 통신 방법으로 RS-232C를 선택했을 경우 통신 세부 사항을 설정해야 한다. 접속 접속 방법이 결정되었으면 통신 방법 및 단계 설정 화면에서 '접속' 버튼을 선택하거나, '온라인' 메뉴의 '접속'을 선택하면 접속 방법이 그림으로 표시된다. 이 화면에서 '확인' 버튼을 선택하면 PC와 PLC간 접속이 이루어진다. 프로그램의 작성이 완료 되고 PC와 PLC간 접속이 완료되면 PC에서 작성한 파라미터, 프로그램, 설명문을 PLC로 전송하고 PLC를 운전 할 수 있다.

그림 7.9 GMWIN 쓰기

이때 GMWIN의 메뉴에서 '쓰기' 또는 단축 아이콘의 '쓰기' 아이콘을 선택한다. PLC로 전송할 항목 선택: 파라미터 및 프로그램이 PLC로 전송되면 그 이전에 PLC에 저장되어 있던 파라미터 및 프로그램은 모두 삭제된다. PLC가 STOP 모드로 전환되면 PC에서 작성한 파라미터, 프로그램 및 설명문이 PLC로 전송된다. 쓰기'는 기본 파라미터, I/O 파라미터, 프로그램 및 설명문 순으로 PC에서 PLC로 전송된다.

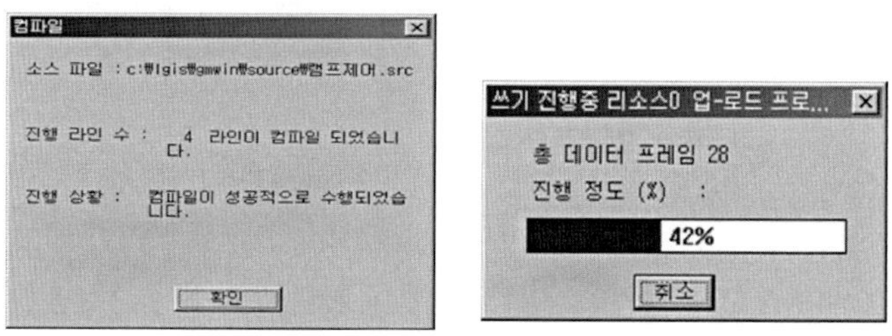

그림 7.10 GMWIN 프로그램 전송

'쓰기'가 정상적으로 완료되었으면 다음과 같은 메시지가 표시된다. '쓰기'를 하는 시점에서 PLC가 RUN 상태였다면 전송이 완료된 후 다음과 같은 메시지가 표시된다. 여기서 '예(Y)' 버튼을 선택하면 PLC는 RUN 모드로 전환되며, 정상적인 프로그램의 연산 및 수행이 시작된다.

PLC가 가지고 있는 데이터를 GMWIN 화면에 표시하는 기능을 모니터링이라고 하며 모니터링은 PLC의 운전 상태 및 데이터를 시각적으로 표시해 주는 기능이므로 프로그램의 디버깅에 유용하게 사용할 수 있다. GMWIN은 운전 데이터를 화면에 표시하는 기능 외에 변수 모니터, 시스템 모니터, 디바이스 모니터, 사용자 이벤트, 데이터 트레이스 등의 다양한 모니터링 기능을 제공함으로써 사용자가 쉽고 편하게 디버깅 할 수 있다. 또한, 내부 디바이스의 경우 GMWIN에서 데이터의 변경도 가능하며 GMWIN과 PLC가 접속된 상태에서 '모니터' 메뉴의 '시작'을 선택하거나 단축 아이콘의 '모니터 시작/끝' 버튼을 선택하면 모니터링 기능이 시작되면서 래더 모니터링에서 접점, 코일 등 비트 데이터를 표시하거나 디바이스 또는 변수의 표시 색과 래더 기호의 색을 통해 데이터 및 도통 상태를 확인할 수 있다.

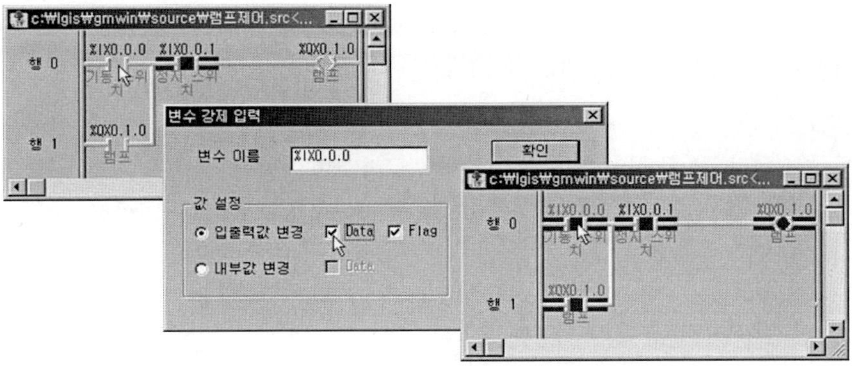

그림 7.11 GMWIN 래더 모니터링

아울러 전체 하드웨어의 입·출력 포트의 상태를 모니터링하여 사용자에게 표시하여 줄 수 있다. 사용자는 이러한 모의실험기를 통해 PLC의 동작 상태를 모니터링하여 적절한 동작을 수행할 수 있다.

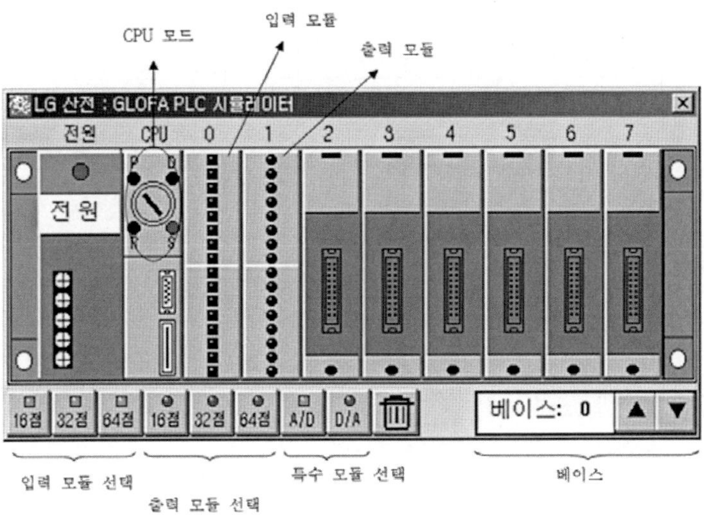

그림 7.12 GMWIN 시뮬레이터

상기 과정을 통하여 PLC를 동작하기 위한 프로그램을 작성하고 작성된 프로그램을 이용하여 다양한 형태의 업무를 수행할 수 있다. 시뮬레이터 상에서 PLC에 설정된 모듈을 실제 모양 그대로 보여주기 때문에 실제 PLC를 연결하지 않고도 작성한 프로그램을 디버깅하여 프로그램의 완성도를 높일 수 있다. 시뮬레이터 상에는 해당 접점의 동작 상태 및 전체 동작의 출력을 GUI로 표시해줌으로써 프로그램의 에러를 손쉽게 수정할 수도 있다.

그리고 PLC 프로그램을 만들기 위해서는 작업 환경 하에서 PLC공급 업체가 미리 제공하는 동작에 사용되는 블록 기능을 이용하여야 하며 이에 대한 기능은 다음과 같다. 우선 시퀀스 로직에 기본이 되는 타이머와 카운터의 동작에 대한 기능에 대한 정의가 필요하며 각종 데이터를 처리하는 MOVE 명령과 산술, 논리 처리를 위한 다양한 형태의 함수가 요구된다. 또한 프로그램 제어에 필요한 분기 및 함수를 구성하기 위한 미리 정의된 형태의 명령어에 대한 숙지도 필요하다. PLC에는 순차논리를 위한 로직 뿐만 아니라 조합 논리, 산술 계산 및 메모리를 처리할 수 있는 함수가 다수 제공되기 때문에 이를 이용하여 다양한 형태의 응용 프로그램을 만들 수 있다.

CTU CU Q R PV CV	CTU	·CU:업_카운터 입력(BOOL) ·R :리셋 입력, 접점입력불가 ·PV:설정값(INT) ·Q :업_카운터 출력(BOOL) ·CV:현재값(INT)	R이 0이고, CU가 0에서 1이 될 때 카운터 됨. ·리셋입력 R이 1이 되면, 현재값은 0으로 클리어 됨.
CTD CD Q LD PV CV	CTD	·CD:다운_카운터 입력(BOOL) ·LD:설정값 LOAD, 접점입력불가 ·PV:설정값(INT) ·Q :다운_카운터 출력(BOOL) ·CV:현재값(INT)	·LD가 1이 되면, 현재값 CV=PV가 됨. ·LD가 0이고, CD가 0에서 1이 될 때 카운터 됨. ·출력Q는 CV가 0이하 일때 만 1. ·설정값은 -32768까지 설정가능.
TON IN Q PT ET	TON	·IN:타이머 기동조건(BOOL) ·PT:설정시간(TIME) ·Q :타이머 출력(BOOL) ·ET:경과시간(TIME)	·IN이 1이 된 후부터 PT에 의해서 지정된 설정시간이 경과한 후Q가 1이 됨. ·IN이 0이 되면 Q는 0이 된다.
TOF IN Q PT ET	TOF	·IN:타이머 기동조건(BOOL) ·PT:설정시간(TIME) ·Q :타이머 출력(BOOL) ·ET:경과시간(TIME)	IN이1이 되면 Q가 1이되고 IN이 0이 된 후, 설정시간(PT)가 경과한 후 Q가 0이 된다. 경과시간(ET)가 설정시간에 도달되기 전에 IN이 다시 1이 되면 경과시간은 0이 된다.

그림 7.13 GMWIN 시퀀스 동작 함수표

구분	명령어	기 호	기 능 설 명	종 류
전송펑션	MOVE	MOVE EN ENO IN1 OUT	·데이터전송 ·IN1 :전송될데이터(모든형식) ·OUT :전송선(모든형식)	
변환펑션	***_TO_***	TO EN ENO IN1 OUT	·데이터 형식 변환 펑션 ·IN1 :타입 변환할 데이터 ·OUT :타입 변환된 데이터 ·EN :1일 때 펑션 실행 ·ENO :EN값 그대로 출력 「펑션의 종류」	·SINT_TO_INT 외 14종 ·INT_TO_SINT 외 14종 ·BOOL_TO_SINT 외 12종 ·BYTE_TO_SINT 외 12종 ·WORD_TO_SINT 외 13종 ·BCD_TO_SINT 외 7종 ·그외 생략

그림 7.14 GMWIN 데이터 처리 함수

구분	명령어	기 호	기 능 설 명	종 류
수치연산	ADD	ADD EN ENO IN1 OUT IN2	·덧셈 펑션 ·IN1~IN8 :더할값 ·OUT :결과값 ·OUT=IN1+IN2+ … +IN8	
	SUB	SUB EN ENO IN1 OUT IN2	·뺄셈 펑션 ·IN1 :연산원 ·IN2 :뺄값 ·OUT :결과값 ·OUT=IN1-IN2	
	MUL	MUL EN ENO IN1 OUT IN2	·곱셈 펑션 ·IN1~IN8 :곱할값 ·OUT :결과값 ·OUT=IN1*IN2* … *IN8	
	DIV	DIV EN ENO IN1 OUT IN2	·나눗셈 펑션(몫) ·IN1 :연산원 ·IN2 :나눌값 ·OUT :결과값(몫) ·OUT=IN1/IN2	
	MOD	MOD EN ENO IN1 OUT IN2	·나눗셈(나머지) ·IN1 :정수 ·IN2 :나눌값 ·OUT :나머지값 ·OUT=IN1/IN2 ·EN :1일 때 펑션 실행	
	ABS	ABS EN ENO IN1 OUT	·절대값 연산 ·IN1 :절대값 연산 입력 ·OUT :결과값 ·EN :1일 때 펑션 실행 ·ENO :EN값 그대로 출력	
회전명령	ROL	ROL EN ENO IN OUT N	·비트열 왼쪽으로 회전 ·IN :회전될값 ·N :회전할 비트수 ·OUT :회전된값 ·ENO :EN값 그대로 출력	
	ROR	ROR EN ENO IN OUT N	·비트열 오른쪽으로 회전 ·IN :회전될값 ·N :회전할 비트수 ·OUT :회전된값 ·ENO :EN값 그대로 출력	

그림 7.15 GMWIN 산술 연산 함수

구분	명령어	기 호	기 능 설 명	종 류
이동명령	SHL	SHL EN ENO IN OUT N	·왼쪽으로 이동 ·IN :이동될값 ·N :이동할 비트수 ·OUT :이동된값 ·ENO :EN값 그대로 출력	
	SHR	SHR EN ENO IN OUT N	·오른쪽으로 이동 ·IN :이동 될값 ·N :이동할 비트수 ·OUT :이동된값 ·ENO :EN값 그대로 출력	
비교펑션	EQ	EQ EN ENO IN1 OUT IN2	·비교 펑션 ·IN1~IN8 :비교 데이터 ·OUT :출력(BOOL) ·IN1=IN2=…IN7=IN8조건 성립시 출력ON	
	NE	NE EN ENO IN1 OUT IN2	·비교 펑션 ·IN1~IN8 :비교 데이터 ·OUT :출력(BOOL) ·IN1≠IN2 조건 성립시 출력ON	
분기명령	MCS	MCS EN ENO NUM OUT	·MCS ·EN :1일 때 펑션 실행 ·NUM :MCS 수(0~15) ·OUT :출력(BOOL)	
	MCS CLR	MCSCLR EN ENO NUM OUT	·MCS ·EN :1일 때 펑션 실행 ·NUM :MCS 수(0~15) ·OUT :출력(BOOL) ·MCS와 MCR을 쌍으로 이루어짐	

그림 7.16 GMWIN 비트 조작 및 프로그램 제어 함수

7.2 XG5000 개요

XG5000은 LG전자의 XGT, XGB 시리즈의 PLC를 프로그램 및 모니터링을 하는 프로그램으로 동작을 수행하려는 PC에서 이에 대한 설치가 요구된다. 설치 후 실제 PLC를 연결하려면 우선 프로젝트를 만들어야 하며 프로젝트는 다음과 같은 일곱 개의 부분으로 표현된다.

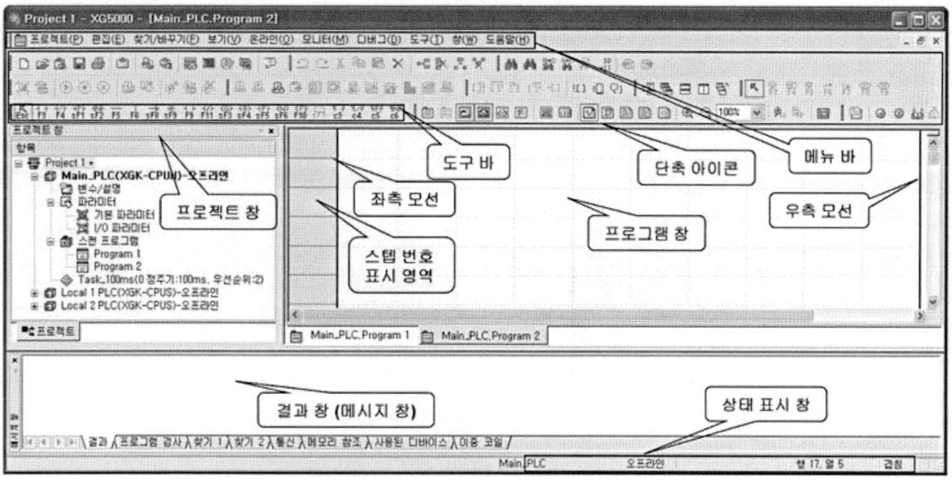

그림 7.17 XG5000 작업 창 메뉴

프로그램을 제작하기 위해서는 사용환경을 함께 지정해야 할 프로젝트를 생성 해야 하며 XG5000 소프트웨어를 기동한 후 새 프로젝트 버튼을 누르면 다음과 같은 화면을 만들 수 있다.

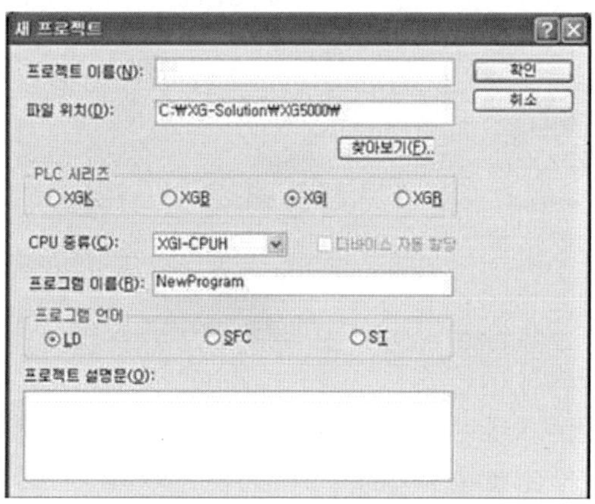

그림 7.18 XG5000 새프로젝트 창

화면에서 필요한 파일 위치와 PLC타입과 언어형태를 각각 다음과 같이 입력한다.

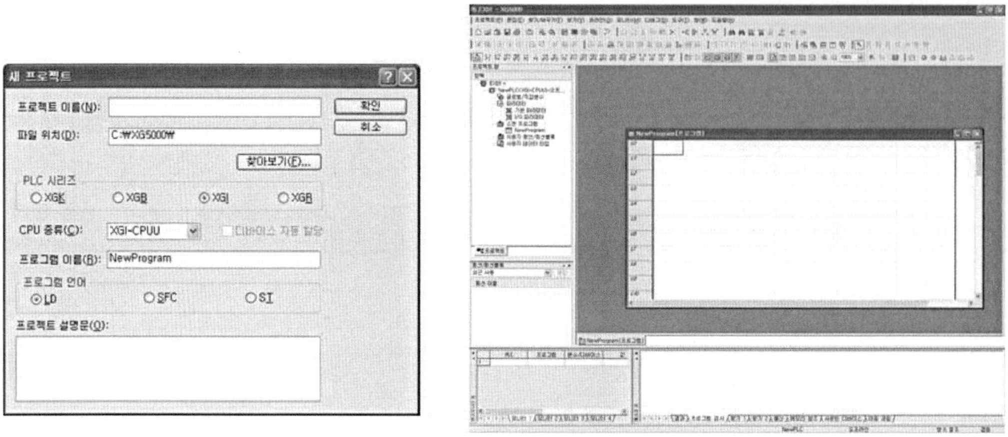

그림 7.19 XG5000 프로그램 환경 설정

그리고 실습에 사용될 입·출력 기기의 형태 및 파라미터를 설정을 해야 하며 실습에 사용되는 기기의 입력은 24V로 릴레이 입력으로 설정하고 여덟 개의 개수를 선태하며, 출력 장치는 릴레이 형태의 출력으로 8점을 아래와 같이 선택한다. 접점 편집 : 스위치의 ON/OFF 상태를 읽어오기 위해 접점을 편집합니다. 이때 도구 상자에서 평상시 열린 접점을 클릭한 후 마우스 커서를 프로그램 창으로 이동하면 커서 하단에 현재 선택된 프로그래밍 기호가 표시 된다.

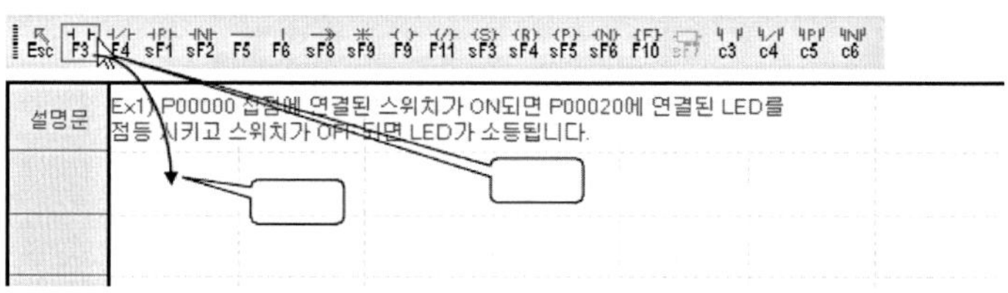

그림 7.20 XG5000 입·출력 접점 형태 설정

또한 PLC의 입·출력을 편리하게 관할하기 위해서는 심볼릭으로 표현된 이름을 사용하는 것이 좋으며 아래와 같이 네임드 형태와 각각의 메모리를 할당한다. 입·출력 메모리 할당은 본문에서 제시한 방식에 의거하여 설정한다. 프로그램 창에서 다시 한 번 마우스를 클릭하면 변수/디바이스 입력 대화 상자가 나타난다. '변수/디바이스' 항목에 P0를 입력하고, 확인' 버튼을 클릭합니다. 이 때, '변수/설명 자동 추가'가 선택(체크)되어 있으면 변수/설명 추가 대화 상자가 나타난다.

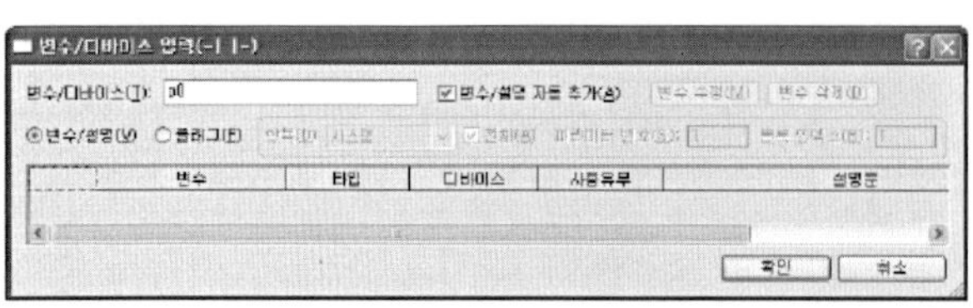

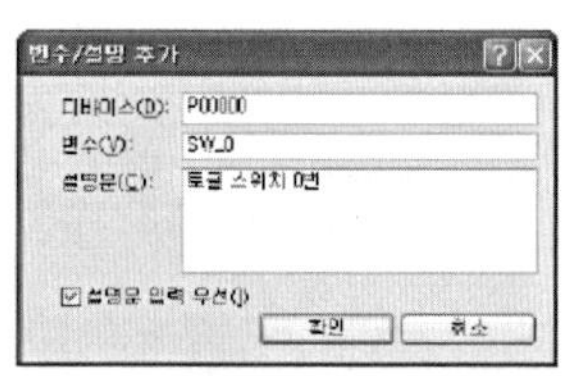

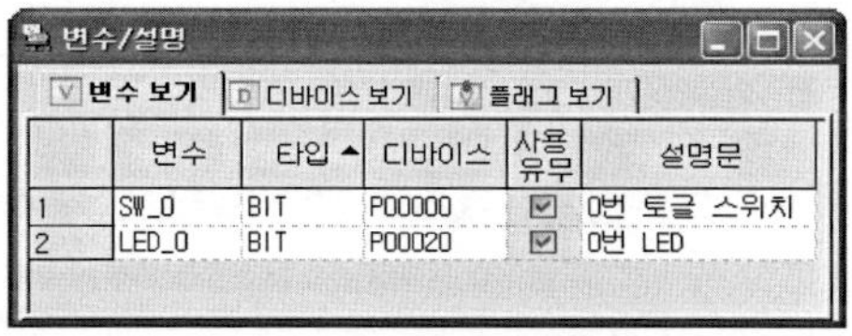

그림 7.21 XG5000 입·출력 접점 할당

그리고 마지막으로 래더 편집창을 열어 프로그램 편집 화면을 만들어 작업한다. 아래에는 간단한 입력 한 개와 출력 한 개를 연결하는 방식을 간단하게 구성한 그림을 나타내었다.

그림 7.22 XG5000 단일 입·출력 래더 프로그램 편집

프로그램의 작성이 완료 되었으면 작성된 프로그램 및 파라미터를 PLC로 전송하고 PLC를 RUN 상태로 전환해 주어야 PLC는 동작합니다. PC에서 작성한 프로젝트를 PLC로 전송하기 위해서 PC와 PLC간 접속이 이루어 져야 하며, XGT는 다음과 같은 방법으로 PC와 접속할 수 있다. XG5000의 '온라인' 메뉴에서 '접속 설정'을 선택하면 접속 방법 및 단계를

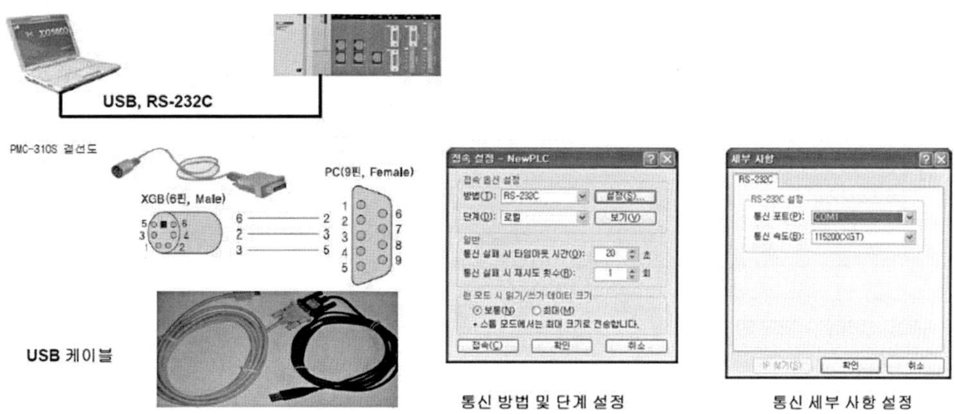

그림 7.23 XG5000 접속 방법

선택하고, 선택된 통신 방법 및 단계에 따른 통신세부 사항을 설정하는 단계로 진행된다.

이때 접속은 로컬 접속으로 PC와 PLC CPU간 접속하는 방법이며 XGT CPU에 USB 포트 및 RS-232C 포트가 있으므로 로컬 접속은 USB 및 RS-232C 통신을 이용할 수 있으며 로컬 접속 시 통신 방법으로 RS-232C를 선택했을 경우 통신 세부 사항을 설정해야 한다. 접속 접속 방법이 결정되었으면 통신 방법 및 단계 설정 화면에서 '접속' 버튼을 선택하거나, '온라인' 메뉴의 '접속'을 선택하면접속 방법이 그림으로 표시된다. 이 화면에서 '확인' 버튼을 선택하면 PC와 PLC간 접속이 이루어진다. 프로그램의 작성이 완료 되고 PC와 PLC간 접속이 완료되면 PC에서 작성한 파라미터, 프로그램, 설명문을 PLC로 전송하고 PLC를 운전 된다. 접속하는 방식에 따라 통신 속도에 대한 설정이 필요하며 세부적인 통신 프로토콜에 대한 조정이 필요하다. RS485 설정시는 세부적으로 MODCON과의 호환이 가능한지를 체크 해야 하며 경우에 따라서는 통신 레벨에 따른 추가 트랜시버를 설계하여 보완해야 하는 경우도 있다.

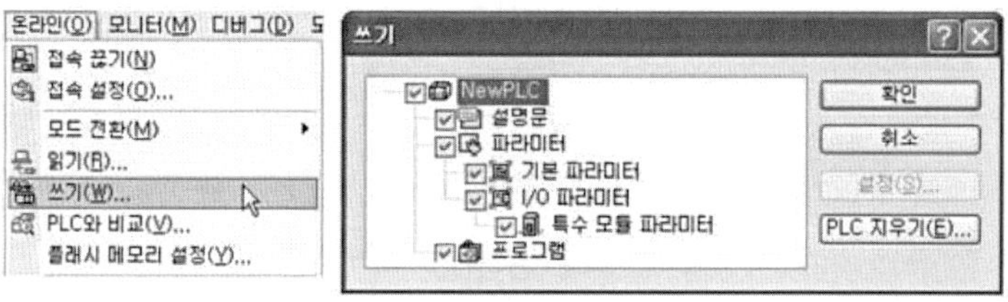

그림 7.24 XG5000 쓰기

이때 XG5000의 온라인 메뉴에서 '쓰기' 또는 단축 아이콘의 '쓰기' 아이콘을 선택한다. PLC로 전송할 항목 선택: 파라미터 및 프로그램이 PLC로 전송되면 그 이전에 PLC에 저장되어 있던 파라미터 및 프로그램은 모두 삭제된다. PLC가 STOP 모드로 전환되면 PC에서 작성한 파라미터, 프로그램 및 설명문이 PLC로 전송된다. 쓰기'는 기본 파라미터, I/O 파라미터, 프로그램 및 설명문 순으로 PC에서 PLC로 전송된다.

그림 7.25 XG5000 프로그램 전송

'쓰기'가 정상적으로 완료되었으면 다음과 같은 메시지가 표시된다. '쓰기'를 하는 시점에서 PLC가 RUN 상태였다면 전송이 완료된 후 다음과 같은 메시지가 표시된다. 여기서 '예(Y)'

버튼을 선택하면 PLC는 RUN 모드로 전환되며, 정상적인 프로그램의 연산 및 수행이 시작된다.

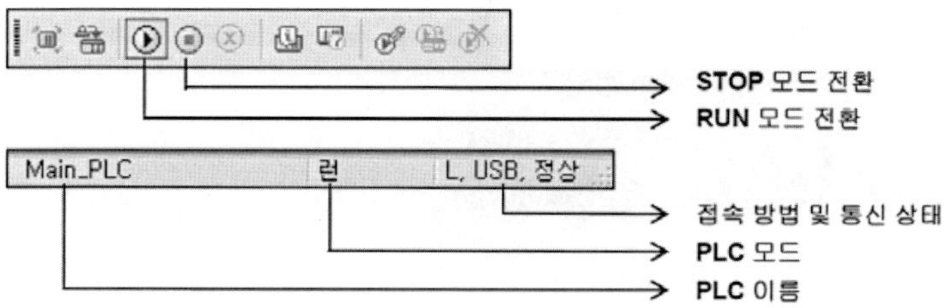

그림 7.26 XG5000 동작 모드

PLC가 가지고 있는 데이터를 XG5000 화면에 표시하는 기능을 모니터링이라고 하며 모니터링은 PLC의 운전 상태 및 데이터를 시각적으로 표시해 주는 기능이므로 프로그램의 디버깅에 유용하게 사용할 수 있다. XG5000은 운전 데이터를 화면에 표시하는 기능 외에 변수 모니터, 시스템 모니터, 디바이스 모니터, 사용자 이벤트, 데이터 트레이스 등의 다양한 모니터링 기능을 제공함으로써 사용자가 쉽고 편하게 디버깅 할 수 있다. 또한, 내부 디바이스의 경우 XG5000에서 데이터의 변경도 가능하며 XG5000과 PLC가 접속된 상태에서 '모니터' 메뉴의 '시작'을 선택하거나 단축 아이콘의 '모니터 시작/끝' 버튼을 선택하면 모니터링 기능이 시작되면서 래더 모니터링에서 접점, 코일 등 비트 데이터 표시하거나 디바이스 또는 변수의 표시 색과 래더 기호의 색을 통해 데이터 및 도통 상태를 확인할 수 있다.

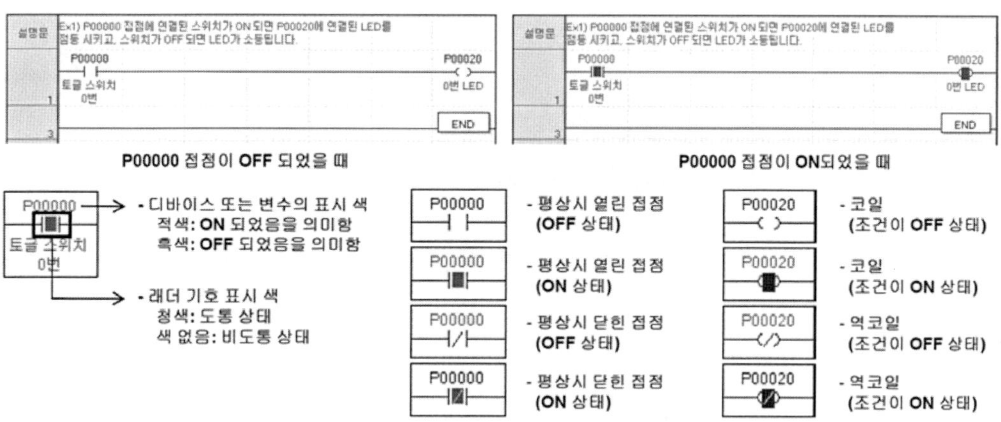

그림 7.27 XG5000 래더 모니터링

아울러 전체 하드웨어의 입·출력 포트의 상태를 모니터링하여 사용자에게 표시 하여 줄 수 있다. 사용자는 이러한 모의실험기를 통해 PLC의 동작 상태를 모니터링하여 적절한 동작을 수행할 수 있다.

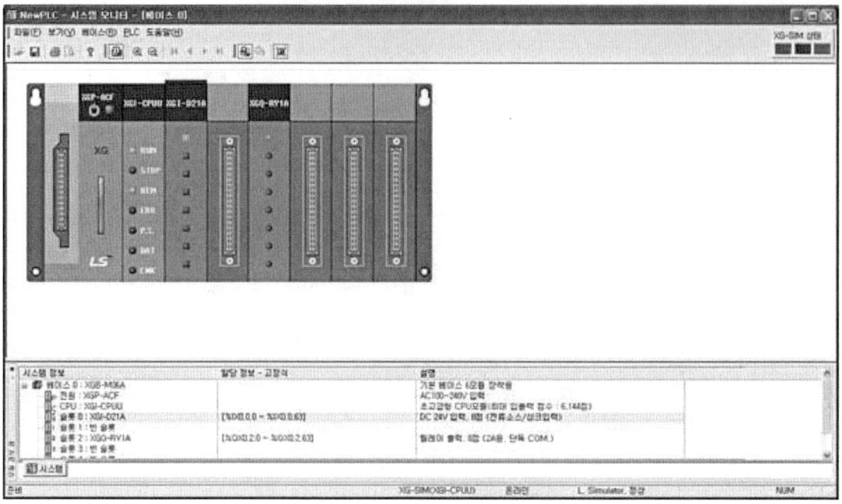

그림 6.28 XG5000 PLC 시뮬레이션

이번에는 동작을 여러 개의 입·출력 접점을 첨가하여 확인해 보자. 다음과 같이 스위치 네 개와 표시등 한 개인 회로를 작성하여 동작이 제대로 되는지 확인해 보자. 이때 입·출력은 아래와 같이 할당하며 아래의 시퀀스 동작에 따라 동작을 확인해 보자.

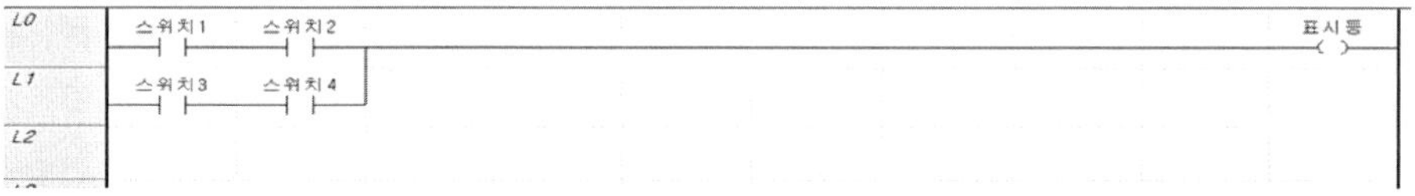

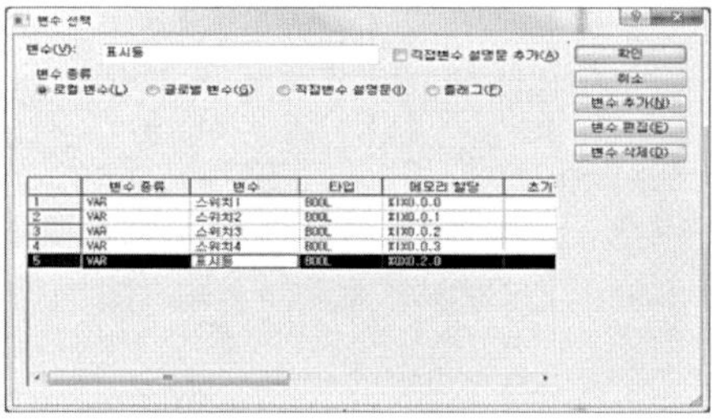

그림 7.29 XG5000 4접점 입력 래더 프로그램 편집

본 회로의 동작은 두 개의 입력을 직렬로 연결하여 AND시키고 나머지 두 개를 직렬 연결하여 최종 병렬 연결하는 기능을 만들어 네 개의 입력 상태에 따라 출력 표시등을 구동하게 프로그램 하였다. 모의실험 후 실제로 PLC에 다운로드하여 기능 확인을 한 후 본격적으로 시퀀스 회로의 일반적인 회로로 확장해 보자. 전체 동작에 사용되는 블록 기능에 대하여 다음과 같다.

분 류	명 칭	심 벌	기 능	기본 스텝수	비 고
접점	LOAD	├┤ ├─	A 접점 연산 개시	1	
	LOAD NOT	├┤/├─	B 접점 연산 개시	1	
	AND	─┤ ├─	A 접점 직렬 접속	1	
	AND NOT	─┤/├─	B 접점 직렬 접속	1	
	OR	└┤ ├┘	A 접점 병렬 접속	1	
	OR NOT	└┤/├┘	B 접점 병렬 접속	1	
	LOADP	├┤P├─	양(Positive) 변환 검출 접점	2	
	LOADN	├┤N├─	음(Negative) 변환 검출 접점	2	
	ANDP	─┤P├─	양변환 검출 접점 직렬 접속	2	
	ANDN	─┤N├─	음변환 검출 접점 직렬 접속	2	
	ORP	└┤P├┘	양변환 검출 접점 병렬 접속	2	
	ORN	└┤N├┘	음변환 검출 접점 병렬 접속	2	

분 류	명 칭	심 벌	기 능	기본 스텝수	비 고
출력	OUT	──( )─┤	연산 결과 출력	1	
	OUT NOT	──(/)─┤	연산 결과 반전 출력	1	
	OUTP	──(P)─┤	입력조건 상승시 1스캔 출력	2	
	OUTN	──(N)─┤	입력조건 하강시 1스캔 출력	2	
	SET	──(S)─┤	접점 출력 On 유지	1	
	RST	──(R)─┤	접점 출력 Off 유지	1	
	FF	─[FF D]─	입력조건 상승시 출력 반전	1	
마스터 컨트롤	MCS	─[MCS n]─┤	마스터 컨트롤 설정 (n:0~7)	1	
	MCSCLR	─[MCSCLR n]─┤	마스터 컨트롤 해제 (n:0~7)	1	

그림 7.30 XG5000 기본 함수

분 류	명 칭	심 벌	기 능	기본 스텝수	비 고
타이머	TON	TON | T | t	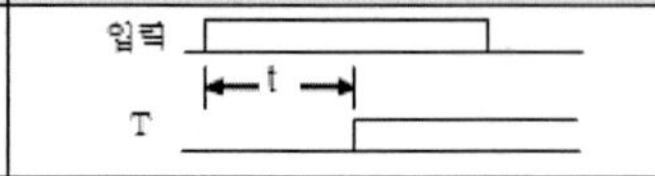	2	
	TOFF	TOFF | T | t	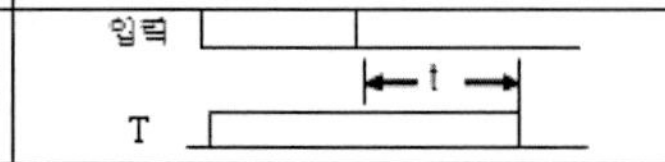	2	
	TMR	TMR | T | t	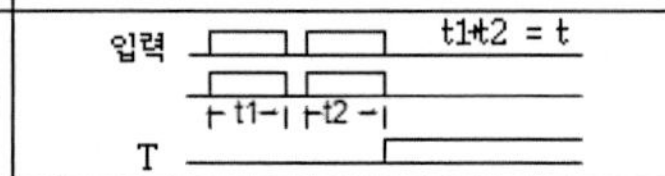	2	
	TMON	TMON | T | t	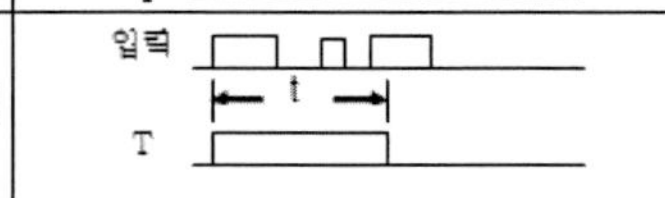	2	
	TRTG	TRTG | T | t	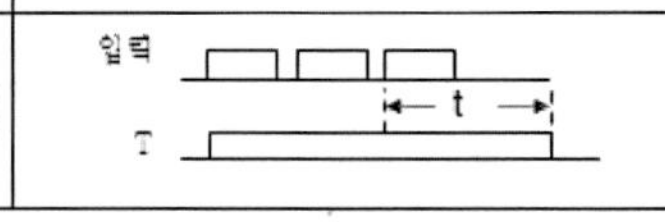	2	
카운터	CTD	CTD | C | c	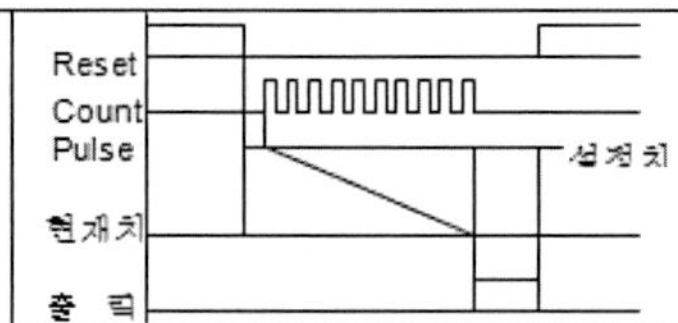	2	
	CTU	CTU | C | c	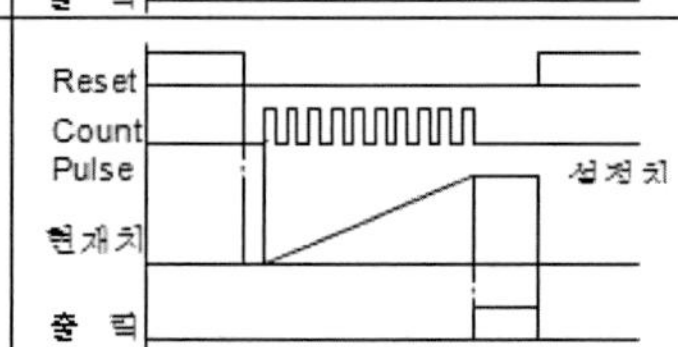	2	
	CTUD	CTUD | C | U | D | c	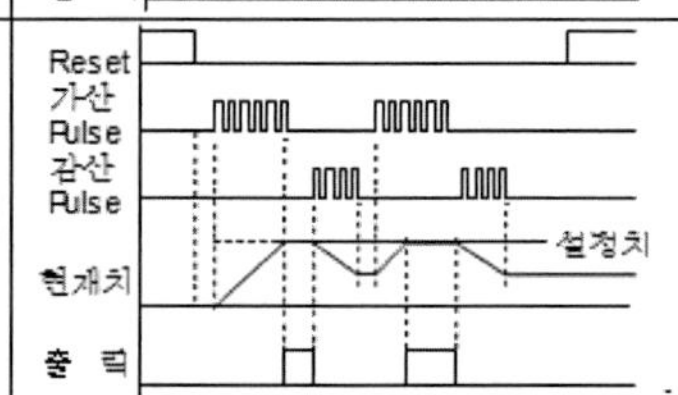	4	
	CTR	CTR | C | c	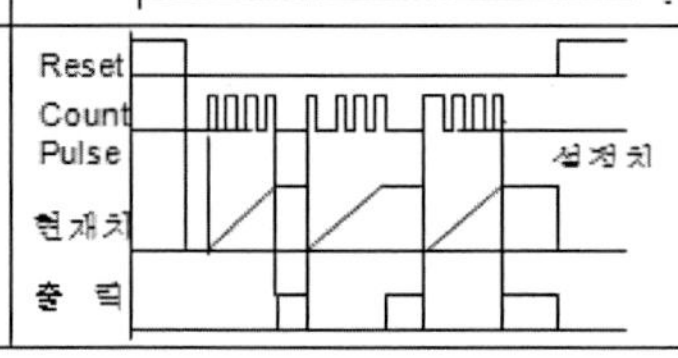	2	

그림 7.31 XG5000 카운터, 타이머 함수

분 류	명 칭	심 벌	기 능	기본 스텝수	비 고
왼쪽 회전	ROL	ROL D n	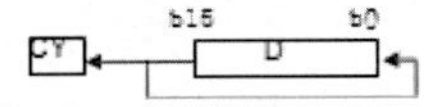	2	
	ROLP	ROLP D n		3	
	DROL	DROL D n	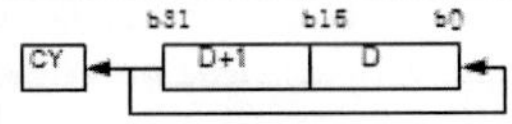	2	
	DROLP	DROLP D n		3	
4/8 비트 왼쪽 회전	ROL4	ROL4 Db n	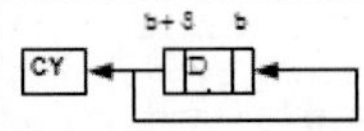	3	
	ROL4P	ROL4P Db n		4	
	ROL8	ROL8 Db n	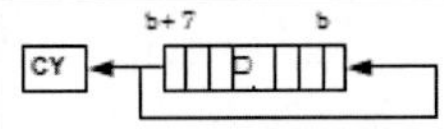	3	
	ROL8P	ROL8P Db n		4	
오른쪽 회전	ROR	ROR D n	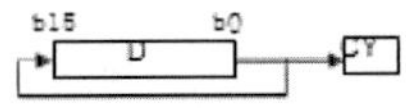	2	
	RORP	RORP D n		3	
	DROR	DROR D n	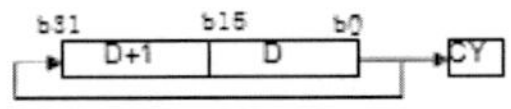	2	
	DRORP	DRORP D n		3	
4/8 비트 오른쪽 회전	ROR4	ROR4 Db n	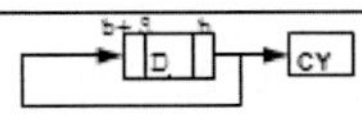	3	
	ROR4P	ROR4P Db n		4	
	ROR8	ROR8 Db n	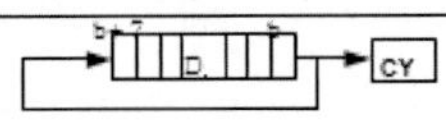	3	
	ROR8P	ROR8P Db n		4	
왼쪽 회전 (캐리 포함)	RCL	RCL D n	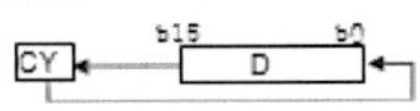	2	
	RCLP	RCLP D n		3	
	DRCL	DRCL D n	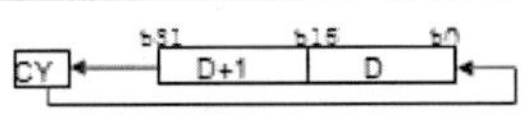	2	
	DRCLP	DRCLP D n		3	
왼쪽 회전 (캐리 포함)	RCL4	RCL4 Db n	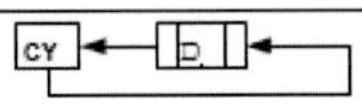	3	
	RCL4P	RCL4P Db n		4	
	RCL8	RCL8 Db n	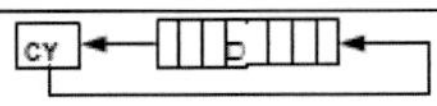	3	
	RCL8P	RCL8P Db n		4	
오른쪽 회전 (캐리 포함)	RCR	RCR D n	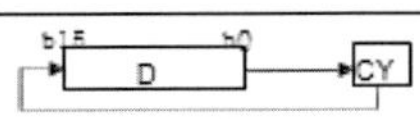	2	
	RCRP	RCRP D n		3	
	DRCR	DRCR D n	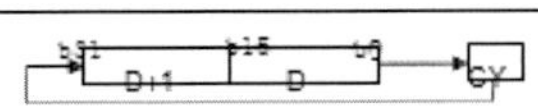	2	
	DRCRP	DRCRP D n		3	

그림 7.32 XG5000 비트 연산 함수

분 류	명 칭	심 벌	기 능	기본 스텝수	비 고
분기명령	JMP	JMP LABEL	LABEL 위치로 점프.	1	
	LABEL	LABEL	JMP해서 이동할 위치 지정.	5	
서브루틴 콜함수	CALL	CALL LABEL	LABEL에 해당하는 함수 호출.	1	
	CALLP	CALLP LABEL			
	SBRT	SBRT LABEL	CALL에 의해 호출될 함수 지정.	1	
	RET	RET	RETURN	1	

그림 7.33 XG5000 제어 명령 함수

니모닉(Mnemonic) 방식

PLC 프로그램 방식은 일반적으로 래더 방식을 사용하여 작성하지만 그래픽이 지원하지 않은 환경하에서는 명령어 자체로 프로그램을 작성할 수 있다. 이런 방식을 니모닉 방법이라고 하며 니모닉 방법은 프로그램의 기계어 방식과 비슷하게 명령의 내용에 맞게 알파벳조합으로 만들어져 있다. 니모닉을 이용하여 기본적인 접점에 대한 프로그램을 하면 PLC 자체는 해독이 간단하고 실제 프로그램이 어떻게 해석이 되는지를 알 수 있으며 이는 스택구조의 형태를 가지고 있다.

니모닉 방식에서 접점을 다루는 명령은 LOAD, LOAD NOT이 있으며 LOAD는 a접점의 연산 시작을 의미하고 LOAD NOT은 b접점의 연산 시작을 의미한다. 그리고 접점 출력 명령은 OUT으로 표현할 수 있다.

```
0    LOAD   P00010
1    OUT    P00020
```

논리 연산 명령은 AND, AND NOT, OR OR NOT등과 같이 두 개의 입력 접점을 받아서 논리적과 논리화를 수행 할 수 있다.

```
0    LOAD        P00010
1    OR          P00020
2    AND NOT     P00030
3    OUT         P00040
```

그리고 접점의 논리 연산을 미리 논리 연산한 결과와 결합할 수 있는데 이를 위한 명령은 AND LOAD, OR LOAD가 있다. 이들 명령은 미리 연산된 결과를 LOAD하고 난후 AND 혹은 OR 동작을 하는 구조를 가지고 있다.

```
0    LOAD        P00000
1    OR NOT      P00010
2    LOAD NOT    P00020
3    AND LOAD
4    OUT         P00030
```

이상의 기본 개발 환경을 기초로 하여 간단한 입·출력 및 다수의 입·출력을 가지고 다양한 형태의 동작을 만들어 실습해 보자.

7.3 실습 예제

7.3.1 단일 접점 개폐 회로

(1) 동작개요

단일 스위치 입력 동작에 따라 단일 출력 장치를 구동한다. 동작은 입력 스위치 PB1이 ON되면 운전 표시등 PL1이 점등되고, 정지 표시등 PL2는 소등(OFF)된다. 단. PL2는 PB1 신호가 OFF일 때 점등되는 방식으로 구현한다. 이런 회로는 기동과 정지를 수행할 때 자주 사용된다.

(2) 배선도

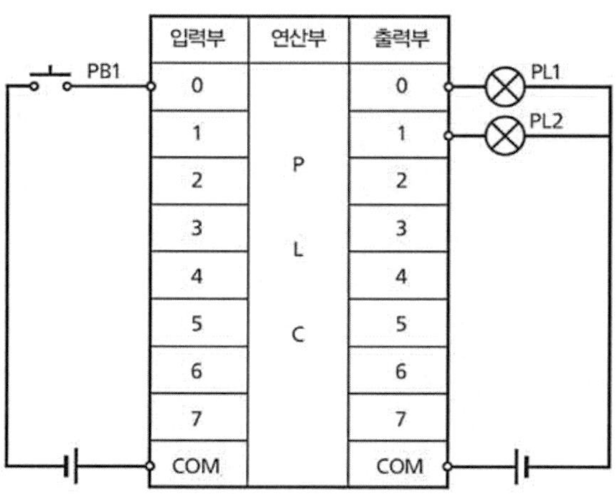

그림 7.33 단일 접점 배선도

(3) 시퀀스도 및 프로그램

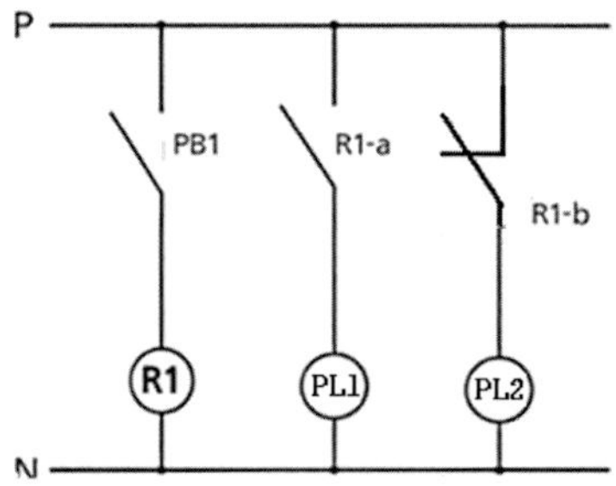

(a) 시퀀스도

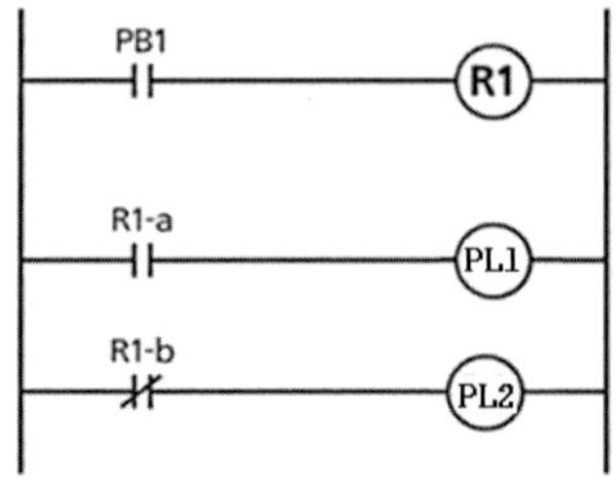

(b) 래더도

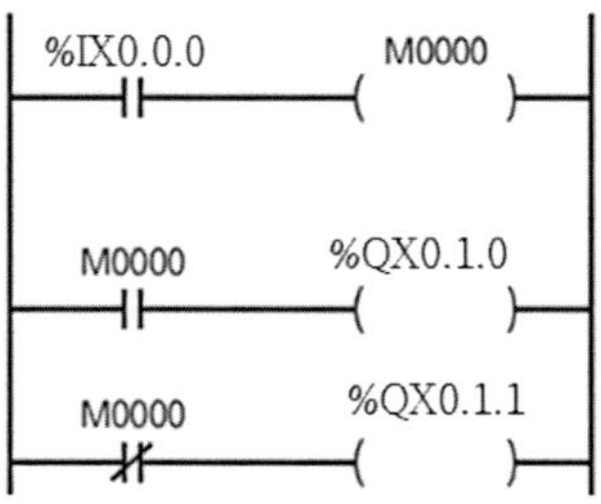

(c) PLC 프로그램

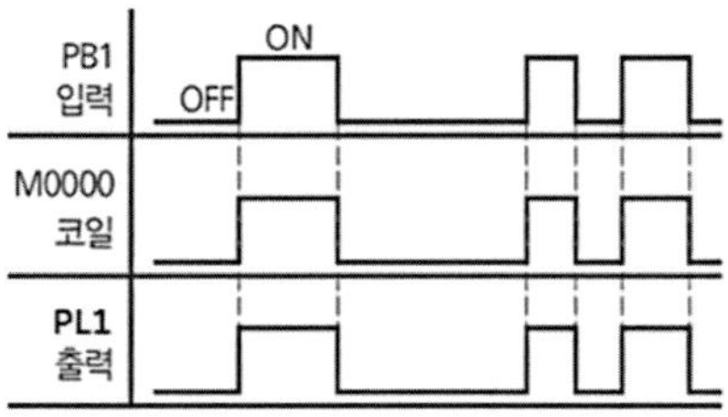

(d) 타임차트

그림 7.34 단일 접점 개폐 회로

(4) 실습용 래더 다이어그램

GMWIN

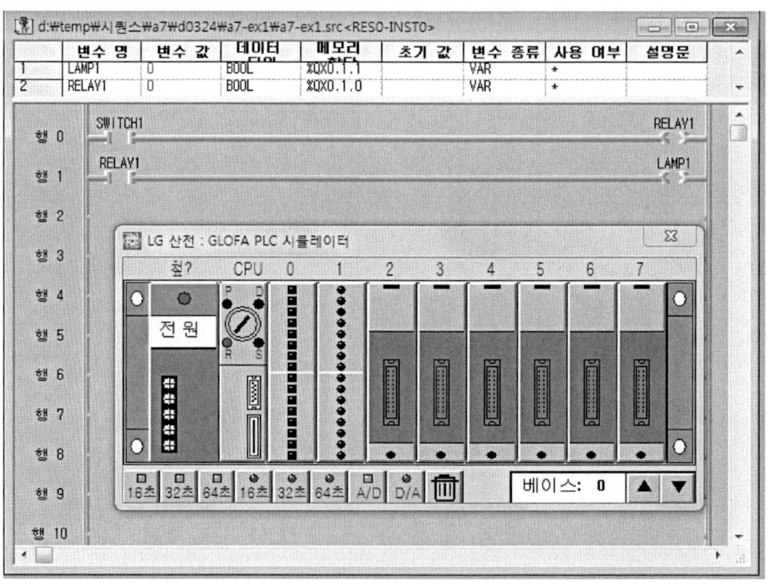

그림 7.35 GMWIN 단일 접점 개폐 회로 프로그램 창

XG5000

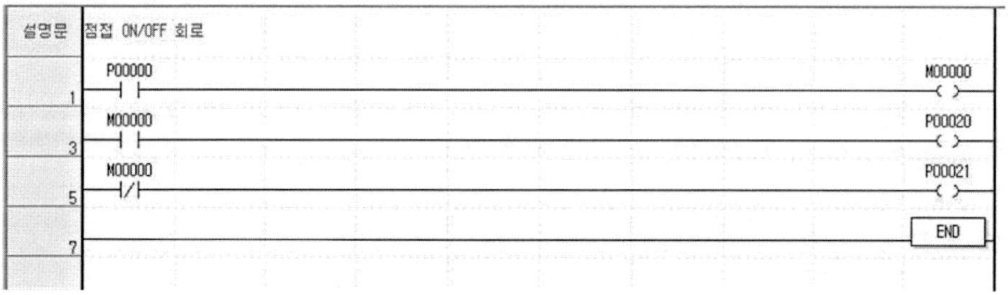

그림 7.36 XG5000 단일 접점 프로그램

(5) 실습 시 유의사항

① 전기배선 및 배선해체는 반드시 전원이 차단된 상태에서 실시한다.

② 실습에 사용되는 모든 부품은 실습판에 완전하게 고정한다.

③ 전원공급시 쇼트가 발생되면 즉시 전원을 차단하고 배선을 확인한다.

④ PLC와 컴퓨터간의 통신 케이블이나 핸디 로더 등을 접속하거나 분리할 때는 전원이 차단된 상태에서 실시한다.

(6) 실습순서

① GMWIN 및 XG5000을 컴퓨터에 설치한다.

② 입·출력 배선도와 같이 전기배선을 실시한다.

- DC24V⊕전원단자와 입력부 COM 단자 및 출력부 COM 단자를 배선한다.
- DC24V⊖전원단자와 입력 스위치 PB1의 a접점단자에 접속한다.
- PB1 스위치 a접점단자와 PLC 입력단자 P00에 접속한다,
- PLC 출력단자 P10과 파일럿 램프 PL1의 ⊕단자와 접속한다.
- PL1의 ⊖단자를 DC24V의 ⊖단자에 접속한다.
- PLC의 출력단자 P11과 파일럿 램프 PL2의 ⊕단자와 접속한다.
- PL2의 ⊖단자를 DC24V 전원 ⊖와 접속한다.

③ PLC와 컴퓨터 사이의 통신 케이블을 접속한다.

④ 프로그램을 작성한다.

- 입·출력 할당을 표 7.1과 같이 한다.
- 프로그래밍용 소프트웨어를 실행하여 PLC 모델, 언어방식을 선택한다.
- 제어 프로그램을 검토하고 프로그램을 입력한다.
- 입력된 프로그램을 PLC로 전송한다.

표 7.1 ON/OFF 회로 입·출력 할당표

입력			출력		
입력기기명	기호	할당번호	출력기기명	기호	할당번호
입력스위치	PB1	P00000	파일럿 램프	PL1 PL2	P00020 P00021

(7) 동작시험

① PLC 전원을 공급한다.

② 모드 스위치를 실행(RUN)위치로 한다.

③ 푸쉬버튼 스위치 PB1을 눌러 램프의 동작 상태를 관찰한다.

(8) 실습장치 정리정돈

①전원을 차단한다.

②배선을 제거하여 정리한다.

③부품을 정리한다.

이와 같은 방법을 이용하여 실습을 진행하며 이후 실습에서도 동일하게 수행 한다.

7.3.2 OR 회로

(1) 동작개요

PB1, PB2 PB3의 입력 스위치 중 어느 한 개만 눌러도 램프 PL1이 점등된다. 그리고 PB1, PB2, PB3가 모두 눌러지지 않으면 PL1은 소등된다.

(2) 배선도

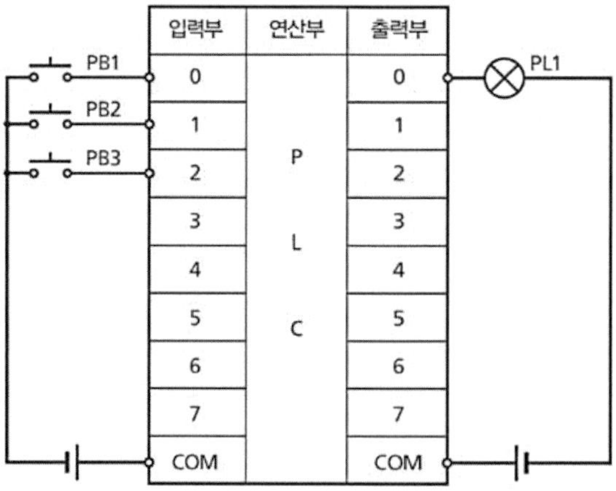

그림 7.37 OR 회로

(3) 시퀀도 및 래더 다이어그램

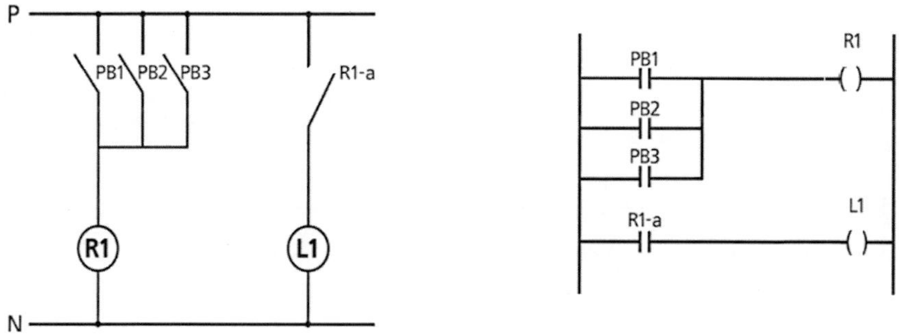

(a) 시퀀스도 (b) 래더도

그림 7.38 OR 회로 시퀀스도

표 7.2 다수 접점 입·출력 할당표

입력			출력		
입력기기명	기호	할당번호	출력기기명	기호	할당번호
입력스위치 입력스위치 입력스위치	PB1 PB2 PB3	P00000 P00001 P00002	파일럿 램프	PL1	P00021

(4) PLC 프로그래밍

GMWIN

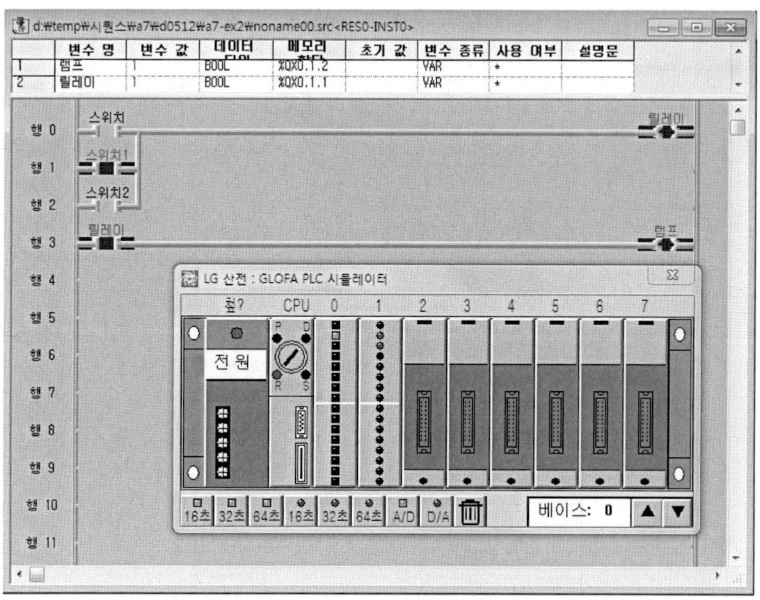

그림 7.39 OR 회로 GMWIN 래더 프로그램

XG5000

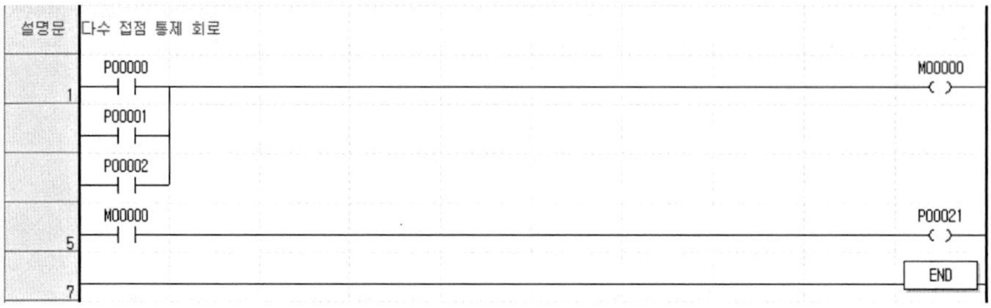

그림 7.40 OR 회로 XG5000 프로그램

(5) 동작 실험

- 래더를 작성후 PLC로 전송한후 운전 모드로 바꾼다.
- 스위치를 눌러 램프의 동작상태를 확인한다.
- 스위치1만 눌러 램프의 동작상태를 확인한다.
- 스위치2만 눌러 램프의 동작상태를 확인한다.
- 스위치 및 스위치1을 눌러 램프의 동작상태를 확인한다.
- 스위치, 스위치1, 스위치2를 눌러 램프의 동작상태를 확인한다.

7.3.3 상호 인터록 회로

(1) 동작개요

정회전 지령 스위치 PB1을 누르면 정회전 표시용 램프 PL1이 점등되고, 역회전 지령 스위치 PB2를 누르면 역회전 표시용 램프 PL2가 점등된다. 그리고 PB1이나 PB2가 먼저 입력되면 나중에 입력된 신호는 동작할 수 없도록 상호 인터록이 작동한다.

(2) 래더 다이어그램

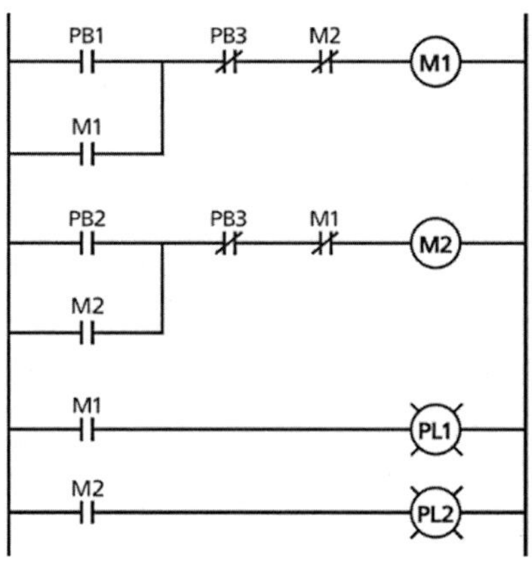

그림 7.41 상호 인터록 래더 다이어그램

(3) PLC 래더 프로그램

GMWIN

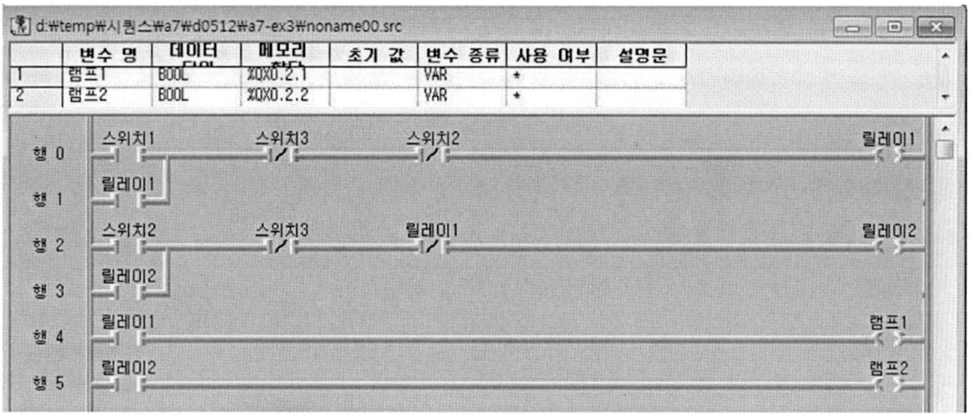

그림 7.42 인터록 회로 GMWIN 래더 프로그램

XG5000

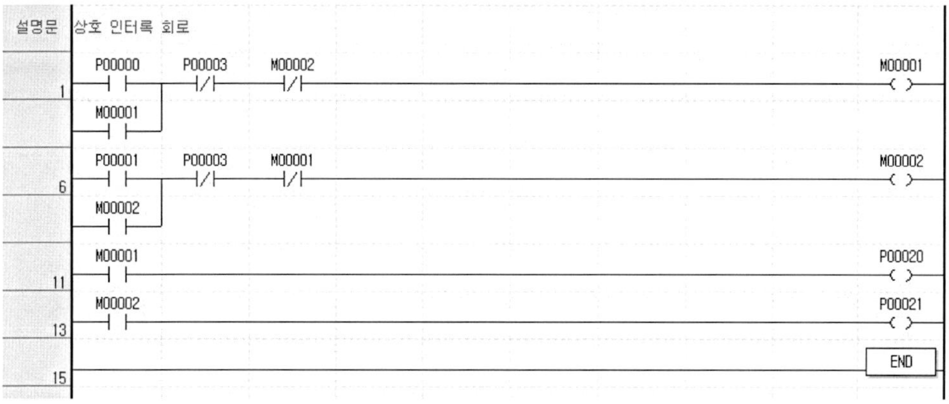

그림 7.43 인터록 회로 XG5000 래더 프로그램

(4) 동작 실습

- 프로그램을 작성하여 전송한 후 RUN시킨다.
- 스위치1를 눌러 램프1이 점등되는지 확인한다.
- 램프1이 점등된 상태에서 스위치2(PB2)를 눌러 동작되는지 확인한다.
  인터록이 걸려 있으므로 동작되지 않아야 정상이다.
- 스위치3을 누른 후 스위치2를 다시 눌러 램프2가 점등되는지 확인한다.
- 램프2가 점등된 상태에서 스위치1을 눌러 인터록 회로가 정상적으로 작용 되는지 확인한다.

7.3.4 교번작동 회로(Push-ON, Push-OFF 회로)

(1) 동작 개요

한 의 입력 스위치를 한 번 누르면 램프1이 구동되고 동시에 램프4가 구동된다. 입력스위치를 떼면 램프1이 소등한다. 다시 한 번 누르면 이번에는 램프2가 동작하고 램프4가 소등된다. 즉, 스위치를 한 번 누를 때마다 램프가 교대로 작동된다.

(2) 입·출력 할당

변수명	데이터 타입	메모리할당	변수종류	설명문
스위치1	Bool	%I0.0.0	VAR	푸쉬버튼 스위치
램프1	Bool	%Q0.1.0	VAR	표시등1
램프2	Bool	%Q0.1.1	VAR	표시등2
램프4	Bool	%Q0.1.2	VAR	표시등4

(3) PLC 래더 다이어그램

GMWIN

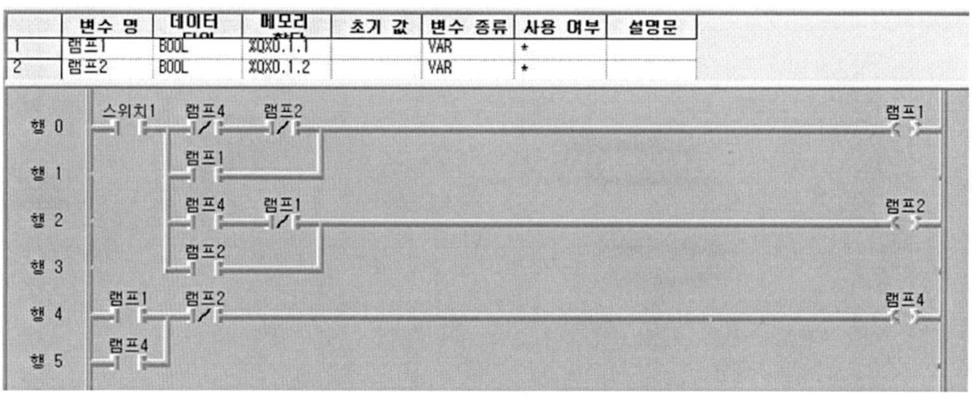

그림 7.44 교번 작동 GMWIN 프로그램

◆ XG5000

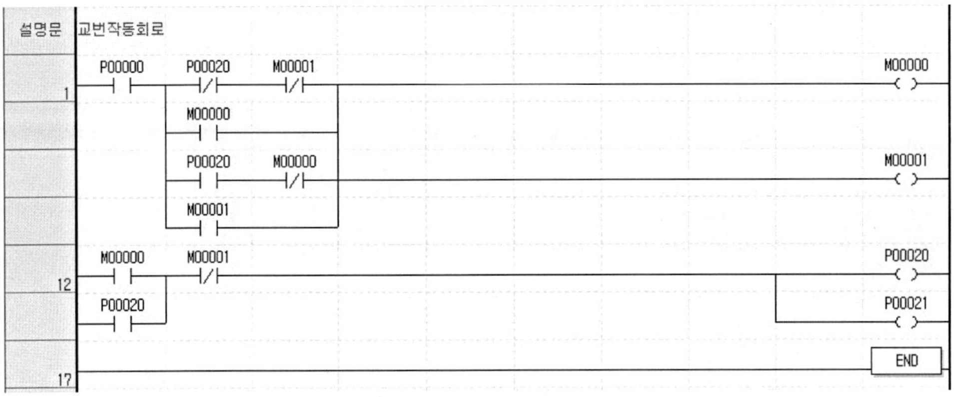

그림 7.45 교번 작동 회로 XG5000 프로그램

(4) 동작 방법

- 입·출력 배선도와 같이 전기배선을 실시한다.
- 입·출력 할당표를 작성한다.
- 프로그램을 다운로드 하고 스위치1을 눌러 램프1 및 램프4가 동작되는지를 확인한다.
- 스위치1을 떼서 램프1이 소등되는지를 확인한다.
- 스위치1을 다시 눌러 램프2가 점등되는지를 확인한다.
  이때 램프4가 소등되는지를 확인한다.
- 램프4가 동작하면서 램프1 및 램프2가 스위치1을 누름에 따라 교대로 작동되는지를 확인한다.

7.3.5 유도 전동기 제어 회로

(1) 동작 개요

공장에 자주 사용되는 유도 전동기 제어 회로이며 PB1에 의해 여자되고 자기 유지 되면서 동작하고 동작등 PL1이 동작한다. PB2를 누르면 MC1이 소자 되면서 전동기가 정지하는 동작을 수행한다.

(2) PLC 래더 다이어그램

◆ GMWIN

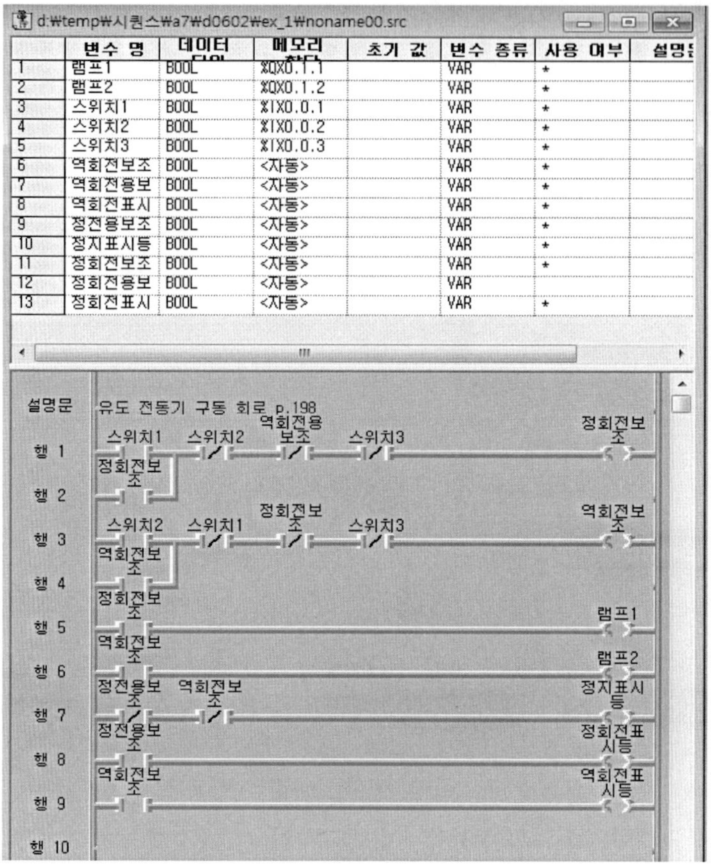

그림 7.46 유도 전동기 제어 GMWIN 프로그램

XG5000

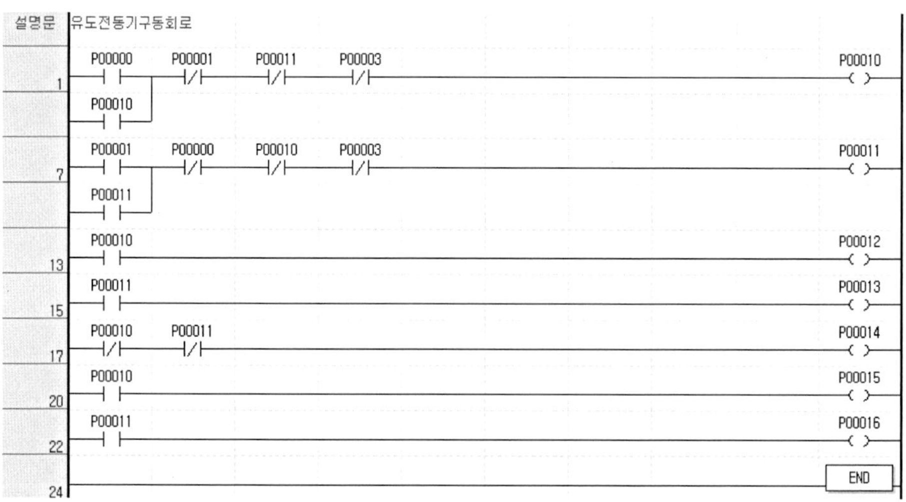

그림 7.47 유도 전동기 제어 XG5000 프로그램

(4) 동작 설명

- PB1과 PB2를 적절히 동작 시켜 구동과 정지를 시켜본다.

7.3.6 퀴즈 놀이 동작

(1) 동작 개요

퀴즈 프로그램에서 자주 사용하는 참가자와 사회자간의 퀴즈 문제를 출제하고 정답을 말하는 과정에서 사용되는 동작이다. 참가자 세 명이 가지고 있는 스위치를 이용하여 동작하고 사회자가 가지고 있는 스위치를 이용하여 전체 동작을 제어하는 구조로 만들어 진다.

(2) PLC 래더 다이어그램

- GMWIN

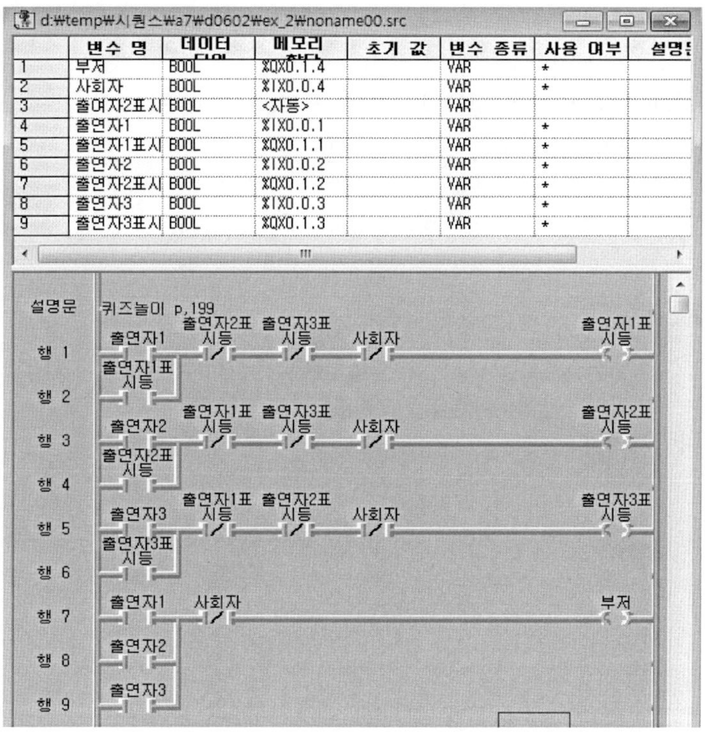

	변수 명	데이터	메모리	초기 값	변수 종류	사용 여부	설명
1	부저	BOOL	%QX0.1.4		VAR	*	
2	사회자	BOOL	%IX0.0.4		VAR	*	
3	출여자2표시	BOOL	<자동>		VAR		
4	출연자1	BOOL	%IX0.0.1		VAR	*	
5	출연자1표시	BOOL	%QX0.1.1		VAR	*	
6	출연자2	BOOL	%IX0.0.2		VAR	*	
7	출연자2표시	BOOL	%QX0.1.2		VAR	*	
8	출연자3	BOOL	%IX0.0.3		VAR	*	
9	출연자3표시	BOOL	%QX0.1.3		VAR	*	

그림 7.48 퀴즈 놀이 제어 GMWIN 프로그램

XG5000

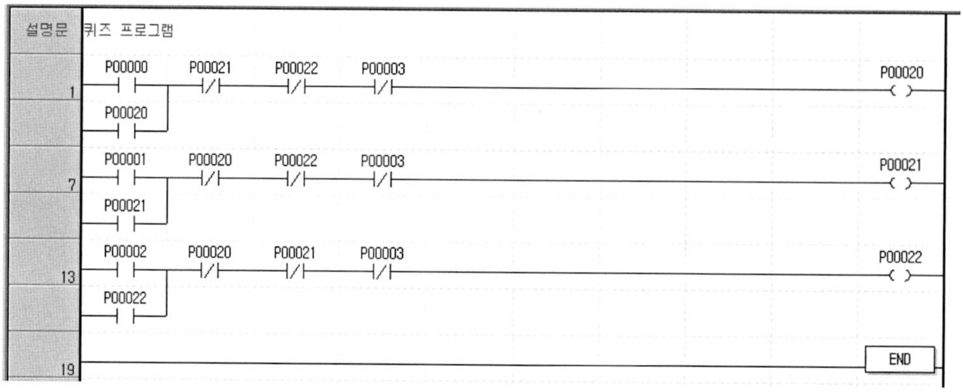

그림 7.49 퀴즈 놀이 프로그램

(3) 동작 설명

- 세 명의 참가자가 서로 버튼을 동시에 눌렀을 상황을 테스트 한다.
- 사회자가 누른 상태에서도 동작이 되는지 확인한다.

7.3.7 엘리베이터 동작 회로

(1) 동작 개요

두 층으로 되어 있는 건물의 엘리베이터를 제어하는 동작으로 각층에 동작 버튼과 상한 하한치를 검출하는 스위치와 각층을 나타내는 스위치와 결합하여 동작한다.

(2) PLC 래더 다이어그램

GMWIN

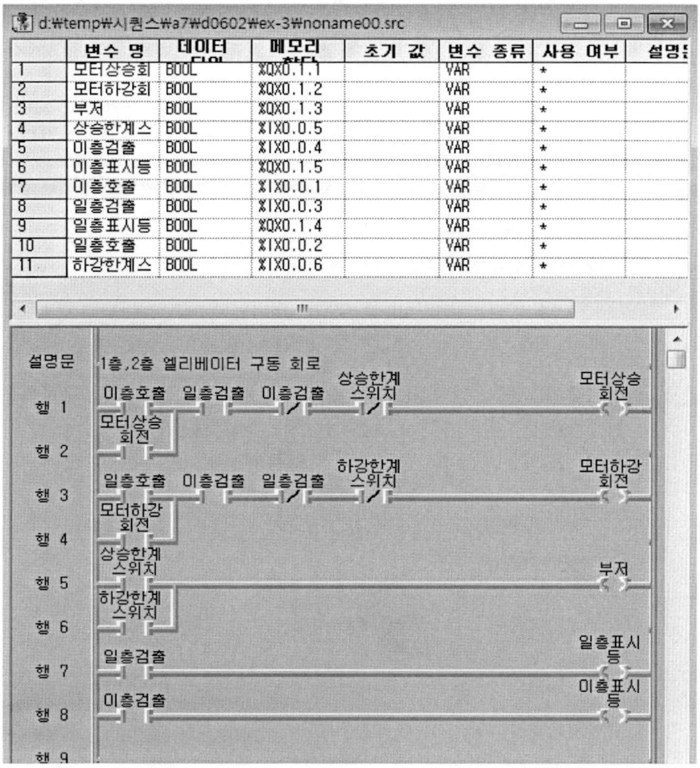

그림 7.50 엘리베이터 동작 GMWIN 프로그램

XG5000

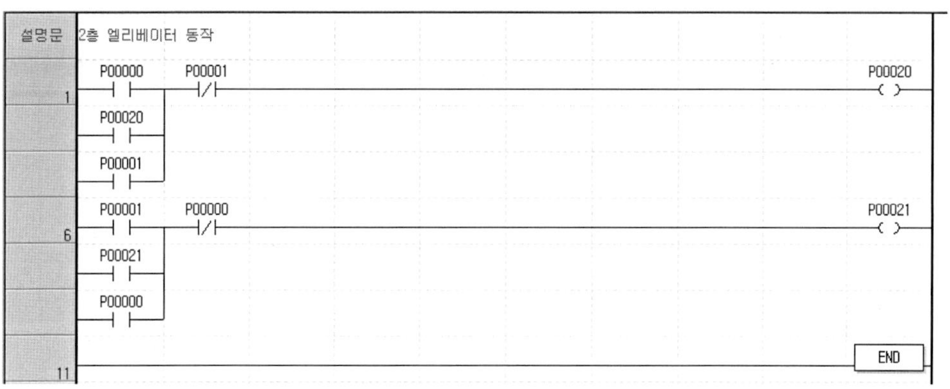

그림 7.51 엘리베이터 동작 XG5000 프로그램

(3) 동작 설명

- 1층, 2층에서 엘리베이터를 동작하여 동작 상태를 체크한다.
- 상한, 하한치의 센서와 연계 동작을 시험한다.

7.3.8 우선 순위 동작 회로

(1) 동작 개요

네 개의 스위치를 배치하여 동작 시키면서 각 스위치를 오른쪽에 우선순위를 두어 우선 순위가 있는 스위치가 동작하면 우측의 스위치 입력을 무시하는 동작을 한다. 우선 동작 회로의 일종으로 동작 위치에 따른 우선 순위를 둔다.

(2) PLC 래더 다이어그램

GMWIN

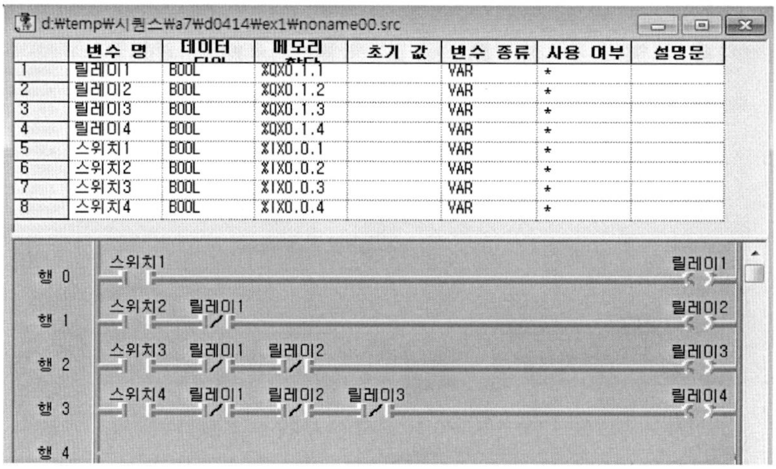

그림 7.52 우선 순위 동작 회로 GMWIN 프로그램

XG5000

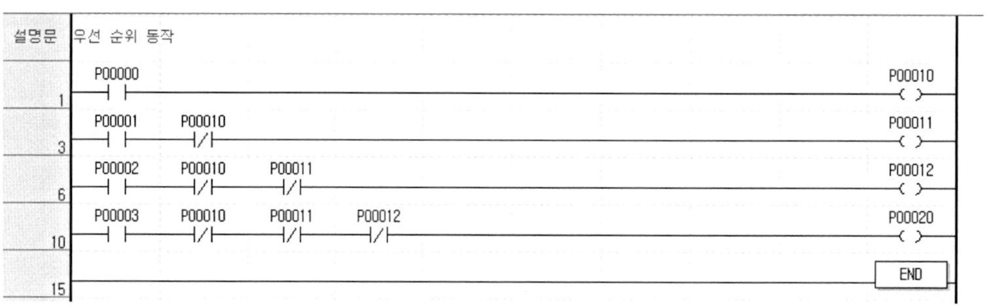

그림 7.53 우선 순위 동작 회로 XG5000 프로그램

(3) 동작 설명

- 스위치 1이 동작하고 있는 동안 스위치 2,3,4를 눌러 각각 동작하는지를 확인한다.
- 스위치 2를 누르고 스위치 3,4가 동작하는지를 관찰한다. 그리고 스위치 1을 눌렀을 때

동작 상황을 관찰한다.

7.3.9 타이머 회로

(1) 동작 개요

입력 접점을 구동 후 바로 동작하지 않고 설정된 시간 후 동작한다. 이 동작은 전형적인 시퀀스 동작의 하나이며 동작 스위치를 누르면 바로 동작하지 않고 10초 설정시간 후 동작하는 회로이다. 설정시간 후 동작 시 램프를 구동하여 동작 상태를 표시한다. 이 회로는 전동기의 구동과 정지 시키는 회로에서 자주 사용된다.

(2) 입·출력 할당 및 타이머 설정 방법

변수명	데이터 타입	메모리할당	변수종류	설명문
스위치1	Bool	%I0.0.0	VAR	푸쉬버튼 스위치
MC	Bool	%Q0.1.0	VAR	전자접촉기
그린램프	Bool	%Q0.1.1	VAR	녹색등
레드램프	Bool	%Q0.1.2	VAR	적색등

• 참조 : TON 동작 (Function 탭에서 TON색인)

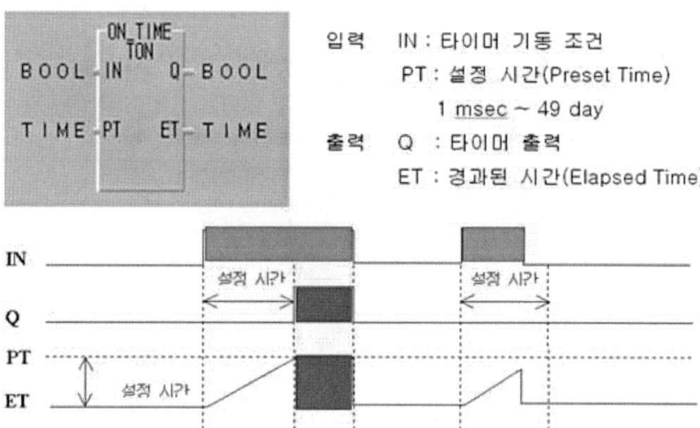

(3) PLC 래더 프로그램

GMWIN

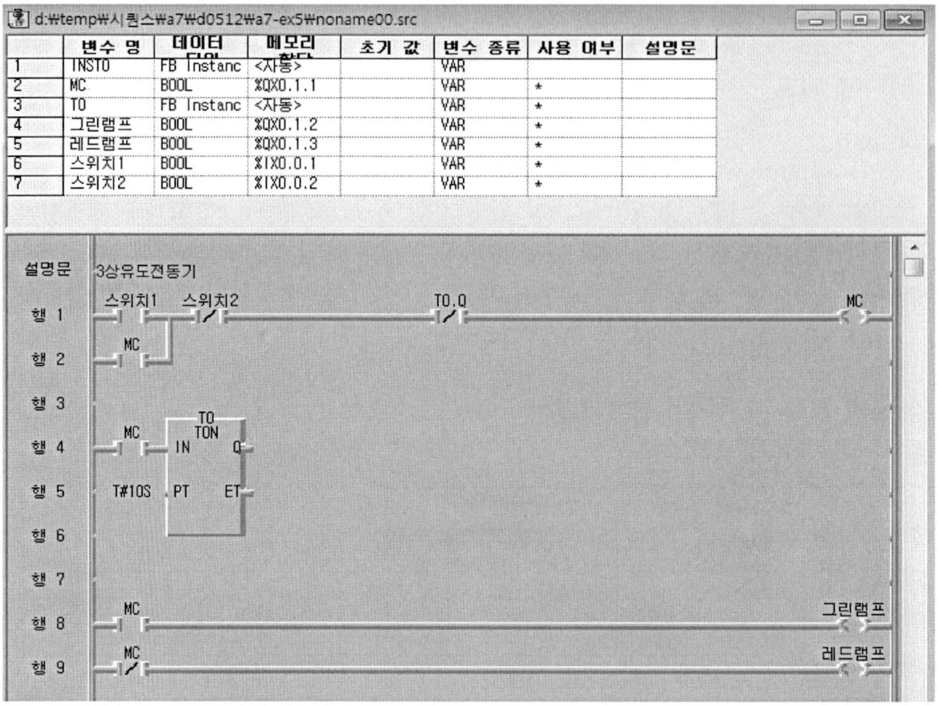

그림 7.54 타이머 GMWIN 프로그램

XG5000

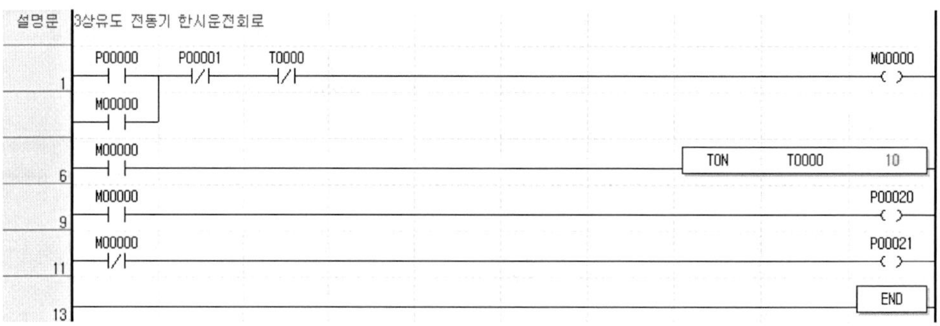

그림 7.55 타이머 XG5000 프로그램

7.3.10 가감산 카운터(CTUD) 프로그램

(1) 동작 개요

시퀀스 소자를 이용하는 대표적인 이벤트를 계수하는 기능으로 상향, 하향, 으로 조절하여 이벤트를 계수하여 출력 접점을 단속한다. 이벤트를 나타내는 스위치를 한 번씩 누를 때 마다 카운터를 증가 혹은 감소하여 계수하며 계수값이 10이 되거나 0으로 감소할 때 각각 램프1과 램프2를 동작시킨다.

(2) 입·출력 할당 및 카운터 설정 방법

변수명	데이터 타입	메모리할당	변수종류	설명문
스위치1	Bool	%I0.0.0	VAR	푸쉬버튼 스위치
램프1	Bool	%Q0.1.0	VAR	녹색등
램프2	Bool	%Q0.2.1	VAR	적색등

- 참조 : CTU 동작 (Function 탭에서 CTU)

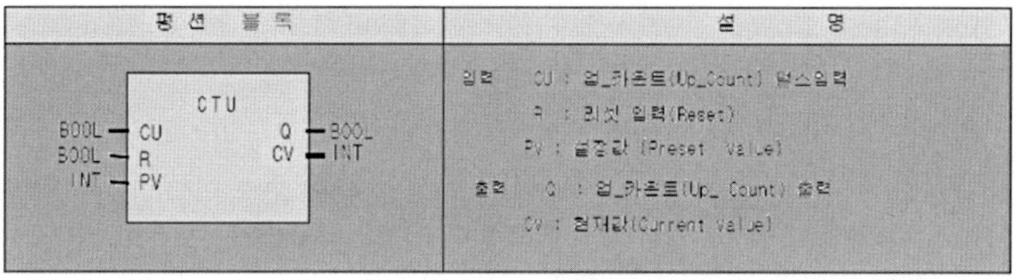

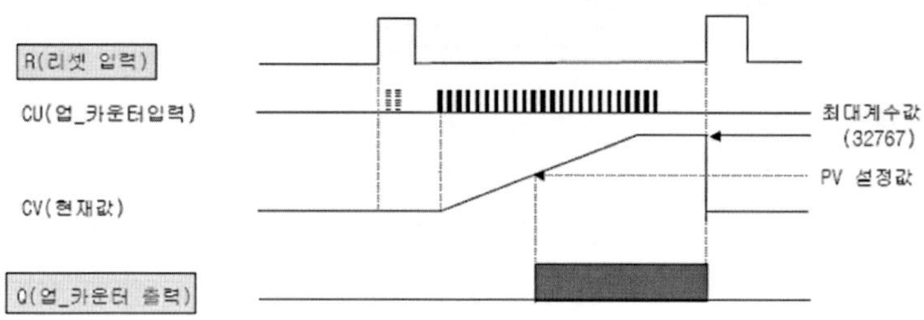

(3) PLC 시퀀스도

GMWIN인 경우

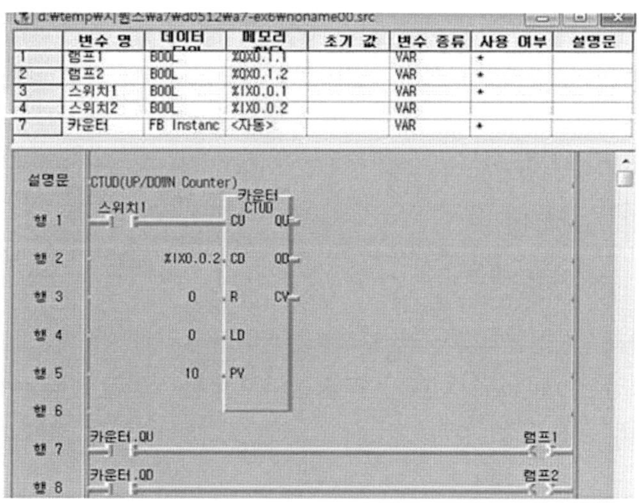

그림 7.56 가감산 카운터 GMWIN 프로그램

XG5000인 경우

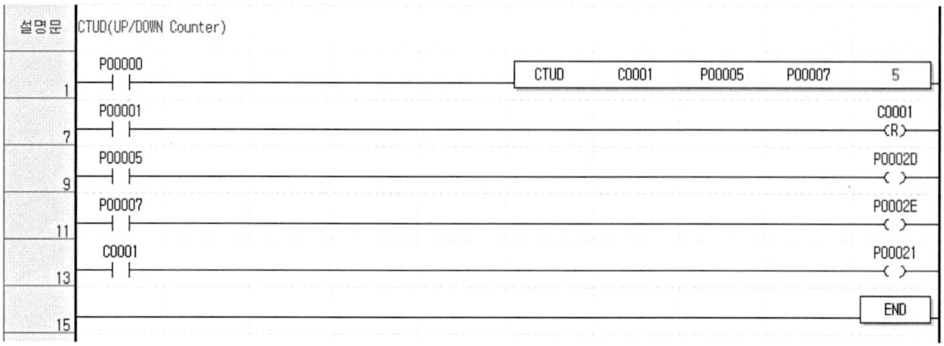

그림 7.57 가감산 카운터 XG5000 프로그램

(4) 동작 실험

- 각 입력 신호에 대해서 R>LD>CU>CD 순으로 동작을 수행하며, 신호의 중복 발생시 우선순위가 높은 동작 하나만 수행한다.
- CTUD는 펑션 블록이므로 연산 중 누계되는 데이터를 잠시 보관하기 위한 인스턴스 변수를 반드시 선언해야 한다.
- CTUD의 인스턴스 변수를 선언하면 업 카운트 출력은 인스턴스 이름.QD 그리고 현재값은 인스턴스 이름.CV로 변수가 자동 생성된다.
- CTUD의 인스턴스 변수 C3를 선언한다.
- 설정 값을 10으로 셋팅 한다. 스위치 %IX0.0.0으로 CU에 펄스를 입력하면 현재값이 증가한다.
- 스위치 %IX 0.0.1으로 CD에 펄스를 입력하면 현재 값이 감소한다.
- 현재 값이 설정 값 이상이면 C3.QU가 "1" 이 되어 %QX0.3.0이 "1"이 된다.
- 현재 값이 "0" 이하이면 C3.QD 가 "1" 이 된다.
- %IX0.0.2를 ON 하면 리셋되어 현재값은 "0"으로 된다.
- %IX0.0.3을 ON하면 LD가 "1"이 되어 설정값이 현재값에 로드된다.

7.3.11 타이머 복합 프로그램

(1) 동작 개요

타이머를 세 개 복수로 운영하여 2초 간격으로 순차적 동작을 수행한다. 스위치1을 눌러 타이머1을 돌려 램프1을 켜고 2초 후에 타이머2를 돌려 또 다시 2초를 진행하여 램프2를 켜고 나머지 2초 후 램프3이 구동된다.

(2) 래더 프로그램

GMWIN

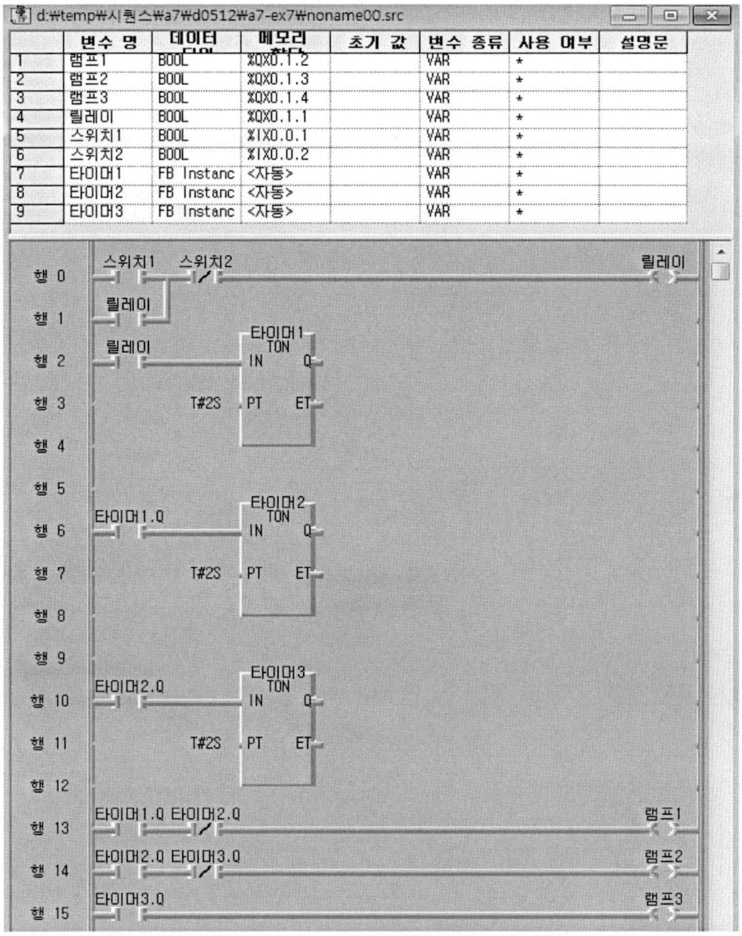

그림 7.58 타이머 복합 GMWIN 프로그램

XG5000

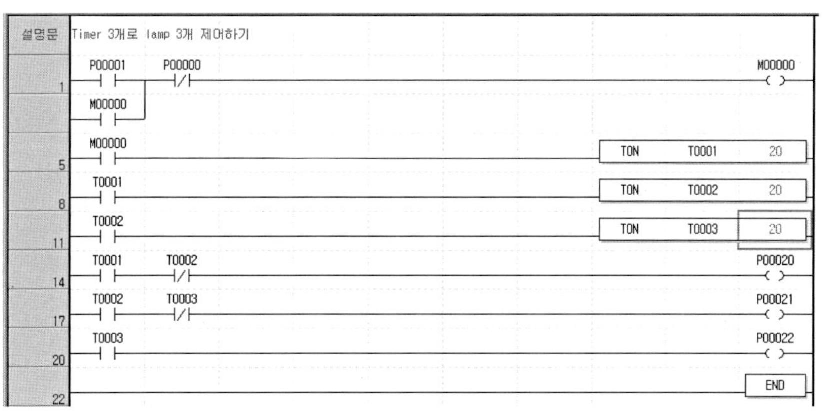

그림 7.59 타이머 복합 XG5000 프로그램

7.3.12 플리커 회로

(1) 동작 개요

시동 스위치(PB1)를 누르면 정지 스위치(PB2)를 누를 때까지 파일럿 램프가 점등과 소등을 반복하며 각각 점등시간은 10초, 소등시간은 10초로 만든다.

(2) 래더 프로그램과 타임차트

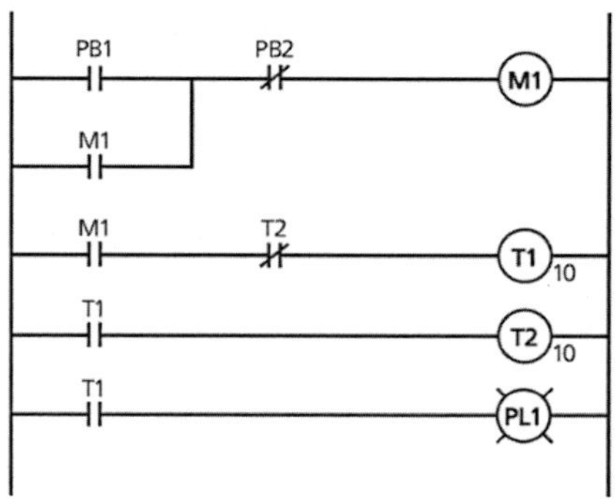

그림 7.60 플리커 래더 다이어그램

(3) PLC 시퀀스 프로그램

GMWIN

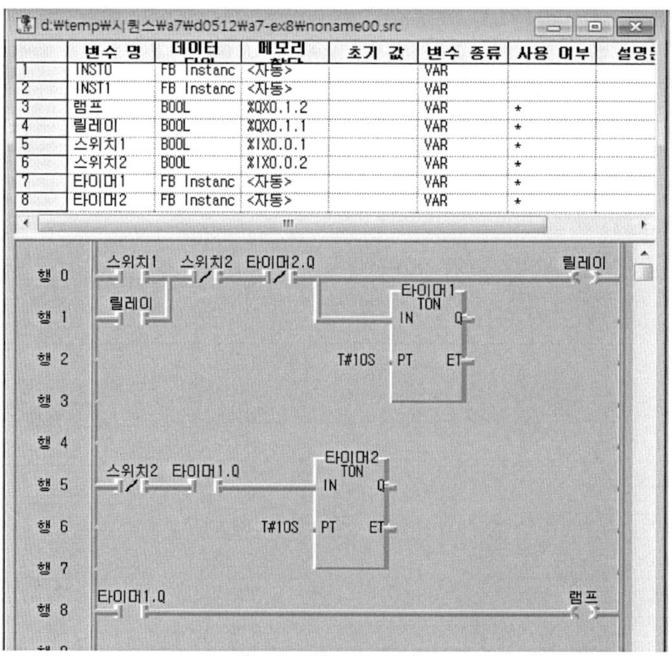

그림 7.61 플리커 GMWN 프로그램

● XG5000

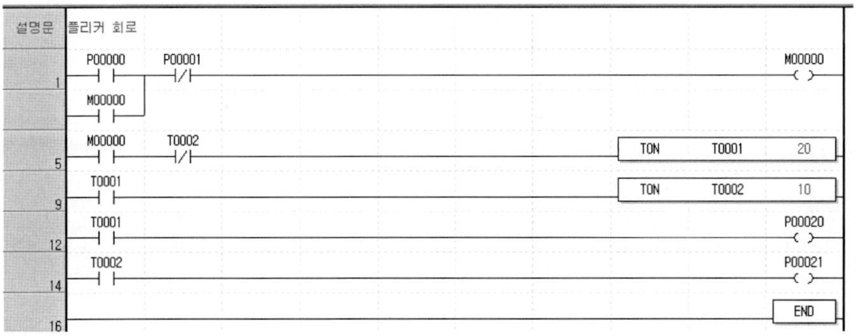

그림 7.62 플리커 XG5000 프로그램

7.3.13 비트 연산 및 함수 호출 회로

(1) 동작 개요

내부에 제공되는 기능 함수를 이용하여 특정 메모리의 값을 읽어서 비트 AND, OR 혹은 시프트를 수행한다. 또한 읽은 메모리 값을 덧셈, 뺄셈과 같은 수치 연산을 수행한다. 그리고 특정 바이트 입력을 주어서 정해진 횟수만큼 비트를 이동시킨 후 출력 한다.

(2) 래더 프로그램

● GMWIN

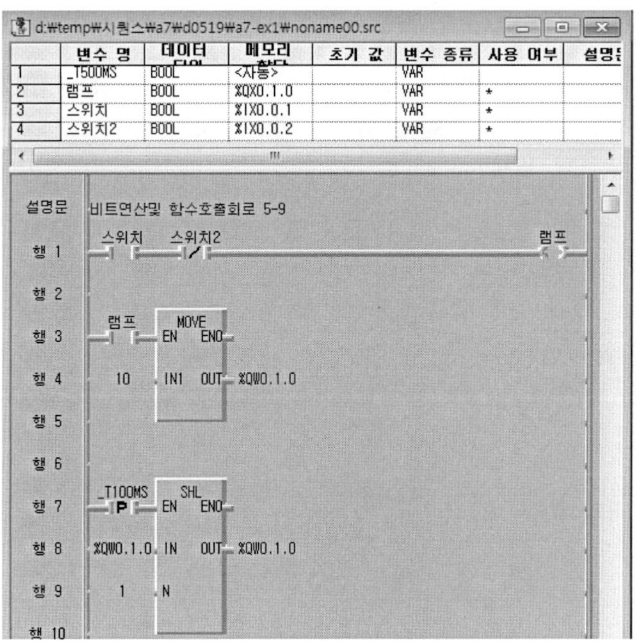

그림 7.63 비트 연산 GMWIN 프로그램

XG5000

그림 7.64 비트 연산 XG5000 프로그램

(3) 동작 방법

- 래더 다이어그램을 작성하고 다음의 동작을 확인한다.
- 버튼1 클릭하여 이동조건 접점을 구동되어 시프트 동작이 되는지 확인한다.
- 리셋을 눌러서 바이트 입력 값이 어떻게 되는지 확인한다.
- 버튼2를 눌러서 바이트 반전 값이 어떻게 변하는지 확인한다.
- 바이크입력모니터 값이 어떻게 바뀌는지 확인한다.
- _ON접점이 어떻게 변하는지 확인한다.

참고

비트를 조작하는 명령은 ROR과 SHR의 두 가지로 나누어진다. 이때의 명령어는 최종 비트의 움직임에 따라 다르게 나타난다. 이 두 가지의 명령의 차이점은 다음과 같이 동작의 차이를 만들 수 있다.

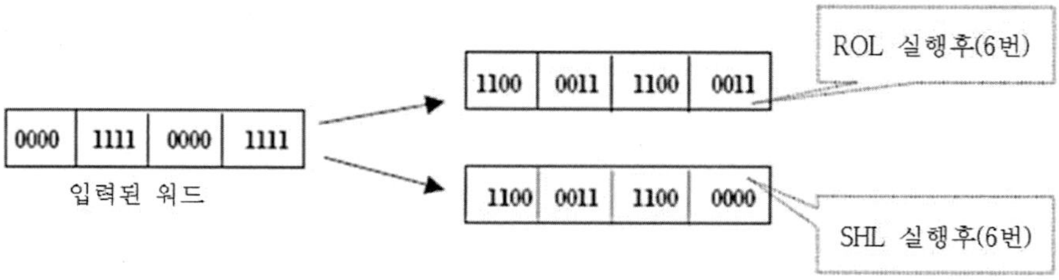

7.3.14 산술 블록 처리 회로

(1) 동작 개요

PLC 내부의 카운터 기능을 이용하여 20까지 수치를 증가 시키면서 주어진 설정치 5, 8, 15에 대한 비교 동작을 수행할 수 있게 한다.

(2) 래더 프로그램

GMWIN

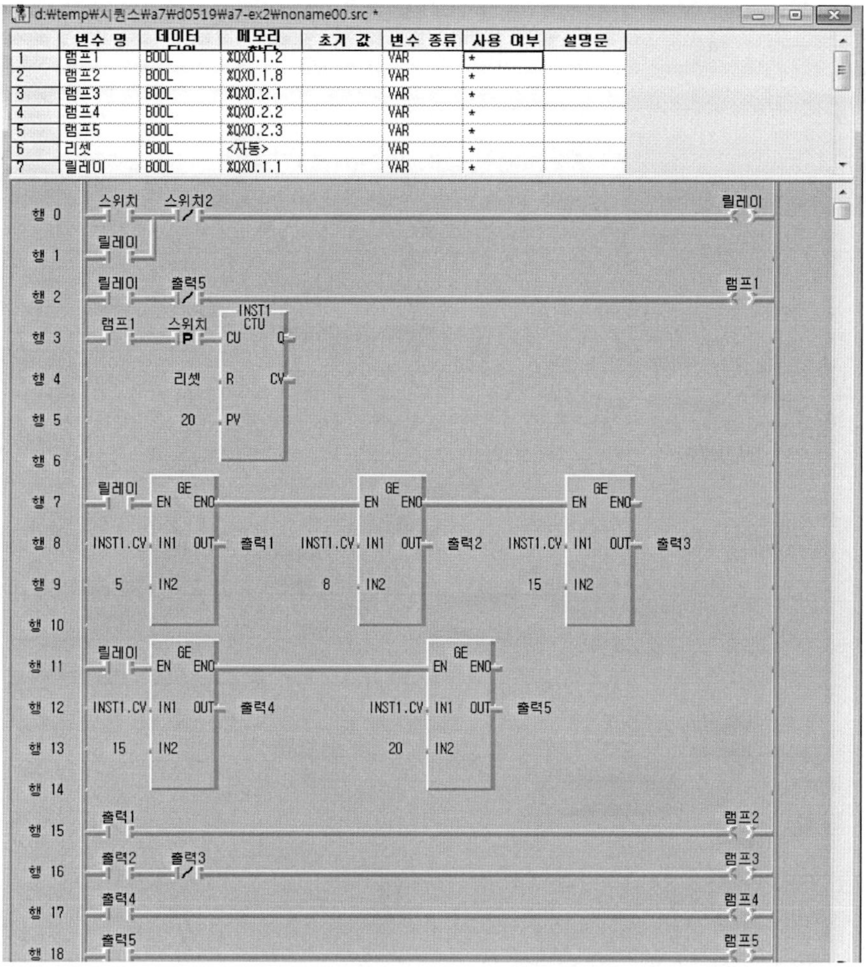

그림 7.65 산술 블록 GMWIN 프로그램

XG5000

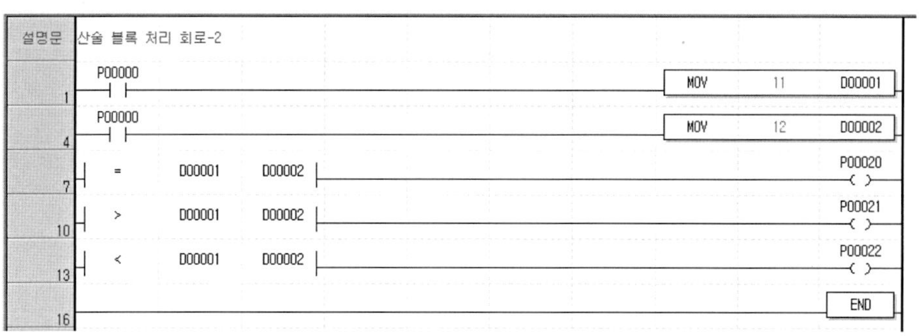

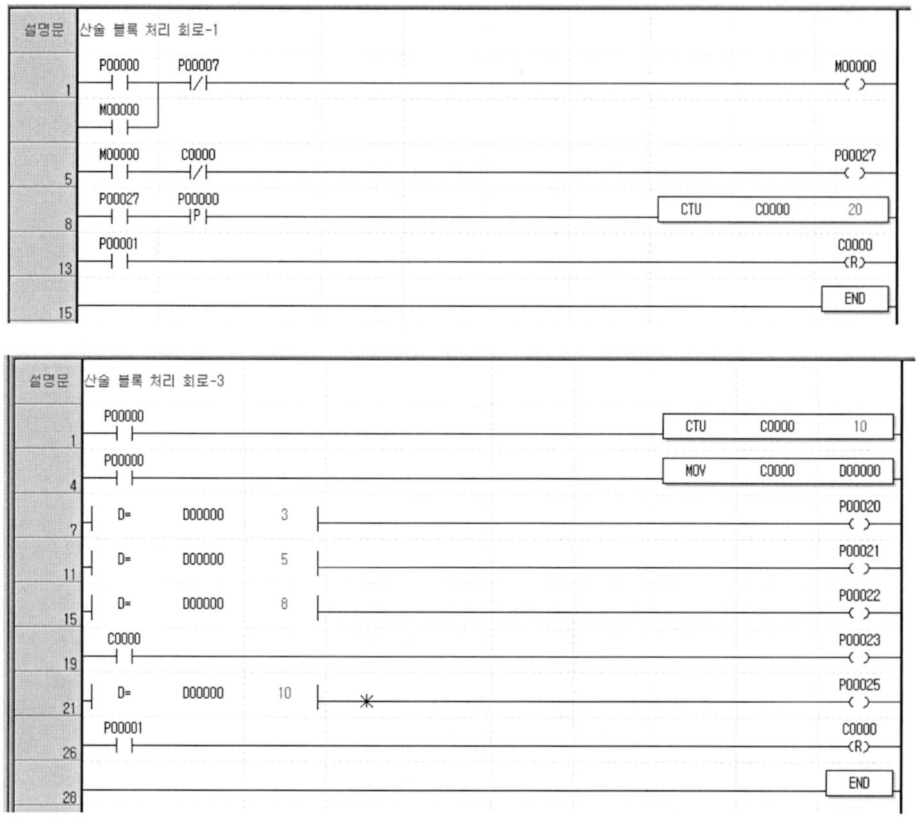

그림 7.66 산술 연산 XG5000 프로그램

(3) 동작 방법

- 래더 다이어그램을 작성하고 다음의 동작을 확인한다.
- 입력 스위치를 동작 시켜 램프1이 구동 되는지 확인한다.
- 이때 카운터의 값이 제대로 상승되고 있는지 확인한다.
- 출력 1, 2, 3, 4, 5가 언제 동작되는지 확인한다.
- 램프2, 3, 4, 5가 언제 동작되는지 확인한다.

7.3.15 제어 블록 처리 회로

(1) 동작 개요

일부의 프로그램 블록을 수행할 수 있는 제어 블록을 만들고 조건에 따라 구분하여 동작하게 한다.

(2) MCS 관련 래더 다이어그램

GMWIN

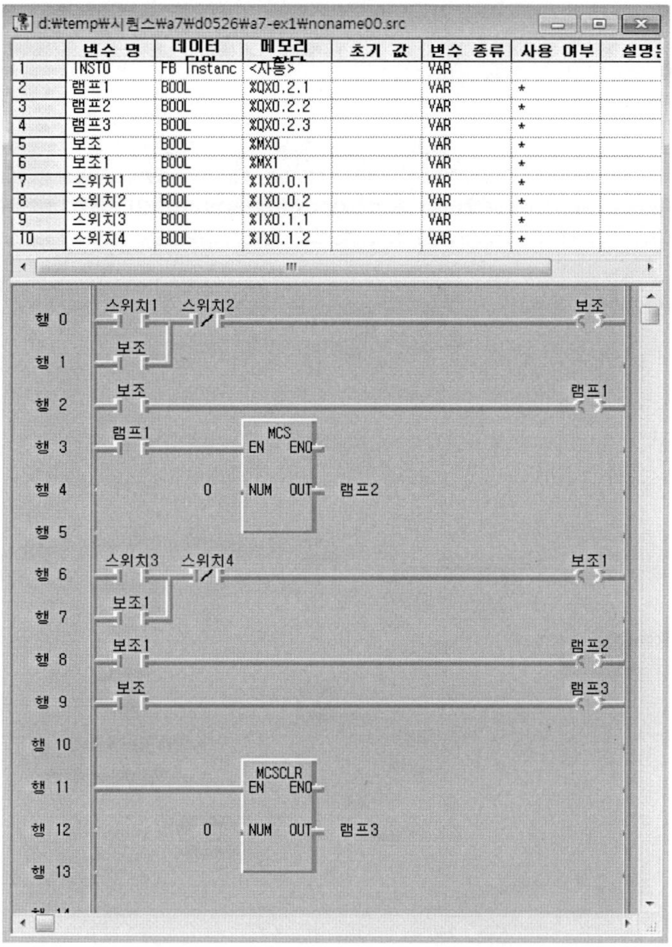

그림 7.67 제어 블록 GMWIN 프로그램

XG5000

그림 7.68 제어 블록 처리 XG5000 프로그램

(3) 동작 실험

GOTO문은 도구바에서 다음을 선택한다.

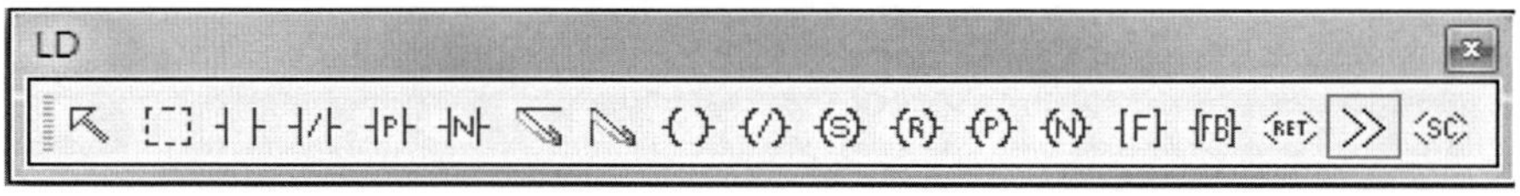

- 프로그램을 작성하고 다음의 사항을 확인한다.
- %IX0.0.0 버튼을 누르면 어떤 현상이 일어나는지 확인한다.
- %IX0.0.0 버튼을 뗀 후 어떤 현상이 일어나는지 확인한다.
- %IX0.0.1 버튼을 누르면 어떤 현상이 일어나는지 확인한다.
- %IX0.0.1 버튼이 눌린 상태에서 %IX0.0.0버튼을 누르면 어떤 현상이 일어나는지 확인한다.
- %IX0.0.0 버튼을 뗀 후 %IX0.0.1을 누르면 어떤 현상이 일어나는지 확인한다.

(4) 분기 관련 래더 다이어그램

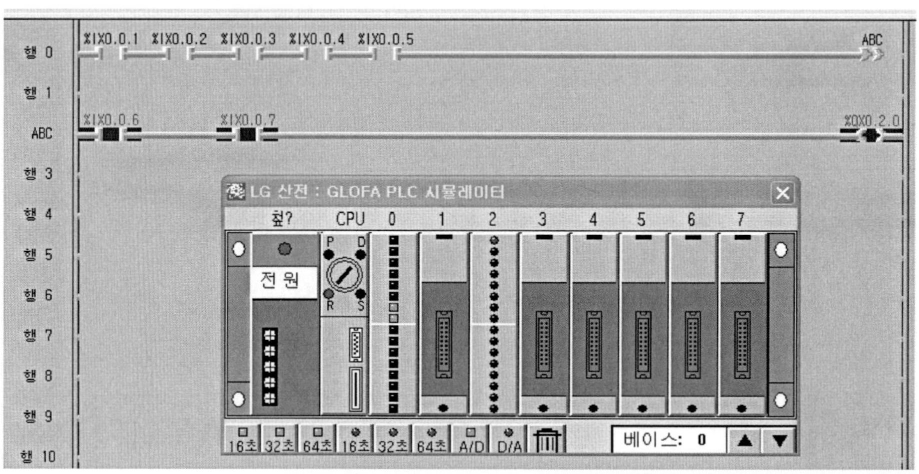

그림 7.69 제어 블록 GMWIN 프로그램

- 서브루틴을 부르기 위해서는 메뉴바에서 아래의 메뉴를 선택하여 프로그램을 작성한다.

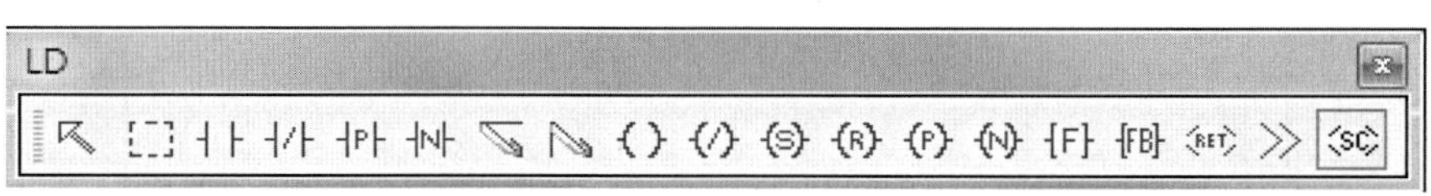

(5) 서브루틴(CALL) 프로그램

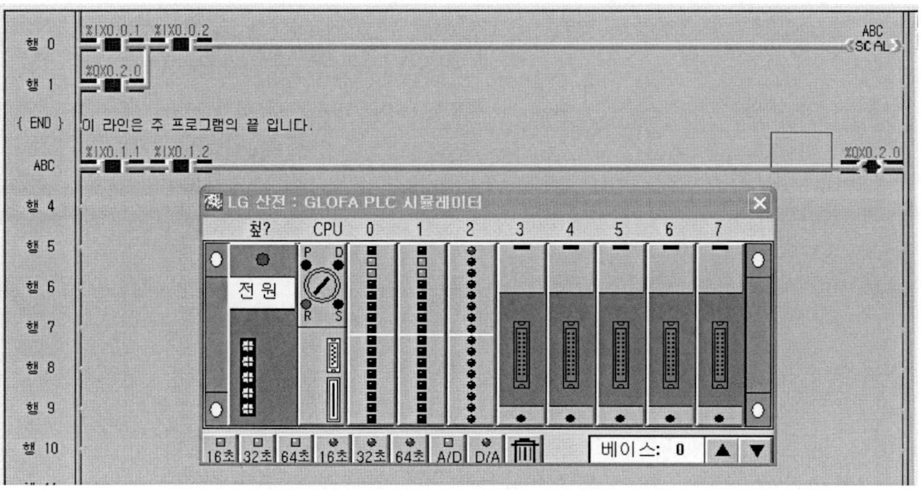

그림 7.70 분기 GMWIN 프로그램

LD 프로그램에서 END 명령어를 만나면 프로그램을 종료한다. 그러나 불가피하게 END 명령어 이후에 프로그램이 존재할 경우 그 프로그램을 불러와야 할 때가 있는데 이러한 경우, 서브루틴 명령어를 사용하면 편리하다.

① %I0.1.1과 %I0.1.2의 접점이 동작하더라도 %Q0.2.0가 동작하지 않는다.

② %I0.0.1 접점이 동작하면 서브루틴이 ABC를 부르며, %I0.1.1과 %I0.1.2 접점이 동작 후 출력 %Q0.2.0이 동작을 한다.

7.3.16 MOVE 평선 회로

(1) 동작 개요

데이터를 시프트하고 그 결과를 이동하는 기능을 수행한다.

(2) PLC 래더 프로그램

GMWIN

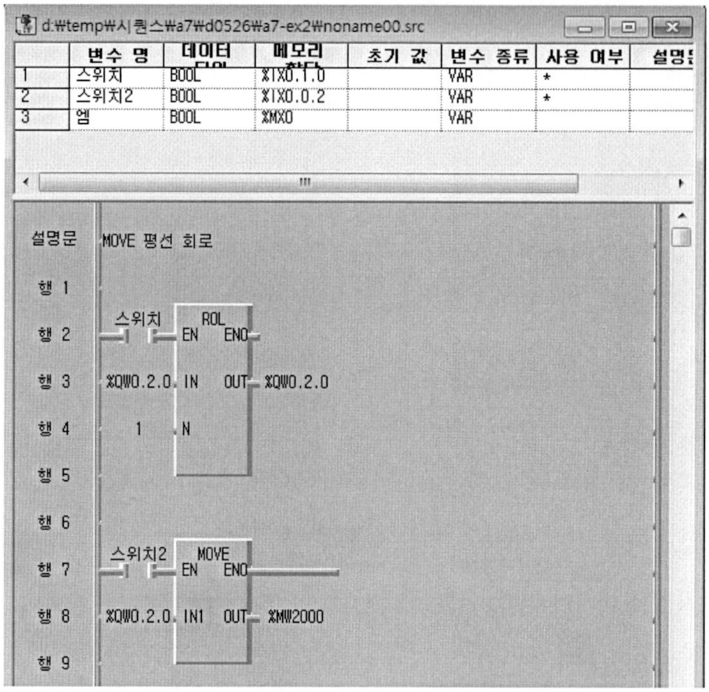

그림 7.71 MOVE GMWIN 프로그램

XG5000

그림 7.72 MOVE XG5000 프로그램

7.3.17 BCD를 정수 변환 회로

(1) 동작 개요

컴퓨터나 디지털 논리에서 자주 사용하는 BCD 데이터를 일반 정수로 변환하는 명령을 수행한다.

(2) PLC 래더 프로그래밍

GMWIN

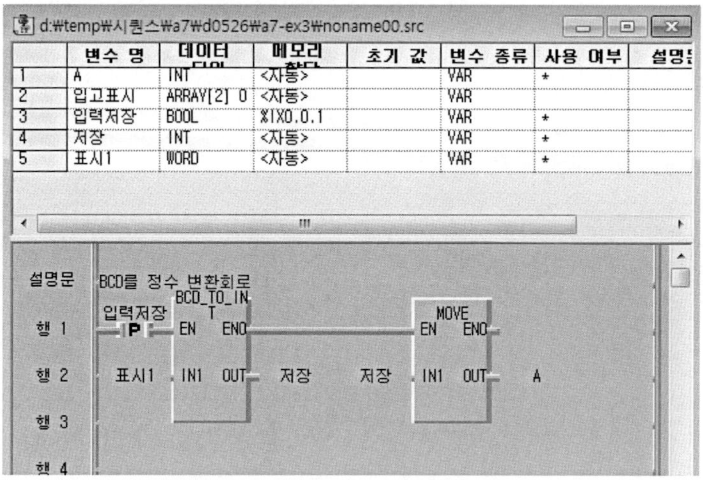

그림 7.73 BCD처리 GMWIN 프로그램

XG5000

그림 7.74 BCD처리 XG5000 프로그램

7.3.18 3색 신호등 응용 회로

(1) 동작 개요

교통신호등은 보행자 보행을 위한 2등부터 운전자용 3등 및 4등 체계로 되어 있고 각각 등은 적색(R), 황색(Y), 녹색(G)로 나누어져 있다. 이번 실습은 운전자용 3색 신호등 제어회로를 구현한다. 3색 신호등에 대한 동작 설명은 다음과 같다.

- 동작 스위치를 누르면 R1이 동작하며 접점 R1이 동작하고 적색등이 동작한다. 동시에 타이머 T1이 여자 된다. 그리고 20초 후에 R1이 동작하여 황색등이 동작하며 타이머 T2가 여자 된다. 이때 T1이 복귀된다.
- 10초 후에 R3이 동작하여 청색등이 점등하고 타이머 T3가 여자 되기 시작한다. 동시에 R1, R2가 복귀되어 적색등과 황색등이 꺼진다.

• 30초 후에 R1이 다시 동작하여 적색등이 켜지며 R3가 소자되고 청색등이 꺼지면서 반복동작을 시작한다.

(2) PLC 래더 프로그래밍

GMWIN

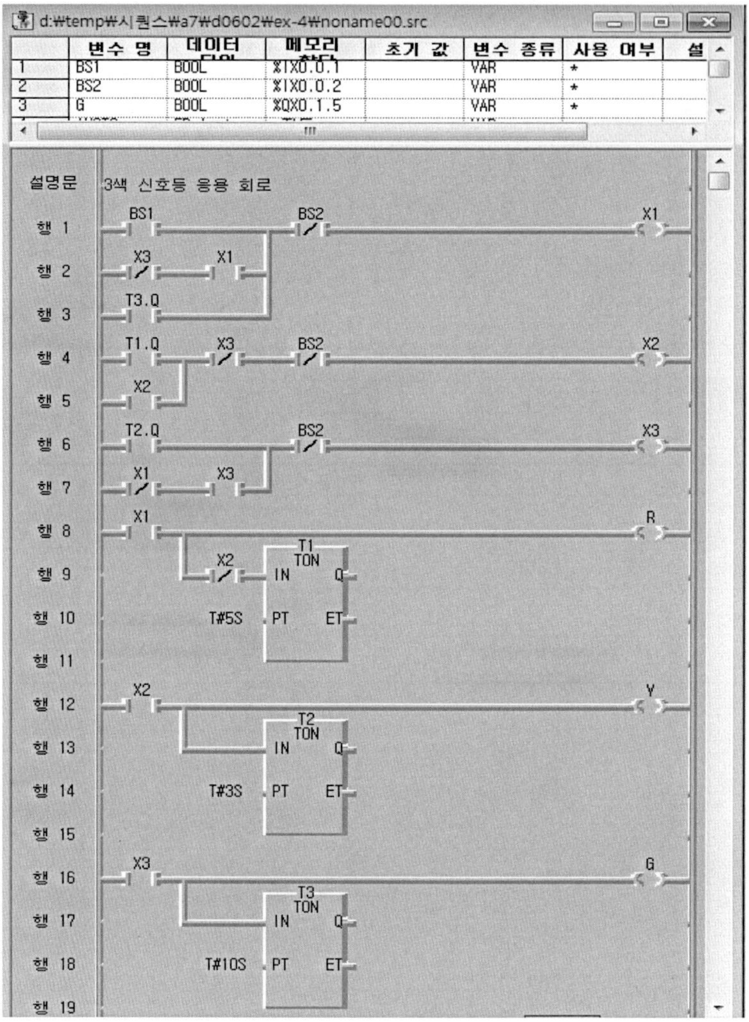

그림 7.75 3색 신호등 GMWIN 프로그램

XG5000

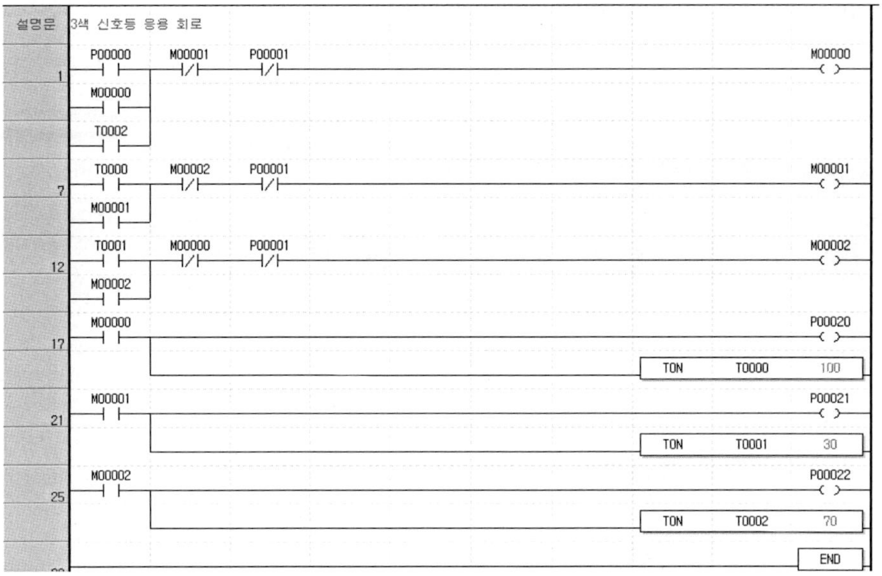

그림 7.76 3색 신호등 XG5000 프로그램

(4) 동작 실험

- BS1을 눌러서 동작을 개시한 후 각각 표시된 시간 후에 적색등과, 황색등 및 청색등이 어떻게 작동 되는지 확인한다.
- 실제 도로 운전 시 마주치는 신호등과 동작 상태를 비교 분석한다.

(5) 비고

7.3.19 컨베이어 구동 회로

(1) 동작 개요

공장에서 물품을 이송하거나 임의의 조립라인을 만들어 작업할 때 컨베이어의 사용이 필수적이다. 이때 대부분 구동용 장치로는 모터가 사용되며 다수 개가 사용되고 있다. 따라서 컨베이어를 구동 시는 다수의 모터가 서로 시퀀스하게 동작해야 하며 정지 시에도 순서에 따라 멈춰져야 한다. 이번 실습에는 벨트 컨베이어를 전동기3대로 수평 운전하는 회로로 타이머를 이용하여 10초 간격으로 MC1, MC2, MC3의 순으로 동작되게 하였다. 동작은 다음과 같다.

- BS1을 입력하면 MC1이 동작하여 컨베이어 1이 동작하며 타이머 T1이 동작을 시작한다.
- 10초가 경과한 후 MC2가 동작하여 컨베이어 2가 동작 하게 되고 타이머 T2가 동작되기 시작하며 타이머 T1은 동작을 복구한다.
- 10초 후 MC3가 동작하며 컨베이어3이 동작하고 타이머T2는 복구 작업을 시작한다. 그러면 컨베이어는 세 개가 연동하여 동작을 하게 된다.

• 반대로 정지 시는 BS2를 눌러 내부출력 릴레이 R이 동작하게 되고 이때 MC3가 복귀하게 되고 타이머 T3, 타이머 T4가 동작하게 된다.
• 10초후 MC2가 복귀하고 다시 10초후 MC1이 복귀되며 타이머 T3,T4도 복귀한다.

(2) 동작 실험

• BS1을 눌러 각각 모터를 구동 후 MC1, MC2, MC3가 10초 간격으로 동작되는 것을 확인한다.
• 실제 컨베이어가 정상적으로 기동하는 환경이 만들어 지는지 확인한다.
• BS2를 눌러 정지 시에는 반대로 MC3, MC2, MC1이 차례로 동작되는지 확인한다.

(3) PLC 래더 프로그래밍

GMWIN

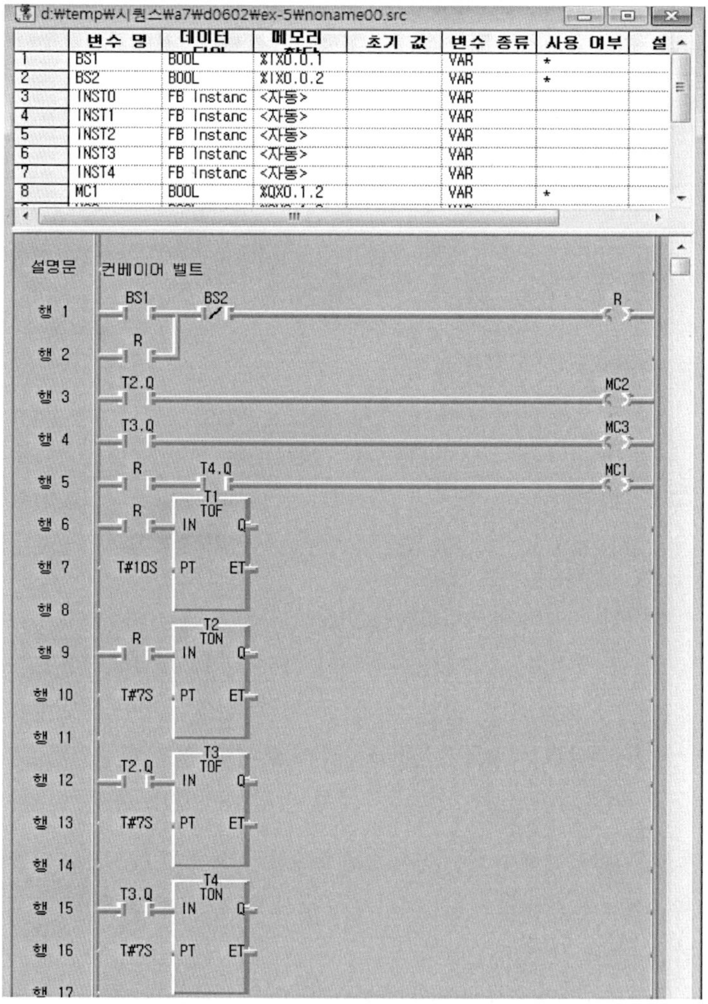

그림 7.77 컨베이어 구동 GMWIN 프로그램

XG5000

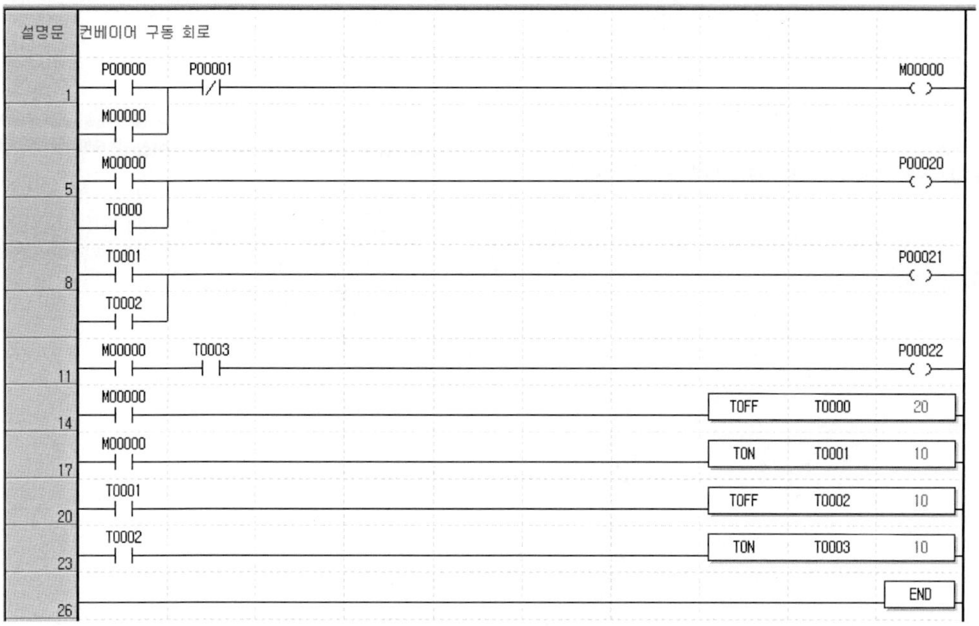

그림 7.78 컨베이어 구동 회로의 XG5000 프로그램

7.3.20 화장실 자동 밸브 제어 회로

(1) 동작 개요

변기에 접근하면 1초경과 후 2초 동안 물이 나오고, 이탈즉시 3초 동안 물이 나온다.

(2) PLC 래더 다이어그램

GMWIN

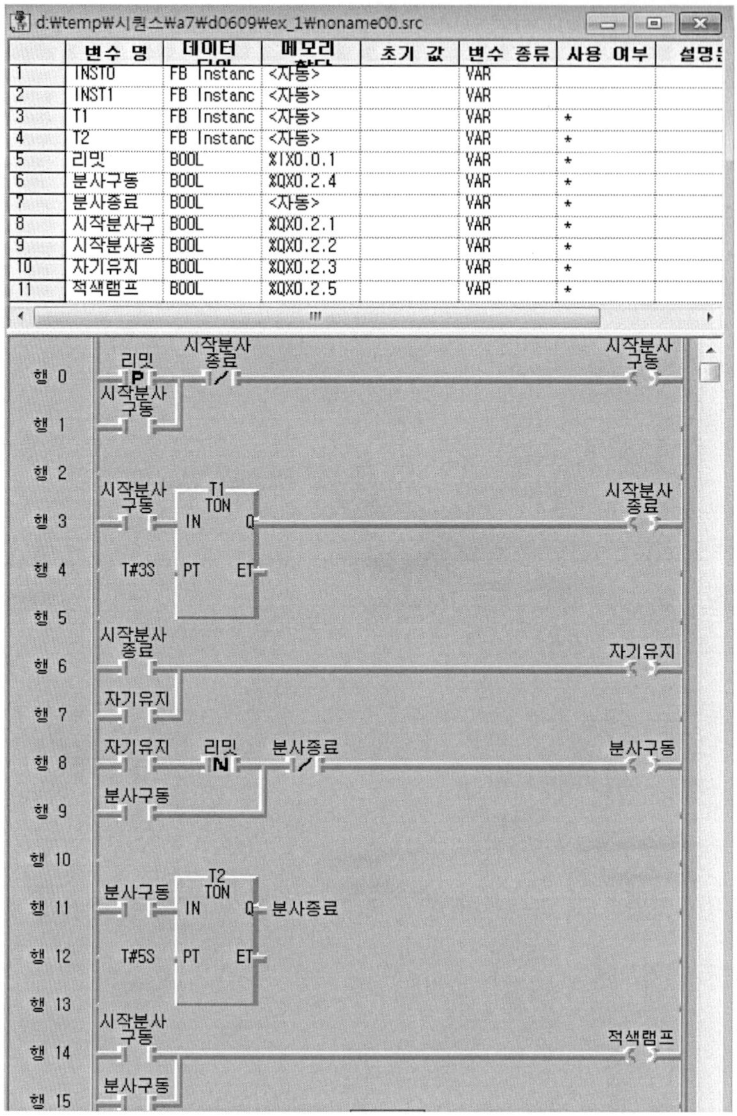

그림 7.79 화장실 자동 밸브 GMWIN 프로그램

XG5000

그림 7.80 화장실 자동 밸브 XG5000 프로그램

(3) 동작 실험

- 동작을 시작하기 위한 동작 개시 접점(p00000)을 구동한다.
- 설정시간 후 설정시간 동안 물이 나오는지 동작을 확인한다.
- 변기 이탈시 물이 구동되는 시간을 확인한다.

7.3.21 4등 네거리 교통신호등 회로

(1) 동작 개요

가동스위치(ONSW)를 누르면 서로 마주 보는 위치의 신호등이 동시에 녹색, 좌회전, 황색 및 적색순으로 구동하는 동작이다. 나머지 두 개소의 신호등도 같은 방법으로 동작을 수행한다. 만일 정지 스위치(OFFSW)를 누르면 모든 동작이 정지한다.

(2) PLC 래더 다이어그램

GMWIN

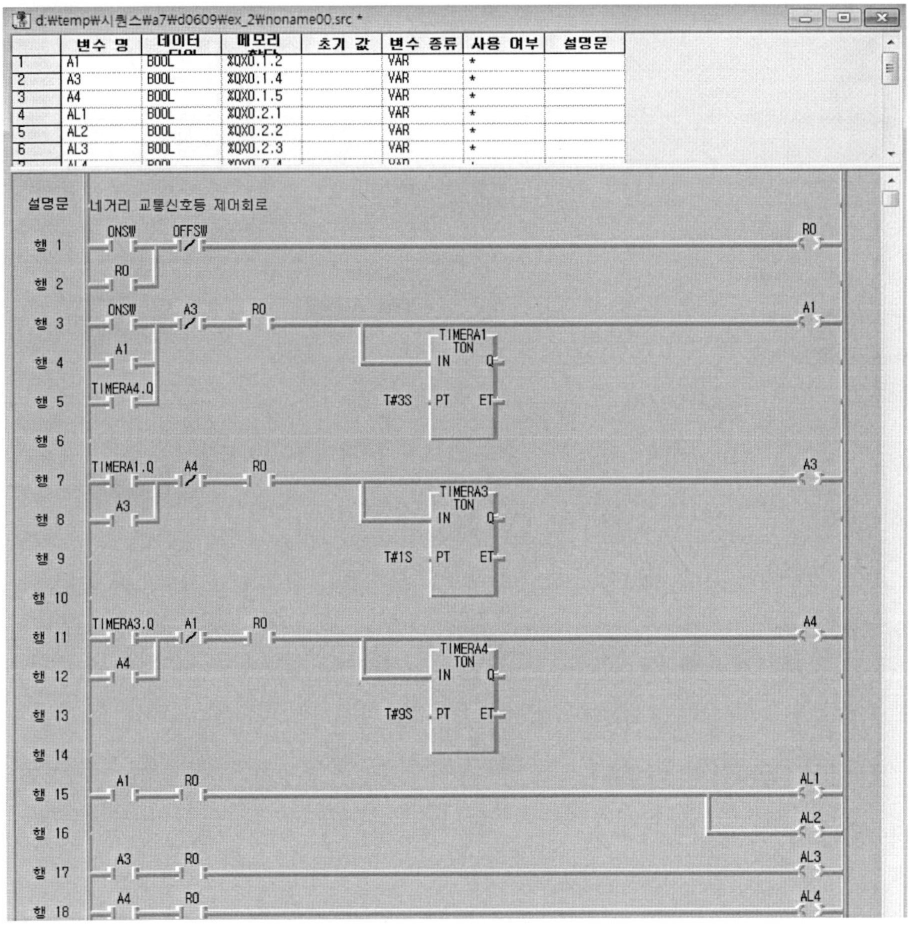

그림 7.81 4색 신호등 제어 GMWIN 프로그램

XG5000

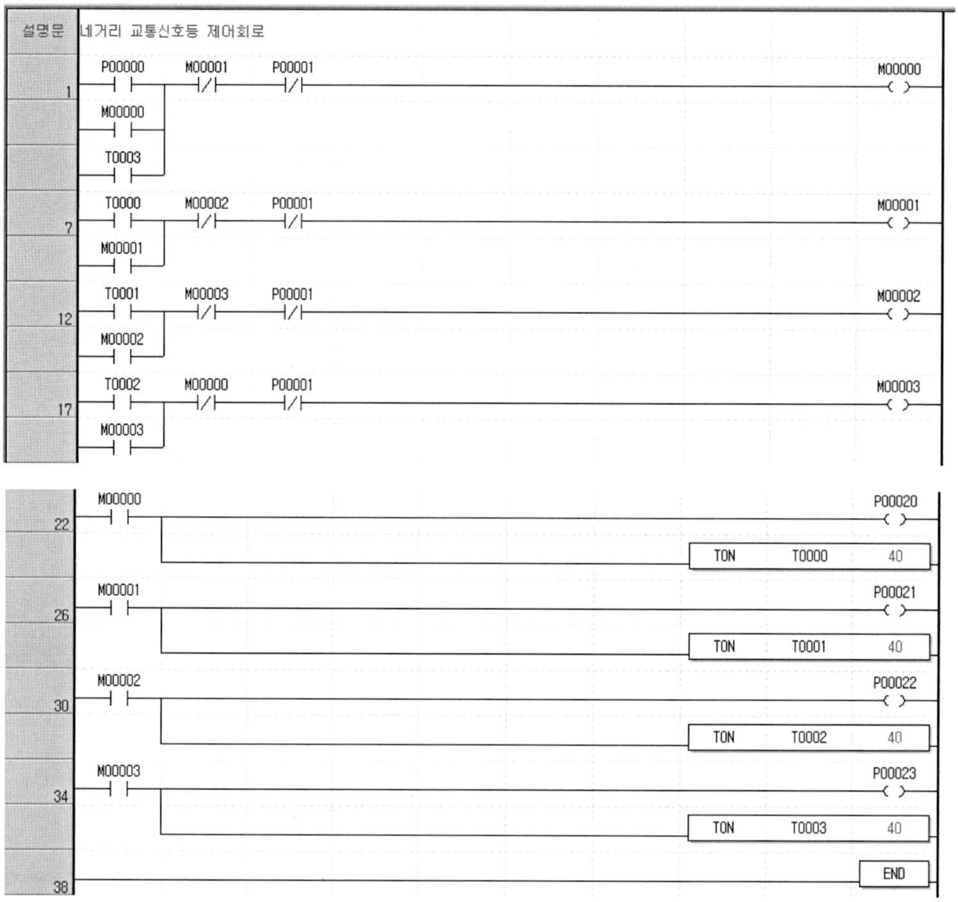

그림 7.82 4색 신호등 제어 XG5000 프로그램

(3) 동작 실험

- 가동 스위치를 눌러 각각 타이머 구동 후 램프가 정해진 간격으로 순차적으로 동작되는 것을 확인한다.
- 상황에 따른 동작 순서를 확인한다.
- 정지 스위치를 눌러 모든 가로등이 정지하는지 확인한다.

7.3.22 물탱크 수위 감시 회로

(1) 동작 개요

초음파 센서는 바닷물, 하천, 댐의 높이, 물, 기름, 화공약품 탱크의 수위, 저, 고가수조, 정화조, 배수, 폐수의 레벨 등을 계측하는데 사용하며 본 실험 에서는 비교 평션을 사용하여 물탱크의 수위를 감시 및 제어하는 방법을 실험한다. 여기서 초음파 센서로 감지된 아날로그 전류값 4 ~ $20mA$의 물탱크 수위[Level]는 A/D 모듈을 통해 디지털 수치값 0 ~ 16000으로 변환하는 구조로 만들어져 있다.

(2) PLC 래더 다이어그램

GMWIN

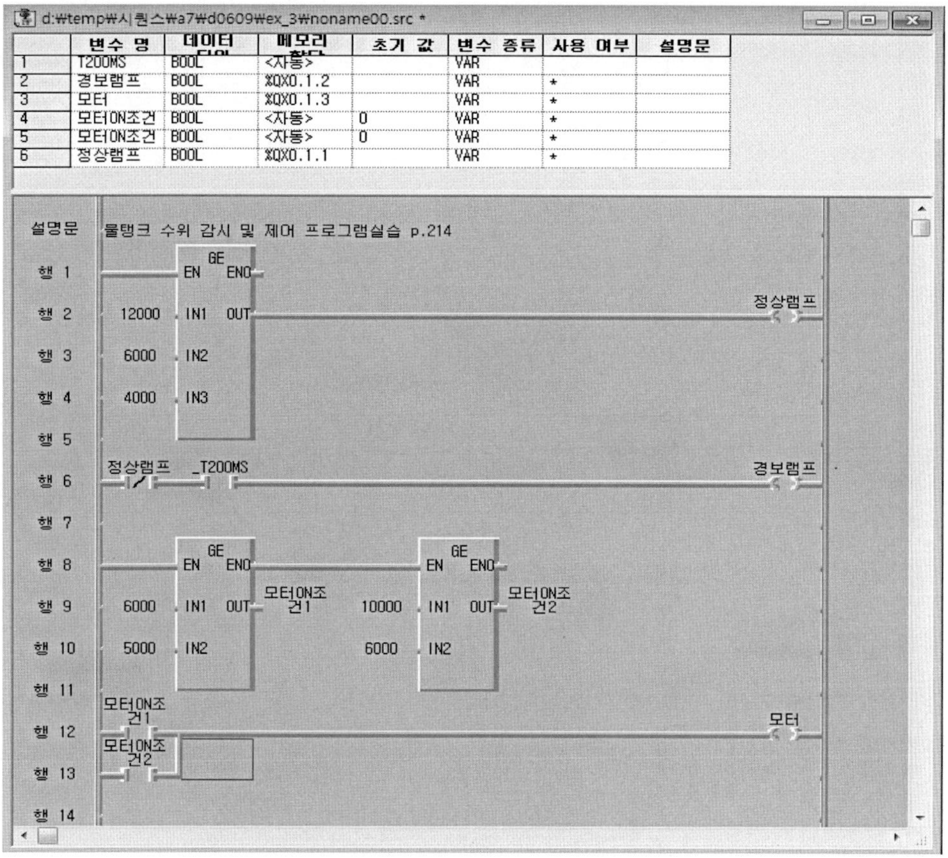

그림 7.83 물탱크 제어 GMWIN 프로그램

XG5000

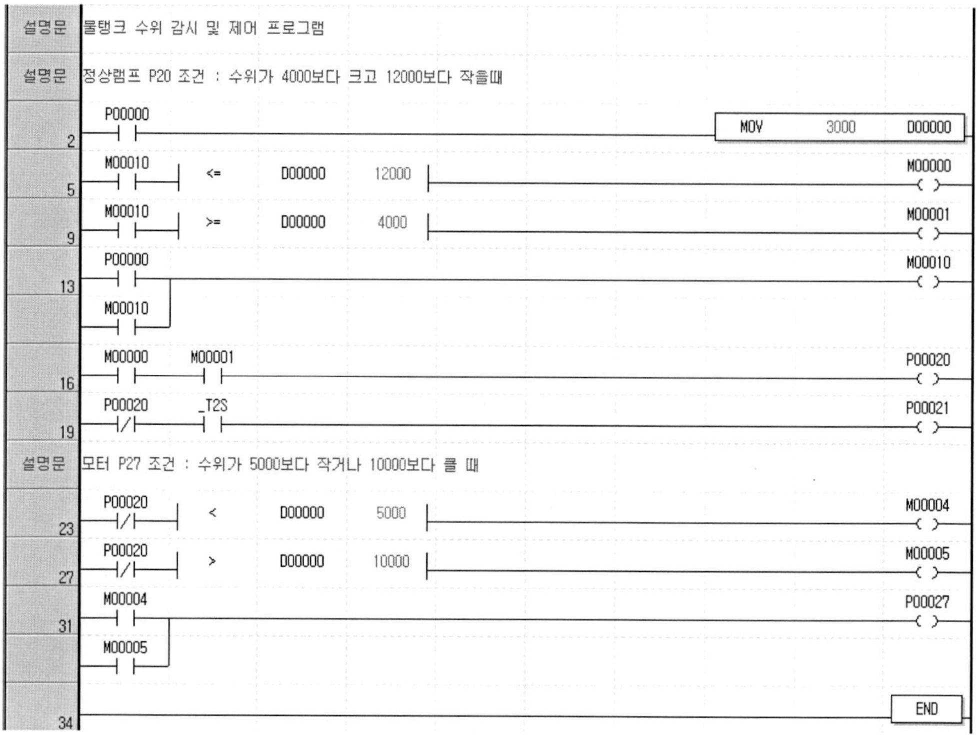

그림 7.84 물탱크 제어 XG5000 프로그램

(3) 동작 설명

- 물위치의 수위를 3000, 6000으로 세팅한 후 동작 표시등을 확인한다.
- 물위치의 수위를 13000으로 세팅한 후 동작 표시등을 확인하여 동작을 점검한다.

참고 문헌

[1] 최승길, 이영우, 시퀀스 제어 일반(이론과 실제 연습), 일진사, 2000년

[2] 전기기기 산업 인력양성 센터, 자동화를 위한 시퀀스 제어와 PLC응용, 삼성 북스, 2005년

[3] 윤상현,김광태,김외조,전준형,조순봉, XGK로 PLC프로그램 2배 즐기기, 내하출판사, 2013년

[4] Frank D. Petruzella, Programmable Logic Controllers(3rd), McGraw Hill higher edition, 1998. ISBN 0-07-829852-0

[5] http://c.doowon.ac.kr

[6] 이광만, PLC 제어 이론과 프로그래밍, 일진사, 2002년

[7] 장현오, Labview를 이용한 ARM 마이크로컨트롤러 제어, 인피니티북스, 2012년.

[8] 곽두영, LABVIEW 신호처리 및 생체 신호 계측, 오옴사, 2011년

[9] 손혜영, 랩뷰의 정석(기본편), 인피니트북스, 2009년

[10] 강필순, 현석환,권영훈, 내손으로 완성하는 Labview, 인피니트북스,2008년

[11] Richard Figliola, Donald Beasley, Theory and Design for Mechanical Measurements, Wiley, 2005

[12] Nesimi Ertugrul, LabVIEW for Electric Circuits, Machines, Drives, and Laboratories, Prentice Hall, 2002.

[13] XGB Hardware User's Manual

저자 소개

이보희: 세명대학교 전기공학과 교수

공정식: 인덕대학교 기계설계학과 교수

김태준: 서울시립대학교 전기공학과

김동일: 두원공과대학 메카트로닉스학과 교수

정가 15,000원

PLC 및 LabVIEW를 이용한 시퀀스제어

2015년 2월 17일 초판 인쇄
2015년 2월 27일 초판 발행
저 자 : 이보희 · 공정식 · 김태준 · 김동일
발행자 : 우명찬 · 송 준
발행처 : 홍릉과학출판사
주 소 : 서울시 강북구 인수봉로 50길 10
142-885
등 록 : 1976년 10월 21일 제5-66호
전 화 : (02) 999-2274~5, 903-7037
팩 스 : (02) 905-6729
e-mail: hongpub@hongpub.co.kr
http://www.hongpub.co.kr
ISBN: 979-11-5600-351-6

저자와의 협의하에 인지생략